Self-Esteem
自尊

[美] 马修·麦凯（Matthew McKay）
帕特里克·范宁（Patrick Fanning） 著

马伊莎 译

（原书第4版）

机械工业出版社
CHINA MACHINE PRESS

图书在版编目（CIP）数据

自尊（原书第 4 版）/（美）马修·麦凯（Matthew McKay），（美）帕特里克·范宁
(Patrick Fanning) 著；马伊莎译 . —北京：机械工业出版社，2019.1（2025.5 重印）
书名原文：Self-Esteem: A Proven Program of Cognitive Techniques for Assessing, Improving, and Maintaining Your Self-Esteem

ISBN 978-7-111-61327-5

I. 自… II. ①马… ②帕… ③马… III. 自尊－通俗读物 IV. B842.6-49

中国版本图书馆 CIP 数据核字（2018）第 250881 号

北京市版权局著作权合同登记　图字：01-2018-3817 号。

Matthew McKay, Patrick Fanning. Self-Esteem: A Proven Program of Cognitive Techniques for Assessing, Improving, and Maintaining Your Self-Esteem, 4th Edition.

Copyright © 2016 by Matthew McKay and Patrick Fanning.

Chinese (Simplified Characters only) Trade Paperback Copyright © 2019 by China Machine Press.

This edition arranged with New Harbinger Publications, Inc. through Big Apple Tuttle-Mori Agency, Inc. This edition is authorized for sale in the Chinese mainland (excluding Hong Kong SAR, Macao SAR and Taiwan). No part of this book may be reproduced or transmitted in any form or by any means, electronic or mechanical, including photocopying, recording or any information storage and retrieval system, without permission, in writing, from the publisher. All rights reserved.

本书中文简体字版由 New Harbinger Publications, Inc. 通过 Big Apple Tuttle-Mori Agency, Inc. 授权机械工业出版社在中国大陆地区（不包括香港、澳门特别行政区及台湾地区）独家出版发行。未经出版者书面许可，不得以任何方式抄袭、复制或节录本书中的任何部分。

自尊（原书第 4 版）

出版发行：机械工业出版社（北京市西城区百万庄大街 22 号　邮政编码：100037）
责任编辑：王钦福　袁　银　　　　　　　责任校对：李秋荣
印　　刷：北京铭成印刷有限公司　　　　版　　次：2025 年 5 月第 1 版第 15 次印刷
开　　本：170mm×230mm　1/16　　　　印　　张：21.5
书　　号：ISBN 978-7-111-61327-5　　　定　　价：79.00 元

客服电话：(010) 88361066　68326294

版权所有・侵权必究
封底无防伪标均为盗版

SELF ESTEEM 赞誉

麦凯和范宁看到了人类自我批评倾向的复杂性。他们精心编写、关注认知的自助类书籍并非对简单措施的堆砌,而是为提升自尊提供了一整套系统方案。

罗伯特·阿尔伯蒂博士,《应该这样表达你自己》作者

积极的自尊是健康人格的核心。麦凯和范宁的这本书堪称一座宝库,收藏了诸多构建或修复自尊根基的、行之有效的方法策略。

菲利普·津巴多博士,《害羞心理学》作者

"自尊"是一个非常独特的标题,精湛的写作对于自助类书籍来说尤为重要……我真心希望这本书能够引起广大读者的关注。

中西部书评

SELF ESTEEM
目录

赞誉

第1章 自尊的实质
因与果 // 2
如何使用本书 // 4
针对心理治疗师 // 5

第2章 病态批评
"应该"军火库 // 19
批评的根源 // 20
为什么你要听批评之声 // 22
强化的作用 // 23
不定率强化程式 // 25
自我批评如何得到强化 // 26
捕获你的批评者 // 31

第3章 解除批评者的武力
揭穿其真实目的 // 36
顶嘴 // 38
让你的批评者失去用武之地 // 40
总揽表 // 44

第 4 章 • 准确的自我评价

自我认知详细列表 // 46
列举你的缺点 // 50
列出你的优点 // 55
一个全新的自我描述 // 57
赞美优点 // 58

第 5 章 • 认知扭曲

扭曲 // 62
对抗扭曲 // 69

第 6 章 • 消除悲痛想法

关注你的想法 // 92
给想法贴标签 // 93
释放想法 // 94
观察、贴标和释放的完整过程 // 95
远离批评 // 97
例子：托尼和三个问题 // 99

第 7 章 • 同情

同情定义 // 102
为同情心奋斗 // 105
充满怜爱的回应 // 105
价值的问题 // 106
对他人的同情 // 111
同理心 // 112

第 8 章 · 应该

价值观是如何形成的 // 123

"应该"的暴政 // 125

健康价值观对病态价值观 // 127

"应该"如何影响你的自尊 // 136

发现你的"应该" // 139

挑战和调整"应该" // 142

摆脱"应该"的束缚 // 145

赎罪,当"应该"合情合理时 // 147

第 9 章 · 身体力行你的价值观

生活领域 // 150

用 10 周时间践行价值观 // 153

计划承诺行为 // 156

第 10 章 · 对待错误

重新框定错误 // 159

觉悟问题 // 163

责任 // 164

觉悟的局限 // 165

觉悟的习惯 // 166

提高你的错误意识 // 168

第 11 章 · 回应批评

现实的欺骗性 // 174

回应批评 // 185

总结 // 197

第 12 章 · 提出需求

你的合理需求 // 200
需求对比需要 // 201
将需求说出口 // 205
凝练坚定的请求 // 208
完整信息 // 208

第 13 章 · 设定目标和计划

你想要什么 // 215
选择奋斗目标：第一轮筛选 // 219
选择奋斗目标：评估 // 220
具体化你的目标 // 221
在脑海中播放自己的电影 // 222
列出步骤 // 223
做出承诺 // 224
完成目标的阻碍 // 224
不周全的计划 // 225
不充足的知识 // 228
糟糕的时间管理 // 229
脱离实际的目标 // 231

第 14 章 · 意象

为什么意象法能够奏效 // 239
意象练习 // 241
创造有效自尊意象的准则 // 248
自尊阶段 // 251
特别注意事项 // 259

第 15 章 • **我仍然感觉不好**

　　特殊软肋 // 262
　　抵御伤痛 // 263
　　直面痛楚 // 273
　　选择治疗 // 279

第 16 章 • **核心信条**

　　识别核心信条 // 281
　　新的核心信条 // 292

第 17 章 • **建立孩子的自尊**

　　家长的权力 // 296
　　家长是一面镜子 // 296
　　审视你的孩子 // 297
　　认真倾听 // 306
　　自尊的语言 // 310
　　赞扬 // 311
　　纠正你的孩子 // 314
　　管教 // 318
　　反对惩罚 // 319
　　让做对事变得轻而易举 // 320
　　让孩子参与解决问题的过程 // 322
　　生活的事实——后果 // 323
　　自主 // 325

参考文献 // 332

第 1 章

自尊的实质

　　自尊对于一个人的心理生存至关重要。认识不到自我价值,很多基本需求都无法得到满足,生活自然苦不堪言。由此可见,自尊是不可或缺的情感因素。

　　人和动物的主要区别之一是自我意识:对自己形成正确的认识,并且能够看到自身价值。换言之,你能够对自己下定义,并且很清楚是否喜欢这样的自己。人类的这种评判能力导致了自尊问题的出现。这不像讨厌某些颜色、噪声、形状或是感觉那么简单,当你排斥自己的某些方面时,实则是在大肆破坏心理构造。而只有自尊,才能真正维系你的生命。

评判和否定自己会让你陷入深深的痛苦之中。你会像小心翼翼保护自己身体上的伤口那样，想方设法地逃避一切可能会加剧内心痛苦的活动。你会减少在社交、学习或是职业方面的进取行为，生怕带来不必要的麻烦。与人相处、参加面试、为渺茫的目标奋斗越来越让你头疼。你不愿与人敞开心扉、谈论性事、成为焦点、听到批评、寻求帮助或是解决问题。

为了避免更多的评判和自我否定，你为自己树起了保护栏：要么抱怨、发怒，要么埋头工作，力图精益求精，要么自吹自擂，要么满口说辞，还有可能借助酒精等物质来麻醉自己。

本书介绍了停止评判的方法，有助于旧伤痊愈，终止妄自菲薄，改变你对自己的看法和感受。当这些看法和感受发生变化后，一系列连锁反应会给你生活的方方面面带来变化，帮助你逐渐挣脱枷锁。

因与果

上百名研究人员对上千名不同年龄、背景的人进行了测试，试图找出自尊的根源，哪些人的自尊最强，它有多重要以及如何增强自尊心，等等。

对于低龄儿童的研究清楚地表明，孩子在0～4岁时，父母的育儿方式决定了他们在起跑线上自尊强弱的初始程度。这之后，多数针对大龄儿童、青少年和成年人的研究都提出了一个相同的疑问：哪个是因，哪个是果？

是好的学习成绩能增强自尊，还是强大的自尊有助于提高学习成绩？是较高的社会阶层能够增强自尊，还是强大的自尊有助于跻身较高的社会阶层？酒鬼是因为恨自己而去贪杯，还是因为喝酒而瞧不起自己？人们是因为在工作面试中表现好而悦纳自己，还是因为悦纳自己而有出色表现？

这些都属于先有鸡还是先有蛋的问题。就像是鸡生蛋、蛋生鸡一样，自尊来源于你的生活环境，而你的生活环境又会受到自尊的极大影响。孰先孰后？这个问题对于能否增强自尊有重大意义。

如果外界环境决定自尊程度，那么你提高自尊唯一能做的就是改善周围环境。假设你缺乏自信是由于高中辍学、身材矮小、不被妈妈疼爱、在贫民窟长大以及超重100磅（约45千克）。你除了去上夜校拿学位、长高6英寸（约15厘米）、换母亲、搬去比弗利山庄、瘦身100磅以外，别无他法。一点没错吧？

但你知道，你根本做不到。你无法选择自己的父母或是决定自己的身高。所以你唯一的希望只能是另一种情况：自尊的强弱决定境况。也就是说，只有自尊提高了，环境才能得到改善。因此，只要停止妄自菲薄，你就能长高，深得妈妈喜爱，甩掉100磅，让它像晨露一样消失得无影无踪。

如果你觉得第二种场景也是虚无缥缈的，那么恭喜，你对现实世界有着清醒的认识。

事实上，自尊和环境的关系只是间接的，还有一个因素不容忽视，它无时无刻不影响自尊程度：你的想法。

比如，你照镜子时可能会自言自语："天哪，我好胖，丑死了。"这种想法无疑是对自尊心的打击。如果你在照镜子时的想法是"嗯，不错，这个发型挺适合我"，那它必然能让你的自尊心大增。镜子里的图像依然如初，发生改变的只是你的想法。

或者假设你正在和朋友聊政治，当你对右翼反叛分子发表见解时，爱找茬的他更正你说："错，你说的是左翼反叛分子。"如果你对自己说"我好蠢，丢死人了"，你的自尊心会瞬间跌入谷底。如果你对自己说"多亏被纠正，下次就不会出洋相了"，你就不至于丧失自尊。无论是哪种情况，你周围的环境并没有改变，只是你的理解方式不同而已。

难道这意味着周围环境与自尊程度毫无关系？当然不是。就社会阶层而言，银行副行长的自我感觉明显好于出租车司机。因此，对100个副行长和100个出租车司机的调查结果"证明"，不同工种社会地位的高低与自尊程度成正比。这组统计数据忽视了一个问题，有一些副行长可能会因为以下想法而产生挫败感："我本该提成正职，当上行长的，真是无能。"相反，有一些出租车司机却能知足常乐："虽然我只是个微不足道的司机，但我可以养家糊口。孩子们在学校表现不错。生活也算顺风顺水。"

本书旨在使用已被证实的认知行为疗法改变你对生活的看法，从而提高自信。它会帮助你认识到你常常不由自主地对自己做出的负面评价，从而学会形成新的、客观的、正面的自我评价，提升自尊心，走出缺乏自尊的困境。

如何使用本书

本书的编排方式符合逻辑，最重要、最具普遍意义的内容最先出现。

第2章介绍了病态批评，它是指隐藏于内心、打击自尊的批评声音。

第3章讲述了应对这种声音的方法，扫除你在提升自尊过程中的一切障碍。

第4章的内容包含对自己的优势和劣势做出正确评价的方法，这是提高自尊必须迈出的第一步。

第5章解释了认知扭曲，它是指导致自尊心匮乏的、不合理的思维方式。

第6章涉及消解过程，终止自我评判并驱散自我抨击的想法。

第7章介绍了同情的概念。自尊与同情他人和怜悯自己都有紧密联系。

第8章探讨了你的"应该"，也就是你为自己的行动、感受和表现制定的清规戒律。不断调整规则是废除之前产生的不良影响的最有效方式之一。

第9章主要讲述了如何发现并践行自己的价值，这是为你的生命赋予意义并为其指明方向的现实标准。

第10章指明了如何面对错误：改变对错误的看法，不要对以前的错误耿耿于怀。

第11章教你如何从容面对别人的批评，既维护自尊，又不会野蛮地攻击对方。

第12章的内容包含问问自己真正想要的是什么，这对于自尊不足的人而言，是最难完成的任务之一。

第 13 章讲了如何制定可行性强的目标，并为之制订详细的计划。

第 14 章讲解了意象法这一强效方式，能够帮助你制定并达成提高自尊的目标。

第 15 章的标题为"我仍然感觉不好"，帮助你直面痛苦，采取客观的态度。

第 16 章为"核心信念"，鼓励你思量、质疑以及改变那些有关自身价值的根深蒂固的想法。

使用本书的方法很简单。从头开始读，一直到第 3 章"解除批评者的武力"的末尾，有一张参考图表，它能够根据你的具体问题，指引你阅读相关章节。如果你想全面了解自尊并且增强自尊，那么可以按顺序从头读到尾。

要想从本书中受益，就不能只读不做。很多章节都有教会你某种技能的练习。如果你看到"闭上眼睛，回想过去的一个场景"，你就应该闭上眼睛照做。当你看到"在纸上写出三次你感到自卑的情形"，你就确实需要找出纸和笔，列出三次此种情形。

做练习没有捷径可走，假想自己做练习是不够的；跳过练习，自欺欺人地想以后再回来做是不够的；只做看上去简单、有趣的练习是不够的。如果有比做练习更简单的提高自尊的方法，它一定是在本书中。本书中之所以列举这些练习是因为它们最有用、最简单，是作者所知的能够增强自尊的不二法则。

本书理念丰富、方法多样，值得你花时间品读。你可以按照适合自己的进度阅读，力争全面、透彻地理解所讲内容。自尊的树立是一个漫长的过程，现在的自尊程度是你之前努力的结果。摧毁自尊需要时间，建立自尊也需要时间。现在就下定决心，为此付出必要的时间。

针对心理治疗师

在《美国的萎缩》(*The Shrinking of America*) 一书当中，作者伯尼·齐尔伯格德总结道，心理治疗对于它所致力于解决的很多问题都收效甚微。但是，当他回顾了研究结果之后，他发现心理治疗会对自尊产生正面影响。同时，自尊的提升"可能是心理咨询最重要的成果"（齐尔伯格德，1983，147）。

来访者由于焦虑、抑郁、饮食紊乱、性问题、人际关系问题以及其他一系列症状而走进诊所寻求治疗。有时情况会有所好转；有时即使经过多年的强化治疗，也不见好转。但是大多数来访者的确能从治疗中获取更高的自我价值感。尽管具体的症状可能改变，也可能不改变，但来访者起码会产生更好的自我感觉，感到自己更有价值、更有能力。

治疗的问题就是时间。通过数月或往往数年的治疗，来访者的自我认知会因为治疗师持续的积极关注而发生改变。权威人士，尤其是能够代替总爱指手画脚的父母的权威人士所给予的肯定，往往具有强大的疗效。但是，提高自尊的重要过程，虽然能够给来访者带来多方面的改变，却无法有效或是系统地展开，所以往往会拖很久，超出正常时限，在实施前也没有明确计划，更没有加速其奏效的具体干预措施。

本书旨在加速这一过程。你可以使用本书所介绍的认知重构手段，更快速、更有效地提高来访者的自尊。通过探究来访者长期自责的语句，系统地对抗认知扭曲，形成更准确、更同情的自我评价，你就能对来访者进行直接干预，提升他们的自我价值感。

诊断的问题

自卑问题有两种基本形式：情景方面和性格方面。情景方面的自卑往往只出现在某些特定情形中。例如，一个人可能在为人父母、高谈阔论或是表达性爱时感到信心十足，但在工作场合中却感到力不从心。某个人可能不太擅长社交，但他对自己资深的行业背景引以为豪。性格方面的自卑常常与早期受虐或是遭遗弃的经历有关。在这种情况下，"错在自己"的想法更为普遍，往往会影响生活的方方面面。

情景方面的自卑问题适合用认知重构的方法来解决。关键在于正视认知扭曲，强调优点多于缺点，形成应对错误和批评的特定能力。由于停止全面地否定自己，你会发现改变不恰当的思考模式能够极大地提高来访者的自信心和自我价值感。

因为性格方面的自卑源于基本的身份认知和不良的自我感觉，所以仅仅改变来访者的思维方式是不够的。揪出内心自我批评的声音并对其加以控制，虽然有一定的效果，但无法彻底清除内疚感。你应该把治疗重点放在产生自我否定想法的负面身份认知方面，着重培养对方自爱、客观的态度（见第7章），这可以通过消除和意象的方法得以强化。

有助于自尊的认知重构

最好从来访者的想法入手，询问他在最近的一次自责过程中想了什么。尽可能多地了解对方自我批评的言语，然后讲述病态批评的理念（见第2、3章，"病态批评"和"解除批评者的武力"）。鼓励患者给这种自我批评起个独特的名字，以示对此理念的掌控。常见的名字有"霸王""鲨鱼""我的克星""完美先生""玛莎"等。

给批评赋予人性有助于来访者将内心自责的声音变成外在的具体事物，让他仿佛是从外界听到这种声音，而不再是内在想法的正常涌现，因为来自外界的威胁更容易对抗，来访者更容易将问责之声视为障碍，最终将其排斥为"异己"。

在来访者认清病态批评并为其冠名的同时，你可以向来访者介绍"健康之声"，它是来访者理性思考的能力。通过强调和强化这种能力，你能够帮助来访者对批评之声进行反击。健康之声的常用名包括"我的理智部分""我的接受部分""我的同情部分""我的健康教练"等。选择一个适合来访者自我概念的名字（比如理智、同情、关心或是客观）。

你可以通过创造问责之声和健康之声之间的二元对立，鼓励来访者正视他的自我批评。以下对话能够说明这一过程。

治疗师：当你焦急地等待新朋友联系你，却又收不到他的信息时，你是如何自责的？

来访者：我很沉闷，让他觉得很无聊，开始厌烦我了。

治疗师：健康教练如何反击自责呢？

来访者：我觉得我们之间的交流很惬意，气氛也很愉悦。我能感受到彼此之间的融洽。

治疗师：还有呢？健康教练有没有鼓励你采取什么行动？

来访者：我可以主动联系他，看看能否获知他的想法。

还有一个例子。

来访者：我没能及时完成作业。

治疗师：霸王怎么批评你的？

来访者：你怎么这么懒。它一遍又一遍地说："你这么懒，能干成什么大事，你注定了一辈子没出息。"

治疗师：你能否寻求健康之声的帮助来反击？

来访者：这只是霸王的一面之词。

治疗师：现在看看你能否找到健康之声，理直气壮地回应霸王。你真的好吃懒做，成事不足、败事有余吗？

来访者：我的健康之声说："你虽然有点拖拉，但还是完成了，也交了。虽然有点迟，但没人当回事儿，除了你自己。"

治疗师：看来是霸王夸大了瑕疵？

来访者：是的。它动不动就放大我的缺点。

认知调整的下一步是探明来访者自我批评的主要作用（见第2章"自我批评如何得到强化"部分）。无论如何，问责之声之所以能够得到加强是因为它可以产生积极作用——促进理想行为、保护自尊或是控制悲伤情绪，虽然听起来很不可思议。

必须让来访者了解为什么他会启动问责之声以及它对他的保护作用。以下是这一问题被讨论的例子。

治疗师：你在和她共进晚餐时感到心神不宁，当时批评者说了什么？

来访者：她不喜欢你，你一无所知且囊中羞涩，还不会打趣逗乐。

治疗师：记住我们说过批评者总是在尝试满足某种需求。这一次他想如何保护你呢？

来访者：避免我当场崩溃。

治疗师：他试图保护你远离对排斥的恐惧？

来访者：对。

治疗师：通过什么方式呢？

来访者：通过往坏处想，避免受伤。

治疗师：所以说批评者也许是在麻痹你，让你早做准备。如果你能够猜测出她不喜欢你，在接受这一残酷事实时就不会过度悲伤。这种情形我们再熟悉不过了。这就是批评者的主要功能之一——保护自己远离被人拒绝的苦痛。

了解批评者的功能有时需要深入地探查。你必须向对方解释，任何一种想法，无论它给人带来多大的伤痛，都有其理由，因为它能以某种形式发挥积极作用。由此可见，批判式的自我抨击肯定能发挥重要功效。询问来访者："如果当时批评者没有攻击你，你会感受或察觉到什么？批评者给了你怎样的帮助？没有批评者，你会担心自己有何反应或是做不到什么？"批评的各种功能会在第3章"解除批评者的武力"中一一列举。看了那一章，你肯定会向来访者阐明批评者发挥的主要功效。

一旦问责之声的神秘面纱被揭开，在产生冲突时你就可以反复使用它来反击。"你又让批评者强求自己向着难以企及的高度奋进了。""你又让批评者骂你明知不可而为之，以驱散对失败的恐惧了。""你又让批评者惩罚你，以此消除负罪感了。"

探明不断强化批评的原因只是成功了一半。除此以外，来访者需要明白自我批评能够实现的目标完全可以用更为健康的方式实现（见第3章的"让你的批评者失去用武之地"）。批评不是唯一驱散对失败、拒绝的恐惧和负罪感的方法，我们必须发明一些新兴、无害的方法。

治疗师：还有其他方法降低你对遭拒的焦虑吗？不依赖批评者的方法。

来访者：可能有吧。我可以提醒自己说我俩可能都太紧张了。我们去那儿只是想度过一个轻松愉快的夜晚，别无其他。

治疗师：也就是说，你告诉自己那只是一次约会，没必要搞得像她就因此决定和你共度余生了。

来访者：对。

治疗师：这样想是不是没那么焦虑了？

来访者：是啊。

识别扭曲。第5章"认知扭曲"介绍了9种导致你自尊不足的具体思维扭曲类别。你的治疗计划的主要部分应该是识别并通过消除过程来抵制它们，这在第6章中得到了详细的讲述。

尽管你可能会自创一些词汇，但对特定的扭曲进行明确定义，同时使用大量的例子还是很有必要的。

咨询师：像"愚蠢""窝囊废"以及"白痴"这样的词都是有毒标签，因为它们是对于你作为一个活生生的人的控诉，是对你的全盘否定。你没说自己不了解税收，你说的是，"我怎么那么笨"。你没说自己对某些工作任务不太有把握,你说的是,"我是个骗子"。这些词将你的能力和优点全然抹杀,它们极尽讽刺、贬损之能事,只概括了负面消极因素,而忽视了正面积极因素。它们明显漏洞百出,与实际情况相去甚远。找出远离这些标签的方法,更加客观、准确地描述事实是我们的职责所在。

咨询师已经定义了扭曲,也明确了任务。现在她开始向来访者传授如何用准确的语言替代有害标签。

咨询师:你说自己是骗子。这太难听,也太笼统了。能不能准确一点?

来访者:我尝试让自己看上去更加自信。

咨询师:是一贯如此呢,还是只在某些方面?

来访者:主要是在气相色谱分析领域,我看上去懂得很多,实则不然。

咨询师:关于气相色谱分析,你有点名不符实(所了解的其实没有大家眼中看到的那么多)?

来访者:对。

咨询师:那和骗子的差距还是很大的。

来访者:也是,骗子的确有点夸张。

在前几次会谈时,可以针对任何自我批评的想法,多问一些具体问题。"当你回父母家时,当你写完学期论文时,当你的儿子发怒时,当最后一小时也所剩无几时,批评者会说什么?"你对问责之声的内容了解得越多,在处理具体的扭曲想法时就越能游刃有余。

在介绍认知扭曲的概念时,只需强调最重要的几个,不要给来访者增添额外负担。在某个特定时刻,大多数人一时半会儿想不出对一个或两个以上的负面想法进行攻击的方式。

在第一次介绍认知扭曲时，最好先回顾三种或四种自我批评的认知方式，然后提炼出它们的共同点。

> **咨询师**：上周你说你迟到了并且说自己"一团糟"。然后你在填税单时遇到了诸多问题，骂自己愚蠢透顶。今天你又说自己在工作方面简直是"窝囊废"和"白痴"。"一团糟""愚蠢透顶""窝囊废""白痴"，这都是损伤自尊的有毒标签，也是我们要解决的问题。每次你使用这类言语形容自己，就是在加重、加深对自己的伤害。你有没有注意到你在使用这些有毒标签批评自己时，会有多么沮丧？

这个例子当中的咨询师已经提前做好了功课，能够明确提出有毒标签的具体实例，因而产生更强烈的对抗效果。他选择"有毒标签"的表述（官方名称为"贴统一标签"）是因为来访者是一名有机化学家，"有毒"这个词在他眼中更有意义。

帮助来访者使用准确描述的最佳方式是苏格拉底式提问，它是苏格拉底为了揭示学生观点中的荒谬之处，提出一连串问题的方法。以下是三种可供使用的主要提问模式。

1. 能够让对方认识到过度总结的问题。"你真的总是一团糟吗？每一件事？从没做对过一件事？"
2. 能够暴露对方贴错标签的问题。"得个 B 就能说明你一团糟吗？"
3. 能够暴露理由不充分的问题。"你有什么证据显示大家都认为你做事一团糟？"

以下是此种方式在会谈中发挥作用的例子。

> **咨询师**：最近你的克星又说你丑了。
>
> **来访者**：总没完没了地说我丑。
>
> **咨询师**：是全身上下每个地方都丑，还是只有某些部位？（这是暴露过度总结的例子。）

来访者：主要是鼻子和下巴；还有生完孩子后，肚子也松弛变形了。

咨询师：你喜欢自己的哪些部位呢？

来访者：腿吧，头发，还有眼睛。

咨询师：那也就是说你只用了三个局部特征就概括出了整体，说自己是一个彻头彻尾的丑八怪。

来访者：也是，有点夸张了。

咨询师：你的下巴和鼻子真的丑陋、恶心到不堪入目吗？（这是暴露贴错标签的例子。）

来访者：它们只是不太好看。

咨询师：那它们是丑到家了吗？

来访者：不，那倒没有。

咨询师：那么准确地陈述是怎样的？健康之声怎么说呢？

来访者：我对腿、头发和眼睛还是挺自豪的，就是不太喜欢鼻子、下巴和肚子。

反驳批评者。你的目的应该是为来访者制定他们能够记在纸上的具体反驳措施，用于还击批评者发起的每次进攻。你可以参考问责之声和健康之声双方的对话、苏格拉底式提问、"三段法"（见第5章"三栏式方法"）来构思反驳。久而久之，你就可以对这些反驳进行评价，根据实际情况做出相应调整，最终令它们可信、有效，成为你整个心理疗程中的宝贵资源。每次你听到认知扭曲的标签后，都应及时诊断、合理应对。因为在会谈过程中，你要为来访者在离开诊所后的行为做出榜样。当你能矢志不渝地对抗来访者的内在批评者时，当你不放过任何一次纠正扭曲想法的机会时，都是在鼓励他即使回到家，也要一如既往地抗争到底。

咨询师：好，批评者说你正在损害与儿子的关系，这又是自责。健康之声应该如何反击呢？

找出闪光点。在挫败批评者的同时，还要增强来访者对自身能力和优势的意识。第 4 章"准确的自我评价"详细地介绍了这一方法。你至少应该做到以下几点。

1. 与来访者共同列出优势与能力清单。如果他很难找出自己的闪光点，可以让他把自己想象成本人的朋友或爱人，谈谈熟人眼中的自己。
2. 引导来访者说出最让他头疼的缺点。
3. 指明这些缺点常常隐藏于蔑视性的语言当中，不易被察觉。使用准确、客观的语言重新对其进行描述。要求来访者在和你交谈时务必使用准确描述。
4. 鼓励来访者使用优点清单中的肯定性语言，这可以通过张贴标识得以加强（贴在镜子、柜门上或放在钱夹内的写着肯定性言语的纸条）。

从咨询对象的优势清单中选出你真心赏识的四项品质。每次会谈至少谈论一个，也就是说需要发挥创造力，挑选与本次会谈内容相匹配的优点。

"我能看出你在处理女儿的成瘾问题时表现出坚韧不拔的毅力。我在你身上不止一次看到这种优良品质。"

"我又想起了你对他人的关爱和支持。你为你的兄弟付出了很多。"

"我又看到了你临危不惧、解决问题的能力。我还记得上次是……"

不断提起优势很有必要。你要知道你的来访者自尊受到打击的根源是一名权威人士（父母）反反复复地诋毁他的自我价值。因此，另一位权威人士（咨询师）只有不断地重复大量正面夸奖性的语言，才能抵消之前的负面影响。说 1 次，甚至 5 次，几乎都不会有效果。在提醒来访者 10 次、15 次、20 次之后，你的夸赞才可能产生影响。这就是为什么你应该着重选择两到四项优势的原因。全面撒网地去表扬反而会削弱对各个具体优点的关注。

自我接受。自尊不仅仅包含看到自己的优势，它也是一种接纳、客观评价自己和他人的态度。第 3、6、7 和 14 章谈到了形成宽恕和善意的内在声音的具体训练方式。最后，唯一打败批评者的方法是把来访者从评判的恶习中解救出来，不停地重复自我接受的口头禅，直到一种新的态度开始在来访者心中生根发芽。口号必须前后一致，你需要一遍又一遍地在咨询对象面前念叨你们共同撰写的自我接受的口头禅。在谈及这一话题后，又在接下来的六次会谈中只字不提，当再次说起时恐怕难有效果。自我接受的理念和话语必须贯穿整个疗程的始终。

需要特别关注的问题。有四个特殊问题会打击自信心：（1）不容变通的规则和规定；（2）完美主义；（3）无法接受他人一丁点儿的批评；（4）底气不足。

1. 关于规定和规则，见第 8 章。
2. 关于完美主义，见第 10 章。
3. 关于对他人批评的零容忍，见第 11 章。
4. 关于底气不足，见第 12 章。

强化健康之声。有些人的内在批评者比较强大，所以会经常和自己负面的内心声音相接触。咨询师的任务是在发展壮大健康之声的同时，降低自我抨击的强度。换言之，你也许无法彻底禁止内心声音说："你犯错了，你蠢到家了。"但是，你可以使另外一种声音变得更洪亮，"我给自己点赞，至少我已经尽力了"。随着健康之声日益发展壮大，它对批评者攻击的回应会更为迅速、更有力量，也更有说服力。

以下介绍几个具体的干预措施，你可以用它们来强化健康之声。

1. 消除。第 6 章介绍的这一过程教会来访者审视、摒弃自己的不当想法，理性地看待批评者，并与之划清界限。
2. 回应措辞。它是指正面夸赞性的言语或是对批评者的攻击进行有力的反驳。
3. 意象法。第 14 章介绍的这一方法鼓励来访者在脑海中勾勒出自信满满、善于言谈、精明能干的自我形象。意象有利于自我认知的迅速转换，因为来访者会确确实实地看到自己的身体和行为都发生了变化。
4. 心锚。第 15 章讲述的心锚是指从以往自信自爱的经历中，调用能够服务于当下的正面心理因素。获取积极感受的能力对强化健康之声意义重大。

第 2 章

病 态 批 评

"病态批评"一词由心理学家尤金·萨根首次提出,用以描述自我抨击、自我批判的内在声音。每个人都有一个自我批评的内在声音,但自尊不足的人往往听到的是更加恶毒、更加洪亮的病态批评之声。

事情进展稍有不顺,批评者就会向你发起进攻,拿你和别人比——比他们的成就和能力——然后得出你技不如人的结论。批评者制定了不切实际的完美标准,你稍有不慎,就被骂得狗血淋头。他只记一本账,写满了你的失败经历,从不记录你的优点或成就。他为你该如何生活制定出清规戒律,如果你不照章办事,就能听到他对你大吼大叫，痛斥你糟糕透顶。他督促你要成为佼佼者——如果不能出人头地，就是一文不值。他用各种恶名辱骂你：愚蠢、无能、丑陋、自私、软弱，还让你对此深信不疑。他能读懂你朋友的心思，还能让你认为他们对你感到厌烦、失望、厌恶，不想再和你继续交往。他坚持认为你"总是言语幼稚"，或是"总把关系搞砸"，或是"从没按时完成任务"，从而夸大你的缺点。

病态批评每天都乐此不疲地诋毁你的自我价值。但他的声音却深藏不露，和你的想法浑然一体，致使你无从知晓它的存在，自然也看不到它毁灭性的恶果。自我抨击却还常常显得合情合理。这种吹毛求疵、指手画脚的内心声音似乎已自然而然地和你融为一体。事实上，这种批评是一头心里的猛兽，每发起一次攻击，都会削弱和击碎你良好的自我感觉。

尽管为了方便起见，我们称批评者为"他"，但你的批评之声可能比较女性化，听上去像是你母亲、父亲或是你自己的说话声音。

首先，你必须清楚的一件最重要的事情是无论他的辱骂多么荒唐离谱，却总能让你深信不疑。当你的批评者说"天哪，我笨死了"，你不会对此有任何质疑，就像你不会怀疑今早很累，或是你的眼睛是褐色的，或是你看不懂电子表格公式这样的不争事实。自我评论很正常，因为只有你最清楚自己的感受和行为。但是批评者的攻击却不是关注自我感受和行为的正常方式。比如说，当你反思第一次约会的感受时，批评者会用大喇叭冲你喊，你乳臭未干、呆板迟钝、前言不搭后语，对方不可能再出来见你，从而蒙蔽你所有正常、理性的反思。

大喊大叫、絮絮叨叨的批评者具有极大的杀伤力。他对你的心理健康的毒害程度几乎高于任何创伤或失败，因为悲伤和痛苦能够随着时间的流逝而淡化。但批评者却总是与你形影不离——评判、指责、挑错，而你只能束手就擒。他一说"你又白痴了一次"，你就瞬间觉得自己大错特错，像一个因为说脏话而被扇了耳光的孩子。

来看看这个29岁的昆虫学家的例子。他刚刚拿到博士学位，正在申请一个大学教师的职位。在面试中，他完全可以通过对面试委员会成员的着装和举止判断出他们属于哪类人，会给他何种回应。他能够揣度出委员会所期待的内容，权衡之后对他们的问题给出最佳答案。当他正在这么做时，却听到批评者的一段连续不断的独白："你是一个骗子，其实你一无所知。你蒙骗不了这些人。等着瞧吧，等他们看完你粗制滥造的所谓的论文……这个答案太愚蠢了。你就不能开个玩笑吗？来点有意义的！他们会看出你是多么乏味无趣的人。即使你获得这份工作，当他们发现你无力胜任时，也会赶你走。你不可能蒙骗所有人。"

这位昆虫学家照单全收，觉得每个词都千真万确。因为他听同样的话听了好多年，缓缓流淌的毒流显得正常、自然、真实。在面试过程中，他变得越来越拘谨，答案也开始模糊不清。当他大汗不止、结结巴巴时，声音也失去了磁性。正是因为听到了批评者的话，才出现了这一幕他最不愿看到的局面。

另外一个你必须知道的关于批评者的重要信息是他说话时喜欢使用缩略语。他可能只会冲你喊一个字"懒"。但这简简单单的一个字就能勾起你对父亲成百上千次批评你懒的回忆，他抨击你的懒惰，说自己有多么痛恨好吃懒做的人，这一切都浮现在眼前。当批评者说出这一个字时，你感受到的其实是父亲厌恶你的沉重。

有时批评者会使用以往的形象和图片来诋毁你的自我价值。他将一次约会中的尴尬时刻进行回放，他又翻出了老板责骂你的照片、你搞砸关系的图像，以及你对孩子大发雷霆的场景。

一位法律秘书察觉到她的批评者常常使用"一团糟"这个词。在仔细考虑之后，她发现"一团糟"代表着一系列不良品质。它是指软弱无能、不受欢迎、鲁莽行事、逃避困难（像她的父亲）的人。所以当她听到批评者说"一团糟"时，就坚定地认为自己集所有这些缺点于一身。

批评者的一个奇特之处是他似乎常常比你自己更能掌控你的思想。他会突然提高嗓门，向你接连不断地发起攻击或是一遍又一遍地让某个不堪回首的场景重现。通过一个称为链接的过程，他可能只向你重现了某一次失败的场景，却接二连三地勾起你对一桩桩痛苦经历的回忆。尽管你竭尽全力地想摆脱他，却又被他提醒了另一个错误、另一次被拒的经历、另一个尴尬的时刻。

尽管批评者似乎具有自己的意志，但他的独立性实际上只是一种假象。事实是你已经习惯了听他的话，并且相信他的每字每句，所以还没有学会如何将他拒之门外。但是通过练习，你能够学会如何分析和反驳他所说的内容，并淹没他的声音，以免他诋毁你的自我价值。

"应该"军火库

批评者有很多武器，其中火力最大的是伴随你成长的各种清规戒律。批评者深谙让这些"应该"反对你的方法。他将你的实际表现和应该表现出的行为进行比较，得出你表现不好或者不当的结论。如果你本应得 A，成绩却下滑到 B，他就会骂你笨。他说"既然走进婚姻殿堂，就必须白首偕老"，一旦离婚，就指责你不会经营。他说"男子汉必须担负起养家糊口的重任"，如果你被裁员，他就叫你失败者。他说"孩子应该是第一位的"，所以当你晚上有出门消遣的想法时，就指责你自私。

一位 35 岁的酒保提起因为没有按照在孩童时父母对他提出的要求去做，而遭到自己的批评者斥责的情形："我的父亲是律师，批评者说我应该子承父业，也成为专业人士，做其他事情会埋没我的才能。我应该强迫自己去学校深造，应该读真正的书，而不是看体育评论。我应该做点惊天动地的事，而不是调酒、去女友家。"由于批评者坚持认为他本应更有出息，不该是现在这样，这个男人的自尊受到了沉重的打击。而现实情况是他真心喜欢酒吧的工作氛围，在调酒方面也有极高的天赋，却常常因为自己辜负了全家人的期望而否定自己。

批评的根源

批评是在社会化的前期由父母植入的。在整个童年期，你的父母要教你哪些行为可以接受，哪些会招致危险，哪些很不道德，哪些招人喜欢，哪些惹人讨厌。得当的举止行为会得到他们的拥抱和赞扬，危险、错误、恼人的行为会挨批受罚。不接受几次惩罚，就不可能成长。人格心理学家哈里·斯塔克·沙利文称这类惩罚性事件为"禁止手势"。

经过设计的禁止手势能够起到震慑和排斥的作用。挨打或是挨批的孩子能够切身感受到失去父母的爱，他在那时就成了一个坏孩子。孩子能够隐隐约约觉察出父母为自己的成长提供衣食，为自己的情感提供滋养。如果被父母厌恶、遭家庭排斥，他就小命难保了。因此，父母的肯定对于孩子而言是生死攸关的大事。成为坏孩子的经历是一种深刻的体会，变坏意味着铤而走险，有可能失去所有支持。

每个孩子的成长过程中或多或少都笼罩着禁止手势的阴霾，所有令他们感到内疚和难堪的时刻都会有意无意地留在他们的脑海中。这些是成长给自尊划出的伤痕，无可避免。此种经历是批评者滋生的土壤，之后他就以你"不良"的自我感觉为食粮，不断发展壮大。在你的自我当中，始终有那么一部分，在你惹怒别人，或是犯错，或是没有完成目标时，倾向于认为你太差。这种早期形成的自己不够好的想法正是批评者与你业已形成的自我认知不谋而合的原因。他的声音是不满的父母的声音，童年时塑造你行为的惩罚性、禁止性的声音。

批评者发送攻击的音量和恶意程度与你的不良自我感觉的强度有直接关系。如果早期禁止手势相对温和，成年批评者只会在为数不多的情况下进行斥责。但如果你小时候因为犯错而遭受过强烈的指责，成年批评者只要有机会就会向你开火。

决定你早期的不良自我感觉强度的五个因素如下。

1. 品位、个人需求、安全感、合理判断力错误地与道德挂钩的程度。在一些家庭中,爸爸喜欢安静,如果孩子吵闹,就会被指责道德品质不良。还有些家庭认为考低分可耻。一些孩子在产生和朋友玩的想法或是产生性欲时会被指责为不道德。一些孩子会因忘记做某项家务,喜欢某种发型,或是在街上滑滑板而被指责为不良少年。如果这些问题只涉及品位、未能完成任务或是低下的判断力,但家长却错误地指责孩子,认为它们是不良的道德行为,这就会成为孩子自尊不足的源泉。有些表达方式包含着强烈的道义谴责,认识到这一点至关重要。如果孩子听到有人说他懒,或自私,或像乞丐,或像神经病,他会很快忘记具体场景,但那种挫败感却久久无法消散。

2. 家长混淆行为和实质的程度。同样是在街上乱跑乱窜的孩子,受到家长危险警告的孩子的自尊不会受到打击,而只听到"坏孩子"骂声的孩子则恰恰相反。被叫作"坏孩子"的孩子所接收到的信息是自己和自己的行为都很差劲,无法区分他的行为与本质。成年批评者不仅指责他的行为,还攻击他的人格。仔细区分不当行为和本质好坏的家长能够培养出自我感觉较好的孩子,他们内心批评者的声音会更加温柔。

3. 禁止手势的频率。家长传递负面信息的频率对孩子早期形成自我价值有很大影响。希特勒的宣传部长曾观察发现,让谎言成为现实的秘密只是重复到足够次数即可。你是坏孩子的谎言不会因为父母只指责一次就被你信以为真,它是因为反反复复被提及,才会深入内心。类似"你怎么回事""别到处添乱了"这样的批评,你得听很多遍才能将其内化。但是,过段时间以后,你明白一个道理——自己的确不好。

4. 禁止手势的一致性。假设你的父母不喜欢你用"呸"这个脏字,你可能会觉得他们老土,但如果他们始终如一地坚持原则,你也会逐渐放弃使用这个多功能词。但是还可能有另一种情况,当你说"呸"时有时他们置若罔闻，有时却又大发雷霆。假设他们对于其他规定也会出现这种前后不一致的反馈，起初你只是不知所措，但是抨击的随意性最终会让你得出一个痛心的结论：问题不在于你做了什么（同样一件事，有时可以，有时却不行）而在于你本身，真正有问题的是你。家长前后标准变化多端会让孩子产生莫名的负罪感，他们觉得自己做错了，但由于缺乏明确的准则，因此无从知晓问题出在哪里。

5. 禁止手势源于家长自身怒火中烧或情绪低落的频率。一定强度的批评对孩子的自我价值感不会造成太大伤害，也在孩子能够容忍的范围内。但是当家长本身怒火中烧，或是情绪低落（无论是受到外界刺激还是本就如此），欲把指责孩子当作泄愤渠道时，批评的威力就巨大无比了。生气和痛苦会斩钉截铁地向孩子传达这样的信息："你不是好东西，我讨厌你。"因为这是最让孩子毛骨悚然的话，他肯定会牢记在心。以至于在这种恶性爆发过去很长时间后，孩子仍然对自己所犯的错误记忆犹新。成年以后，批评者仍会利用自责情绪从心理层面进行打击和摧残。

为什么你要听批评之声

你洗耳恭听批评之声是因为这样做大有裨益。尽管听上去不可思议，但批评者能帮助你满足某些基本需求，听他们恶意攻击的这种倾向也就能够得到强化。痛苦不堪如何得到强化？自我抨击既然让你饱受煎熬，又如何满足需求呢？

了解批评者功能的第一步是明白每个人都有特定的基本需求。每个人都需要感到：

- 安全无忧
- 天生我才必有用

- 被父母和其他重要人士认可
- 在大多数情况下有价值感，感觉良好

自尊充足和自尊不足的人会采用截然不同的方式来满足这些需求。如果你自尊充足，就会充满自信，通过抗击或消除让你担惊受怕的事物来保持安全感。你会去积极解决问题，而非一味地忧心忡忡，你会想方设法地让周围人对你做出积极响应。你会直面人际冲突，而不是被动地等待它们自然消失。相反，自尊匮乏会剥夺你的自信，让你感到无能为力，无法消除焦虑、解决人际纠纷或者规避风险。因为你质疑自己的能力，生活愈显艰难痛苦。你会抗拒改变，也会因此而焦虑不安。

这时批评者就开始见缝插针。自尊不足的人往往要依赖批评之声帮助他们克服焦虑、无助，停止仇视和贬损自己。令人难以理解的是，批评者在抨击你的同时，也是在安慰你。这就是摆脱批评者的困难所在。你能活得更有安全感、更舒适自在，批评者可谓功不可没。不幸的是，你要为批评者的支持付出沉重的代价，必须以损害自我价值感为前提。但是，因为每次批评者大吼大叫时，你的焦虑都会减轻，不再感到那么一筹莫展，或是不再那么不堪一击，洗耳恭听由此得到强化。

强化的作用

要想弄清批评者尖酸刻薄的攻击如何得到强化，首先需要了解强化对于你的行为和思维的塑造方式。

当某个特定行为为你赢得了奖赏，增加了你今后重复该行为的概率，那么正强化就发生了。如果除完草之后，妻子深情地拥抱了你，并连声道谢，就是在正强化你美化花园的行为。如果老板夸奖你上一次工作报告中清楚详细的写作风格，她就是在正强化她所欣赏的写作风格。因为情感流露和赞美之辞是具有重大意义的奖赏，你很有可能今后还会重复园艺和写作行为。

和具体行为一样，认知行为也可以通过正强化提高发生频率。如果你在某一次美妙的性幻想之后感到血脉贲张，很有可能会再次浮想联翩。用批判的眼光看待他人能反衬出你的优秀，这种想法能够提升自我价值感，因而得以强化。如果构想即将到来的假期能让你兴奋不已，并且充满期待，你会反复去做这个白日梦。沉浸在获得成功和成就的瞬间能提升自我价值感，你很可能会在脑海中一次次地重现当时场景。在不喜欢的人倒霉时幸灾乐祸能够带来喜悦或是抒发怨气，因而得到强化。

负强化只会在你经历身体或心灵痛楚时发生。任何能够成功终止疼痛的行为都能得到强化，因而今后再有类似伤痛情绪出现时，该行为会再次出现。例如，当学生全力以赴为期末考试做准备时，常常会发现某些最无聊、最世俗的行为竟然变得魅力无穷。类似信手涂鸦、投掷垃圾入筐的行为能够得到强化是因为它们能减轻高强度学习带来的压力。任何能够缓解压力和焦虑的事情都能得到加强，这已成为普遍规律。在每次大发雷霆之后，紧张情绪都会迅速得到缓解，发怒因而得到强化。看电视、吃东西、洗热水澡、逃避、抱怨、兴趣爱好和体育活动似乎都是因为能够减少紧张或焦虑情绪而时不时被强化。怨天尤人能够缓解你犯错误时的焦虑，而且这一行为会被持续强化，最终成为惯常行为。大男子主义的行为对于某些男人而言，能够减缓社会压力，焦虑得到缓解的益处不言自明，因而凸显男子气概的作风成为他们自我保护的铠甲。

和正强化一样，负强化也能改变你的思维模式。任何能够减轻焦虑、负罪感、无助感或挫败感的想法都会被强化。假设每次在拜见脾气暴躁、颐指气使的岳父前，你都感到惴惴不安。有一天在驶往他家的途中，你开始在内心鄙视他：心胸狭隘到极点，总是满口胡言，但凡有人和他唱反调就恼羞成怒。突然间，愤怒替代了焦虑，你如释重负。因为焦虑感的下降强化了批评的想法，你发现后来再去拜访他时，你总是在用批判的眼光看待这位老人。

总是担心工作时出错的员工可以通过贬低工作（简直就是白痴的工作）和老板（尖酸刻薄的蠢货老板）来降低焦虑。如果焦虑再次出现，贬损的想法很有可能被派上用场。奇特美妙的爱情幻想、天马行空的成功幻想、大救星横空出世或是逃之夭夭的梦幻，抑或解决问题并不难的想法都有利于减缓绝望无助带来的慌张。无论如何，有效减轻无助感的特定认知能够停留在脑海中，不会被忘记。当相同的感受再次出现时，同样的想法被调用的可能性会很高。

哀思是一个能够显示负强化强大作用的典型例子。是什么让人深陷对已逝亲人或已失物品的痛苦追忆？为什么他们明知这种欢乐时光已经一去不复返，却还要在脑海中一遍遍重现？令人费解的是，任由悲伤的思绪蔓延能发挥巨大的止痛效果。意识到某人或某物的离开会让人的身心处于高度紧张状态。挫败和无助感急剧飙升到一定程度时，必须要找到排泄渠道。沉痛缅怀过往可以通过流泪和发呆的形式消除紧张情绪。陷入哀思、沉浸在对过往的追忆当中由于能够舒缓紧张，带来片刻宁静而得以强化。

总而言之，负强化从根本上而言，属于问题解决的过程。你想调整痛不欲生的糟糕情绪，所以苦苦寻觅能够疗伤止痛的行为或想法。当你找到能够减缓疼痛的想法或做法后，就会把它当作解决特定问题的灵丹妙药，抓住不放。当同样的问题再次出现，你会不厌其烦地使用这一屡试不爽的对策。

不定率强化程式

到目前为止，我们的探讨范围只局限于连续强化程式。连续强化是指某一思想或行为持续不断地得到强化。每次你做出此举，都能够感到愉悦或放松。连续强化程式的一个重要方面是一旦强化停止，这种行为就会很快消失。奖励一停止，之前得到强化的思想或行为也会即刻被终止。

这种情形与不定率强化程式截然不同。在后者中，强化并非持续不断。你可能在第5次、第12次、第20次、第43次等做出某种行为后会有所收益。这种程式不可预见。有时你甚至需要将某种行为进行成百上千次之后才能得到强化。不可预见所产生的结果是在很长一段时间内，你都会持续之前被强化过的某种行为，即使得不到强化激励，也不会轻易放弃。这类行为的戒除需要很长时间。

老虎机的理念就是基于不定率强化程式，这可以解释人们为什么欲罢不能、玩到天昏地暗才停止。有时花一枚硬币就能中大奖，有时却得花好几百块。人们总是需要很长时间才能戒掉赌瘾，因为强化有可能发生在掏出下一枚硬币之后。

以下两个例子能够说明不定率强化程式如何对你的想法产生强有力的影响。

1. 在极其罕见的情况下，担忧能有效缓解焦虑，过分担忧由此得到强化。但这种情况一年可能只发生一两次，或是一辈子当中也只发生寥寥数次。但爱操心的人却流连于漫无边际的担忧无法自拔，不是担心这就是担心那，像一而再再而三地取出一枚硬币的赌鬼一样，总是盼望此次或下次就能有所收获。

2. 无休止地重现某一尴尬社交场景有时会因突然间的灵光闪现而得到强化。你在无意中转换角度看问题后，发现自己其实并没有那么难堪或丢脸，会在瞬间心花怒放。你回想起某个行为或是某句话似乎可以帮助你救场，一扫耻辱，让你重新接纳自己。可不幸的是，无休止重现时灵光闪现的机会很渺茫。更常见的是你通宵达旦地忍受着脑海中一遍遍重播尴尬境地的痛苦，等待下一枚硬币能带来好运，帮你重拾自信。

自我批评如何得到强化

你的自我批评既能够被正强化，也可以得到负强化。讽刺的是，当批评者气势汹汹地毁灭你的同时，也在帮助你解决问题，并且以有限的方式满足你的基本需求。

自我批评的正强化

以下是你的批评者通过正强化帮助你满足需求的实例。

端正行为的需求。每个人的内心都有一张很长的规则和价值清单，用以规范自己的行为。这些规则常常功不可没，因为它们能够遏制危险的冲动，为你的生活构建稳定的框架以及合理的秩序。这些规则树立起一个伦理框架，帮你区分道德与不道德行为。它们对于在权威人士和朋友面前如何表现、如何进行性行为、如何管理金钱等做出规定。当你违反了这些内心的规定，生活就会混乱不堪，你也就丧失了自我价值感。批评者的作用是让你遵守规定。只要你违反规则或者有违反的冲动，他都会谴责你犯了滔天大罪、糟糕透顶。他对你喋喋不休的批评教育促使你"端正行为"。就像一个人曾经总结的那样："我的批评者不让我撒谎、骗人、犯懒，这成了我赖以生存的主心骨。我离不开它。"

感觉良好的需求。批评者在责备你的同时，也在出其不意地帮助你提升自我价值感，悦纳自己。玄机在于后者只是短暂的。

1. 自我价值。批评者有两种方法帮你暂时提升价值感：将你和别人进行对比以及制定达到完美的高标准。

    比较法原理如下：批评者不停地对你在智力、成就、赚钱能力、性吸引力、社交能力、受欢迎程度和思想开放程度方面取得的进展进行评价——基本上涵盖了你所重视的任何一种特质或品质。很多时候，你会发现自己在某一方面或很多方面技不如人，因而自惭形秽。但是也会有那么一两次，你觉得自己更具吸引力，聪明才智过人，或是更会暖人心，片刻之间感到心满意足，可以俯瞰芸芸众生。尽管这种情况非常罕见，那须臾的成就感却得到强化。你的批评者进行的比较是一种不定率的强化程式。

他将你和他人进行的大多数比对都会让你处于劣势,偶尔给点甜头——让你在对比中胜出——就能令你沾染上动辄和别人比较的不良习惯。

批评者增强自我价值感的第二种方法是制定难以企及的高标准,无论你的身份是员工、爱人、父母、演讲家、管家还是垒球队一垒手。在大多数情况下,你都无法满足批评者的要求,因而容易妄自菲薄。但偶尔也会出现事事顺意的奇迹。你在工作上取得了里程碑式的成就,和儿子进行了一次敞开心扉的交谈,你为球队赢得了两次本垒打,还在比赛之后泡吧时讲了六个笑话逗乐大家。这就是你强化批评的方式,但是这基于不定率程式。你确实偶尔能满足他的高标准,因而在短期内感到自我满足。所以,批评者会继续坚持要求你力争完美,他知道你贪恋沾沾自喜的感觉,即使它可能转瞬即逝。

2. 讨父母欢心。为了满足这一需求,批评者会和你的父母携手联合对付你。如果父母指责你自私,你的批评者也会发出同样的责难。如果父母反对你的性行为,你的批评者会说你不知廉耻。如果父母给你贴上笨蛋、胖猪、废物的标签,你也会背负批评者同样的骂名。你每用父母的原话批评自己一次,就拉近一点与父母之间的距离,这是正强化在发生作用。在认同他们的观点后,你反而觉得更有安全感,更被他们接受和喜爱。你会通过他们的角度看问题,与他们站成一队,就能获得归属感和情感寄托,这些都是你内心的批评之声的强化物。

有所成就的需求。批评者像对待负重的老马一样,对你进行鞭笞,对你的自我价值进行恶毒的攻击,刺激你达到目标。如果你这周没能完成三宗交易,就说明你懒散倦怠、能力欠缺,不是家中合格的顶梁柱。如果你的绩点达不到3.5,你就是愚蠢无能,让所有人都看到你不是读研的料。自我批评之所以得到强化是因为你的成绩可以逼出来。你的确能提高销量,的确可以潜心读书。每次在批评者的督促下完成任务,他尖酸刻薄的痛斥就能得到强化。

自我批评的负强化

你的批评者通过负强化满足你抑制悲痛的需求。当批评者帮助你缓解或是完全抑制悲伤情绪时,他的声音就得到了高度强化。虽然从长远来看,这种效果会打击你的自尊心,但责骂性的自言自语能够在短期内起到镇痛的效果。下面有几个例子,能够说明自我批评帮助你减轻负罪感和恐惧感、缓解压抑和愤怒的方式。

1. 自我感觉不好、很差或妄自菲薄。在内心深处,每个人都有对自我价值的怀疑。但是如果你缺乏自尊,这些疑虑就会被无限制扩大,逐渐用无能无助的消极情绪取代内心积极阳光的一面。自惭形秽将你抛入痛苦的深渊,所以你竭尽全力试图逃脱。这时批评者向你伸出援助之手,制定一系列无法达到的标准帮你应对。你必须每六个月就要晋升一次,烧一手好菜,每晚花三小时指导孩子家庭作业,对你的伴侣做到一呼即应,对《纽约时报书评周刊》的任何内容都能滔滔不绝地发表个人见解。虽然这些标准高不可及,但当批评者督促你向完美进军时,你会停止自责、自卑,感到自己已满血复活、无所不能。只要你发奋图强、严格要求自己、努力洗心革面,一切就皆有可能。

2. 惧怕失败。有位女士想找份需要更多创造力工作,却流连于眼前工作带给她的稳定,一想到辞职就忐忑不安。她的批评者便前来营救,说道:"你不能这山望着那山高,你会被开除的。你没有充足的艺术天分,他们能看出来。"在自我否定言语的火力攻击下,她决定第二年再看情况。此时,焦虑水平瞬间下降,自我批评由于慌张情绪的舒缓而得到加强。尝试改变和冒险的想法往往令人瞻前顾后、坐立不安,而批评者能保护你免受焦虑情绪的骚扰。只要他挫败你的自信心,说服你放弃尝试改变的计划,就能被你舒缓的情绪强化。

3. 惧怕排斥。一种控制对排斥恐惧的方法是不断假设它的存在,这样你就不会遭受突如其来的打击。批评者充分发挥读心的潜能:"她不喜欢你。他们讨厌你讨厌到想哭。他们不想你留在委员会。他对你的工作不满意。你的爱人皱眉说明他对你已经不感兴趣了。"揣测对方的心思以保护你免受意想不到的重创。如果你事先对遭拒、失败或是打击做出预判,为此做好心理准备,当它真正发生时就不会伤得太深。批评者的心思猜测在不定率程式下得到了加强。有那么一两次,批评者的确精准地预测了某种伤害或拒绝。由于预判最坏的结果能够保护你免受最沉重的打击,批评者揣测对方心思的功能便得到强化。

另外一种抗击排斥恐惧的方法是首当其冲地进行自我否定。当批评者已经抨击了你所有的缺点和短处,其他人无论怎么骂你,都会在你的意料之中。一名38岁的信贷员如是描述这一经历:"离婚之后,我就称自己是个失败者。我认为这么说可以保护自己。我感觉如果我经常这么说,其他人就不会批评我了。因为我已经承认自己是失败者了,他们就没必要再指责我了。"一位著名的诗人也描述过同样的感受:"我常常有种感觉,不断自嘲可以发挥神奇功效,制止别人贬损我。"如果自我抨击出于对外人攻击的恐惧,并能够减缓内心的恐慌,自我抨击就能够得到极大的强化。

4. **愤怒。**生你心爱人的气非常可怕。当你意识到被他激怒时,就会顿感焦虑。一种应对措施是掉转矛头,攻击自己。犯错的是你,没能理解别人的处境,你才是罪魁祸首。随着批评者谩骂声的此起彼伏,你的焦虑被渐渐冲淡。现在,你不必去伤害他人,或者避免更糟的情况——激怒他们反过来伤害你。

5. **负罪感。**批评者自告奋勇地实施惩罚,帮你对付负罪感。既然你已经做错了,批评者会让你承担后果。在他反反复复骂你自私、贪婪或麻木的同时,你的罪恶仿佛被赎清,甚至被消解,好像没有犯过错一样。当你坐在批评者的放映室里,一遍又一遍地观看你出现过失的镜头,负罪感就会烟消云散。因为对你的自我价值施暴能够帮助你暂时免受罪恶感的折磨。

6. 挫败感。"我一天内护理了七个患者，买了东西，做了饭，听到了儿子房间里传出刺耳的、重复的吉他弹奏声，看到了摊满餐桌的账单。这些时刻足以让我仇恨自己。我想起了自己做出的所有愚蠢决定，变得怒不可遏。我会埋怨这是咎由自取，我失去了婚姻，我每天诚惶诚恐、一事无成。过一会我就能平静下来，然后上床睡觉。"一个36岁的重症监护护士如是说。注意，批评者的攻击是如何因为激愤情绪的缓解而得到加强的。冲自己发火能够释放忙碌和噪声带来的压力，缓解对支付账单的焦虑。当使用批评者向自己开火时，潜意识里是想驱散挫败感和负面情绪。这一策略能在多大程度上奏效，你的紧张情绪能在多大程度上得到缓解，取决于批评被强化的程度。

这些只是批评者如何帮助你满足需求的一部分案例。呈现它们的目的是引起你对自己的批评者的关注，明白他的攻击是如何被强化的。学会认清自我攻击的功能，它们在帮助你的同时也会对你造成伤害，这至关重要。现在，重看一遍自我批评正强化和负强化的清单，在与你吻合的情况前标星号。当你知道了批评者能帮你实现的基本需求是哪些以及他的攻击被强化的方式，你就可以进行下一步：捕获你的批评者。

捕获你的批评者

要控制批评者，前提条件是你得听出他的声音。你会在意识清醒的时刻，通过内心独白分析过往、解决问题、思考未来并且回顾历史。多数这样的自言自语都大有裨益，或者最次也是无毒无害。但批评者的指责却隐藏在内心独白的某一个角落。当批评者打击你时，抓他个现形需要特殊的警觉。你得竖起耳朵仔细聆听内心独白的内部交流，当听到"真笨……又犯了一个低级错误……你无能……

你有毛病,永远都不可能找到工作……你笨嘴拙舌……她正在对你失去兴趣"时,你必须知道这是批评者说的话。

有时,攻击者会用过去犯错或惨败的情景袭击你。有时他不使用语言或具体场景,这种想法可能只是一个意识、一种感觉,或是一个印象。这种批评转瞬即逝,似乎不属于语言范畴。一个销售员这样描述:"有时我只是感觉到自己在蹉跎人生。这种空虚感像大石头一样,压在我的胸口。"

抓住批评者绝非易事,需要持之以恒。在遇到问题时,你必须格外关注内心独白:

- 遇到陌生人
- 和你认为很性感的人接触
- 犯错误的情况
- 你被人批评,开始自我保护时
- 和权威人士交谈时
- 你心灵受到创伤或是有人冲你发火时
- 你有可能被排斥或失败的情况
- 与可能否决你想法的父母或其他人交谈时

练习

监控你的批评者。特别挑出一天,对自我攻击保持最高警觉,数清你的自我批评言论共有多少条。看到这个数目,你可能会感叹内心独白进行负面自我评价的频率竟是如此之高。挑出两三天时间,采取更进一步的措施。不仅仅是数,还要准备一个本子,把批评者的斥责性言论记录下来。

你写下的自我攻击越多越好。如果你每天至少能捕捉到10句批评者伤人的恶语，就值得庆贺。

临睡前还有一个任务需要完成。在一张纸的中间画一道竖线。一边的标题为"帮我避免的情绪"，另一边的标题为"帮我感受或做到的"。然后针对每一项具体的批评，写下它的功能——它是如何被正强化或负强化的，它是让你自我感觉良好，抑或是督促你做了正事，还是驱散了你的某些负面情绪。以下是一位24岁的一年级老师所记录的内容。

想法序号	时间	批评话语
1	8:15	校长肯定对我的迟到深恶痛绝
2	8:40	写个教案也敷衍了事。天啊，我真是懒到家了
3	9:30	这些孩子反应慢，我却起不到实质性作用
4	9:45	怎么犯傻让希拉去买午餐呢？她肯定找不到单子上列的东西，满餐厅瞎转悠
5	10:00	你怎么当老师的？这些孩子怎么进步这么慢
6	12:15	在餐厅说的话简直愚蠢至极
7	12:20	我怎么这么笨
8	2:20	今天教室乱成一锅粥了。我什么时候才能学会控制课堂
9	2:35	我为什么不在墙板上挂几张孩子们的画？我太不靠谱了
10	3:10	车都不会停。看，车身都是歪的
11	3:40	看房间乱的。真是料理家务的好手啊

想法序号	帮我感受或做到的	帮我避免的情绪
1		如果她出其不意地指责我拖沓，我会很难过
2	鼓励我更加认真地对待工作	
3	激励我写出更富创意的教案，可能还会咨询他人	
4	提醒我在选人时擦亮眼睛	
5	鼓励我为教学计划多费心思	
6		社交焦虑。我已经承认自己笨了，所以他们说什么也伤害不到我
7		社交焦虑

(续)

想法序号	帮我感受或做到的	帮我避免的情绪
8	提醒我向其他老师取经，探讨维持纪律的好方法	如果校长批评我，我会感到吃惊，受伤不浅
9		信誓旦旦地要提高设计组织能力，却没能履行誓言的负罪感
10	提醒我停车时多加注意	车停得不安全的负罪感
11	提醒我保持清洁卫生	

和你做这项练习时即将感受到的一样，她在浏览自己所做的记录时发现，这些指责一般围绕某些基本主旨展开。批评者发起的很多攻击之所以能够得到加强是因为它们能够鞭策她向着更高的目标奋进，提升自我。当她再次仔细推敲时却发现，批评者为她制定的高标准难以企及。在极其罕见的情况下，她也确实能够达到这些标准，因而沾沾自喜。但是，这种美妙的感觉容易让人上瘾，她也知道自己的完美主义情结就是因此而得到强化的。她还注意到了自我批评的其他主题：避免人际焦虑以及排除对突如其来的拒绝的恐惧感。用新知识武装头脑之后，这位老师整装待发，向着下一个最重要的阶段迈进：解除批评者的武力。

第 3 章

解除批评者的武力

现在你应该对你的批评者有了一定程度的了解,很高兴看到你已经提高了辨别能力,能够从从早到晚、断断续续的内心独白中听出批评之声。这项任务和窃听毒枭嫌犯很像,你必须从一大堆无用的对话中听出他矢口否认的内容。你不能在窃听时走神,因为他随时可能说出能将他绳之以法的内容。

在你消解批评者的武力之前,必须先充分了解他。鬼鬼祟祟是他最大的法宝,如果你能够听出他的声音,就已经是出师大捷了。记住每次批评者发起攻击时,都会给你造成切实的心理伤害,然后进一步损伤你的价值感,剥夺你的成就感和幸福感。你无力承受他对你做的一切，因为代价太沉重。

　　因为你不可能从早晨一睁眼，就每时每刻保持高度警觉，你应该知道自己什么时候尤其需要提高警惕。上一章谈到了问题情况列表——当你犯错、挨批或与看不惯你的人打交道时的情况。还有一种情形也需要你的重点关注，那就是当你情绪低落、心情沮丧时。这些情绪常常都由批评者引发，它们的出现说明批评者正在尽忠职守。为了抓住批评者打击你的现形，你需要做以下四件事。

1. 闭上眼睛，做几次深呼吸，将空气深深吸入肺部，感受到膈张弛交替。
2. 放松身体。排查腿部、胳膊、面部、下巴、颈部和肩膀的紧张状态。
3. 留意身体中感到压抑的部分，关注该区域，真正了解那里的感受。
4. 倾听与该身体部位感受对应的想法，留意你对自己说的每一个词。现在尝试回想那种感觉是如何开始的，批评者正在对他们说什么。

　　每次你感到情绪低落或心情沮丧时，都可以遵循这四个步骤，从而对批评者的攻击了解得更透彻。

　　如果你做了上一章的练习，现在对你的批评之声的主题就应该更加了解。当你分析自己的批评想法时，判断它们是在帮助你产生或避免哪些感觉，就能逐渐认清攻击模式。可能会有人发现批评者的主要功能是减轻负罪感。其他人可能会感到批评者在极尽激发上进心之能事。另一个人的批评者在帮她变得更坚强，对他人的排斥无所畏惧。或者某个批评者总会喋喋不休地劝说你要循规蹈矩。当你知道自己的批评者老生常谈的话题时，就能够为还击做出准备。

　　消除武力包含三步：（1）揭穿其真实目的；（2）顶嘴；（3）让其失去用武之地。

揭穿其真实目的

　　想要在一场辩论中胜出，鲜有比突然揭穿对手见不得人的动机更有效的方法。

一个经典的例子是烟草公司的"研究"结果：吸烟与心脏病之间毫无关联。因为烟草业的不轨动机昭然若揭，所以没几个人会认真对待这个"研究"结果。

当你揭穿批评者面目时，就是在暴露他的真实企图和作用。你可以参考以下例子，揭穿批评者。

- 你现在痛斥我是要逼我遵守从小就遵守的原则。
- 你正在拿我和每一个人进行对比，就是为了让我偶尔觉得比别人强，沾沾自喜。
- 你像我父母以前一样，对我呼来喝去，我相信你是因为我相信他们。
- 你揍我就是为了让我更上一层楼，从而更加自信。
- 你坚持要求我追求完美，是因为如果我没出任何差错，最终会获得良好的自我感觉。
- 你是在说我不能做这件事，这样我就省得麻烦，也不必为搞砸担惊受怕。
- 你在告诉我他们不会喜欢我的，这样的话，如果我被拒绝，就不至于无法承受。
- 你是在告诉我她厌恶我，所以无论真相如何，我都会做好最坏的打算。
- 你是在命令我追求完美，让我傻傻地认为自己可以完美无瑕，换来短暂的心情舒畅。
- 你对我骂骂咧咧，就是让我为与吉尔离婚忏悔。

了解批评者的作用会让他说的每句话失去信服力，因为你知道他的阴暗动机。无论他如何大喊大叫，洞察了他的阴谋诡计后，你就不会唯唯诺诺。记住，批评者之所以攻击你是因为他的声音能够在某种程度上得以强化。当你能够辨清批评者在你的心理生活中的地位时、当你能够直呼他的名字时，你就开始正式削减他的可信度了。

顶嘴

你也许觉得和自己的批评者顶嘴很荒谬，但这本书的很多内容都和顶嘴有关：学会反驳，抵制你从小接受的负面灌输。在成长的过程中，毫不夸张地说，万达收到了成千上万条贬损的信息——首先来自于她的父亲，然后是她自己的批评之声。父亲一生气，就会骂她笨，尤其是嘲讽她做事"不动脑筋"，上中学时成绩只有C。一直以来，万达对父亲的判断深信不疑。这几天，她的批评者也开始斥责她做事总用"笨办法"。除非学会与批评者顶嘴，停止类似信息的输入，否则万达的自尊无法提升。她需要一架心理大炮炸飞批评者，让他彻底闭嘴。

以下有两种顶嘴方式，如果能够合理表达，就会暂时让批评者无言以对。两种方法都试试，可以单独也可以联合使用，看看哪种最适合你。

询问代价。解除批评者武力的最佳方式之一是思量你为他的攻击所付出的代价。听从批评者会让你付出哪些代价？一位在印刷公司工作的32岁销售代表估算了批评者在工作、社交和幸福方面令自己付出的代价，并写出以下列表。

- 妻子只要表达任何不满，我就开始为自己辩护。
- 当女儿闹情绪时，我会变得气急败坏。
- 和 Al 没法做朋友了，因为我总是充满敌意。
- 每当察觉到母亲对我有一丝一毫的不满，我就会大发雷霆。
- 不敢在潜在顾客面前表现太主动，生怕他们拒绝我。（我每年可能会因此少赚 10 000 美元的回扣。）
- 总是与老板和权威人士保持一定距离，也不会多说话，因为我害怕他们。
- 感到焦虑，总是在防范别人。
- 总认为我不受人欢迎。
- 不敢尝试新事物，因为害怕搞砸。

自尊不足令这位销售代表在生活的方方面面都付出了不小的代价。当批评者发起攻击时，他现在能够反驳说："你让我对任何人都心存戒心，害怕他们，你害得我收入减少、失去朋友，还对女儿凶神恶煞。"

现在该估算你的批评者造成的损失了。罗列出自尊在社交、工作和幸福方面影响你的方式。在完成列表后，挑选出最重要的几项合并成一个总结性的语句，以便在批评者攻击你时可以脱口而出，进行反攻，告诉批评者："我无力承受；你已经让我付出了……的代价。"

肯定价值。这个方法很难练习——尤其错在自己的想法在你心中已根深蒂固。但是如果你想彻底解除批评者武力，必须学会肯定自己。顶嘴的第一种方法固然重要，但只有它还远远不够。就算你一口咬定他让你付出的代价太沉重，也无法长期遏制批评者尖酸刻薄的言语，只能在短时间内闭嘴。但仅仅令他哑口无言只是在创造一个真空环境，并没有放进任何东西。过不了多久，他的声音会再次返回，用火力更大的猛攻来填补空白。所以当批评者无话可说时，你必须用积极的自我价值意识取代他的声音。

肯定你的价值并非易事。此时此刻你认为自己的价值取决于行为。打个比方，你把自己当成一个需要用一点一滴的成就填满的空罐子。刚开始时几乎一文不值，只是一个会移动和说话的躯壳。批评者已经令你坚信生命没有内在价值，只有做大事的潜力。

事实上你的价值就是你的意识、你感知和经历的能力。人类生命的价值在于它存在的事实，你是造物主创造出的精密复杂的奇迹。你是一个为生存而努力的人，这足以让你与其他同样为生存而努力的人价值相当，无关乎成就。你做的任何一件事、任何一份贡献都不应该以证明自我价值为目标，而是源源不断的生命力的体现。你应该为了充实生活努力，而非拼命证实自己。

无论你是一个正在攻克癌症的研究者抑或是扫马路的清洁工，你都已经知道希望和恐惧、依恋和失去、需要和失望，你都已经远眺过世界并竭力将它看明白，你都已经处理过一系列自身特有的问题，并且承受过痛苦。在过去的几年里，为了能够缓解疼痛，你已经尝试过很多策略。一些已经奏效，一些却没有。一些只能在短期内奏效，从长远来看，却让你变得更加忧伤。这都无关紧要，重要的是你努力活着。尽管生活的道路布满荆棘，你仍不懈尝试。这就是你的价值、你的人性。

为了打压批评者，你可以借鉴下列肯定语句。

- 我是有价值的，因为我能呼吸、有感觉、有意识。
- 为什么我会伤害自己？我在努力求生存，不遗余力。
- 我痛，我爱，我为生活而打拼。我是一个好人。
- 我的痛苦、我的希望和我为生存做出的奋斗是我与其他每个人的共同点。我们都只是为了生活而打拼，不遗余力。

以上语句可能会有某一个适合你，也可能都不适合。重要的是你能编写出自己认可的语句，并用它替换你的批评之声。

现在安心写出你自己的肯定语句。如果你觉得写出真实的肯定语句有难度，可以参考第4、7、10章关于准确的自我评价、同情心和对待错误的详细描述，这有助于你写出自己认可的肯定语句。

记住你需要用积极的肯定语句来填补批评之声留下的空白。每次你成功拦截批评者的袭击后，就要尽量使用一个肯定语句。

让你的批评者失去用武之地

解除批评者的武力的最佳方式是让他失去用武之地，夺走它的地位，让他形同虚设、哑口无言。了解批评者如何发挥功效还不够。你现在也许已经觉察到批评的功能是鼓励你上进，或保护你不为遭拒感到恐慌，或为自己的罪过忏悔。但只是知道这一功能并不会带来实质性转变。同样的需求必须以新的、建设性的方式来满足，这样你才愿意放弃批评者的服务。这本书详细介绍了新的、有建设性的满足需求的方式，甩开批评。

前一章提到了批评者经常帮助你满足的需求，本章将再次列出。每一项后面有简短的评述，总结了替换批评、满足需求的健康做法。

端正行为的需求。你的老方法是依靠批评者监督你"循规蹈矩"。更健康的方法是重新审视你的"应该"清单和个人标准，判断哪些真正适合你以及当前的处境。详述"应该"的第 8 章中包含了评估你所遵循的规则的方法，详细到每一步，同时它还介绍了一个健康体系，激励你遵循自己的价值观生活：在做决定时，透彻了解每一个选择可能带来的短期和长期影响。

感觉良好的需求。为了让你暂时觉得高人一等，你的老方法是和别人比较或是设定高标准以达到完美。更健康的方式是更加实际地看待自己（第 4、5、6 章详述了准确的自我评价、认知扭曲和消除悲痛想法），并且真正接受自己（第 7 章"同情"）。第 14 章通过意象法强化这些看待自己、与自己对话的新方式。事实上，本书有很大一部分都在关注你感觉良好的需求，帮助你形成准确的自我评价，悦纳自己。

有所成就的需求。你的老方法是依靠批评者的鞭策奋勇直前。但每次你达不到目标、犯错误、失去动力，就会垂头丧气，觉得自己一事无成。最大的问题是你相信批评者发起攻击的基本前提，相信他说你的价值取决于行为的谎言。用健康的方式满足你有所成就的需求的第一步是摒弃旧观念：你做了什么，就有什么样的价值。

第二步是学会评估你的目标，看它们是否适合你。是你本人想拥有这栋房子，还是你的父亲或配偶或是"挣大钱"的理想在敦促你买它？关于"应该"的第 8 章会再一次帮助你分析目标。你将基于短期和长期结果对目标进行考量。如实的考察肯定会显示某些目标成本太高。第 9 章"身体力行你的价值观"将会帮助你认清自己的价值观并诉诸实践。

以健康的方式满足你有所成就的需求的最后一步是找到新的激励措施。以前你靠批评者的鞭策，稍有倦怠他就会动用武力。更健康的激励方式是想象成功后的美好。当你看到自己收获达成目标后的喜悦，当你能够想象出成功时的每一个细节，当你能够听到朋友的赞许，为此而心满意足时，就创造出了极其强大的驱动力。关于意象的第14章详细讲述了激发期望行为的意象法。

控制负面情绪的需求。在上一章中你了解到批评者的攻击竟然能够帮助你控制恐惧、愧疚、愤怒和其他情绪，就和把指甲深深掐进肉里缓解伤痛的道理一样。批评者帮助你控制的负面情绪如下。

1. 自我感觉不好、很差、妄自菲薄。批评者通过设定追求完美的高标准帮助你阻挡这种情绪，向你暗示只有埋头苦干才能实现理想。你能够摆脱批评者，学着控制这种情绪，参考前面"感觉良好的需求"部分列出的步骤。再次重申，方法就是正确看待自己，真心接受自己。

2. 惧怕失败。批评者驱散失败恐惧的方法是告诉你"别去做"。因此，你没去尝试，恐慌也渐渐消失。控制失败恐惧的健康方式是重新定义你的错误。自尊不足的人往往把失败看作是缺少价值的表现，他们在内心深处认定自己有很大问题，所以每次犯错都是对这种想法的再确认。第10章详述了如何对待错误，阐明了关于人性的一条基本规律：**你总是会根据当时的觉悟水平，选择满足需求胜算最大的行为**。鉴于你的知识水平和内心需求，你在任何时候都能及时做出最佳决定。应对所有失败的秘诀是意识到每一个你做过的决定都是当时可选的最佳方案。

3. 惧怕排斥。批评者帮助你应对排斥的方法是预判别人嫌弃你，让你对伤害变得麻木。他还帮助你采用一种能制止别人对你进行批评的方式。更为健康的应对排斥恐惧的方式是：（1）重新框定交往中犯的错误，将之视为当时的最佳选择（见第10章关于对待错误的论述）；（2）学会应对批评的特定技能（见第 11 章关于回应批评的论述）；（3）学会识别你假想出的排斥，不要揣测对方的心思（见第 5 章论及读心的部分）。第一步要求你改变对自己说话的方式。在社交过程中出现问题并不能削弱你的价值，它们只是你在反思过程中觉得不妥的决定。第二步可以改变你的行为，这能够教会你如何肯定地应对批评，而非深陷自责，无法自拔。第三步要求你下定决心不再相信自己对他人想法和感受的猜测。相反，你要学会询问：提出能够摸清对方是否对你不满的具体问题。

4. 愤怒。批评者把你对向别人发怒的恐惧转换成对自己的攻击，以此消除恐惧。处理自己愤怒情绪的更健康的方法是说出你的所需，与对方协商，做出改变。生气常常是无助的副产品，因为你的需求没有得到表达或没有得到有效表达。你有权利说出自己的诉求，即使你可能得不到。第 12 章详细讲述了张口说出自己的所需有助于你更有效地表达需求。学会坚定提出请求能够缓解对自己和他人的愤怒情绪。

5. 负罪感。惩罚你之后，批评者就帮你遏制了负罪感。一个很好的方法是判断你的负罪感来自健康还是病态的价值观。关于"应该"的第 8 章提供了一个检测自我价值体系的框架，如果因为违反规则而内疚，就应该借助此框架，审视该规则是否足够灵活机动，适合你和当时的特定情形。你还能探明违反的规则是否符合实际，也就是说它是否以行为的可能后果和结果为基础，而不是绝对的正误二元对立。

如果你发现自己的准则有问题，可以通过质疑以往的价值观来消解负罪感。虽然知易行难，但第 9 章会提供一步步探明健康价值观并将它们付诸实践的方法，增强自我价值感。

6. 挫败感。批评者帮助你控制挫败感的方法是不停地责备、鞭笞你，直到你释放出足够的负能量来降低紧张水平。更为健康的做法是反复确认自己的内在价值，提醒自己你犯的每一个错误都是当时可以能够做出的最佳决定。

总揽表

下面的表格是对本书剩余部分的导读。左侧列出了你的批评者帮你满足的需求，表格上方列出了具体做法的章节题目，帮助你以健康的方式满足这些需求。×号表示"对号入座"，说明哪一章能够为对应的特定需求提供恰当的帮助。

批评者能帮你满足的需求	准确的自我评价	认知扭曲	消除悲痛想法	同情	应该	身体力行你的价值观	对待错误	回应批评	提出需求	设定目标和计划	意象	我仍然感觉不好
端正行为的需求					×	×	×			×		
感觉良好的需求	×	×	×								×	×
有所成就的需求			×	×		×				×	×	
控制负面情绪的需求			×									
自我感觉不好	×	×	×	×		×				×	×	×
惧怕失败			×			×	×			×		
惧怕排斥		×	×				×	×				
愤怒			×						×			
负罪感			×		×							
挫败感			×									

第 4 章

准确的自我评价

某单身组织形成了一个特殊的惯例:由女人邀请男人跳第一支舞。以下是一位丰姿绰约的女士来到一位玉树临风的男士桌旁,邀请他跳舞时的对话。

女人:跳支舞如何?

男人:[看了看四周]我吗?

女人:没其他人坐这张桌子。

男人:也是。

女人:[微怒]你看上去不太愿意。

男人:没想到你会选我。

女人：［坐下］怎么想不到呢，你看起来很不错啊？

男人：不错？［嘲讽地］这是我15年前的衣服，都不合身了。我的长鼻子和匹诺曹有一拼，头发也开始掉了，还有，我跳舞时总感觉有石头硌脚，脚底打滑。

女人：［沉默］

男人：还想和我跳吗？

女人：［起身］我再考虑考虑。

上述对话中的男性可谓是当晚单身组织里最风度翩翩的一个。但是由于对缺点的过分强调，他对自我的认知已发生扭曲，只看到自身劣势蒙蔽了他的双眼，令他对自身的闪光点视而不见。

自尊不足的人往往无法清楚地认识自己。他们看到的是放大弱势、缩小优势的自我形象，就像游戏室里哈哈镜中的映像，强烈的自卑感正是长期观看这种失真映像的必然产物，因为周围人的正常形象令他们相形见绌。其实是因为他们能够客观地看待他人的强项和弱项，所以对别人比对自己的认识更为准确。和所有的"正常人"相比，他们从哈哈镜中看到的是满眼瑕疵。

为了提升自尊，一定要先扔掉扭曲形象的镜子，然后学着正确衡量自身的优点和不足。这一章内容可以帮助你形成清晰准确的自我描述，认清真实的自己，并形成正确的评价，而不是一味地放大缺点、滤去优点。

形成正确自我评价的第一步是写下当前你对自己的看法，越详细越好。你可以参考以下这张自我认知详细列表进行自我描述。

自我认知详细列表

按照以下几个方面，尽可能多地使用词汇或短语描述自己。

1. 外表：包括对身高、体重、长相、肤质、头发、穿衣风格以及对身体具体部位，比如脖子、胸部、腰和腿的描述。
2. 你和他人的交往：包括描述你和爱人、朋友、家人、同事以及在社交场合与陌生人交往时体现出的强势和弱势。
3. 个性：描述你积极和消极的个性特征。
4. 其他人对自己的看法：描述你的朋友和家人眼中的你。
5. 在学习或工作当中的表现：包括描述你如何在单位或学校中完成重要任务。
6. 处理日常琐事的能力：描述你的卫生保健、维持良好的生活环境、准备食物、照顾孩子的方式和其他满足个人或家庭需求的方式。
7. 动脑能力：包含你对分析和解决问题的能力、学习能力和创造力、综合知识和专业知识储备情况、你所增长的智慧和见识的评价。
8. 性能力：写下你对自己性行为的看法和感受。

在完成这项汇总表后，再回过头在你认为代表优势或你比较满意的项目前标加号，在你认为是劣势或者有待于改进的项目前标减号。在中立、客观的事实陈述前不加任何标记。

埃莉诺是一家医药公司的销售代表，她的自我认知详细列表如下。

1. 外表

+ 棕褐色的大眼睛　　　　　－ 平胸
+ 黑色卷发　　　　　　　　－ 鼻子难看
+ 肤色健康　　　　　　　　+ 适合 30 多岁风格的着装
+ 光洁、紧致的皮肤　　　　+ 无须化妆
－ 龅牙　　　　　　　　　　+ 喜欢牛仔、T 恤和休闲服
－ 大肚腩　　　　　　　　　－ 大腿粗
+ 臀部曲线优美，　　　　　+ 脖子修长
　身高 5.5 英尺（约 1.67 米），
　体重 130 磅（约 59 千克）

2. 我的人际交往

　　+ 热情
　　+ 开放
　　+ 随和变通
　　- 无限制让步或不懂得拒绝
　　- 面情太软、来者不拒，
　　　事后又自责不已
　　+ 沟通达人
　　+ 会逗人乐
　　- 在朋友面前很虚伪
　　+ 社交能力强

　　- 耐心的倾听者
　　- 不愿请求别人
　　- 在陌生人面前感到拘谨
　　+ 保护意识强
　　+ 擅于让步
　　- 利用负罪感让孩子做事
　　- 有时对孩子喋喋不休，
　　　还进行人身攻击

3. 个性

　　+ 责任心强
　　+ 有意思
　　+ 开放，外向
　　+ 友好热情
　　- 害怕独处
　　- 爱搬弄是非

　　- 遇到一点不顺就消沉低落
　　- 有时情绪暴躁
　　+ 家庭观念强
　　- 费尽心思取悦别人
　　+ 喜欢忙忙碌碌

4. 别人眼中的我

　　- 没有主见
　　- 拼命三郎
　　- 健忘
　　- 丢三落四

　　- 一无所知
　　- 东西乱放

+ 阳光乐观

+ 精明能干

+ 风趣幽默

5. 工作表现

 + 踏实肯干   − 不愿进行电话销售

 + 勤奋卖力、斗志昂扬   + 专业技术过硬

 + 受人欢迎   + 销售能力强

 − 过度疲劳   − 案头工作一塌糊涂

 − 打电话时笨嘴拙舌   − 焦躁不安

6. 日常琐事处理能力

 − 忘记约会   + 注重口腔健康

 − 拖延症   + 关注孩子的安全和卫生

 + 保健意识强   − 购物时不带脑子

 + 做饭速度快、味道香   + 不会过分担心外表

 − 懒得料理家务

7. 动脑能力

 − 不喜欢争执和争辩   + 喜欢学习新事物

 − 不关心时事   + 求知欲强

 − 懒于思考   + 反应快

 + 第六感强   − 缺乏创造力

 − 毫无逻辑概念

8.性能力

+ 被挑逗之后，常常性欲强烈　　+ 大胆交流性喜好

+ 能对伴侣的性挑逗做出回应　　+ 表达性感受

− 拘谨，放不开　　　　　　　　− 感到挫败和沮丧

− 不愿主动　　　　　　　　　　− 被动

埃莉诺集中精力用一小时完成这张列表后，立刻认识到自身的一些重要特质。她看到在汇总表中的每一个类目之下，她的加分和减分项不相上下。可见，尽管她熟知自身优势，在生活各个方面对自己还是有很多不满。

并不是每个人都会有和埃莉诺相同的反馈模式。你可能看到自己的大多数减分项只出现在某一两个方面。这种情况表明你的自尊情况总体还不错，只是有个别软肋。你的减分项越分散，与加分项之间的悬殊比例越大，说明你要为实现客观积极的自我认知付出的努力就要越多。

列举你的缺点

将一张白纸分为两栏。左边写所有减分项，每项之间空出三行，以便有充足的空间改写或改动。

有缺点无可厚非，人无完人。地球上没有一个人会对自己的方方面面都感到满意。有缺点不可怕，可怕的是你利用缺点对自己进行毁灭式打击的方式。在朋友面前压抑了怒火是一句合理评价，但像埃莉诺那样谴责自己"在朋友面前很虚伪"就会伤到自尊。意识到自己的腰围已经32英寸（约81厘米），想瘦身3英寸（约8厘米）是对自己不尽如人意之处的现实评价，但是说有"大肚腩"就是在损伤自我价值感。

当你开始修改缺点清单上的内容时，需要遵循下列四条规则：

1. 不要使用贬义词。"龅牙"应该改为"前突的上前牙"。"打电话时笨嘴拙舌"应换成"看不到对方心领神会的表情时，我会感到心慌，打电话或多或少会有点紧张"。"购物时不带脑子"应改写为"就准备当晚一顿饭，能跑超市很多遍"。检查你的清单，删去包含负面意义的词——"不带脑子""搬弄是非""笨嘴拙舌""胖""丑"等。这些词必须从自我描述的用语中剔除。它们有点像食人鱼，偶尔零星出现时，不会造成太大伤害。但当它们成群结队出现时，就会完全吞噬你的自尊。

2. 使用正确语言。不要夸大缺点，或是添油加醋。用纯描述的语言修改缺点清单上的各项内容，用事实说话。"大腿粗"这一项既使用了贬义词又不切合实际。对于埃莉诺而言，准确的描述应该是"21英寸（约53厘米）大腿围"。埃莉诺将另一个错误表达"案头工作一塌糊涂"改写为"偶尔漏填订货表中的一些项目"。她改"没有主见"为"听取有理有据的建议"。至于"毫无逻辑概念"，她意识到这只是她丈夫的看法，自己无法苟同。

3. 使用具体而非笼统的语言。删除类似"每件事""总是""从不""完全"等这样的用词。改写后的清单需阐明某种特点出现时的具体情形、背景或人物关系。含糊的指责如"无限制退让或不懂得拒绝"改写后必须反映出这种问题具体对谁而言。当埃莉诺认真考虑这一项时，认识到所写内容与事实不符。她对推销商、自己的孩子、妈妈和邻居的无理要求会勇敢说不。只是面对丈夫或某几个闺蜜，她会无限制退让。埃莉诺改写这项为"当丈夫和好友需要寻求帮助时，不忍心说不"。埃莉诺还重写了"利用负罪感让孩子做事"。她注意到主要有两种情形会引发这一问题。"当孩子们相互伤害或不愿去探望爷爷奶奶时，我会让他们认识到自己的错误，产生负罪感。""害怕独处"改为"晚上八九点后独自一人在房间会感到紧张不安"。"丢三落四"被改为"偶尔找不到钥匙或毛衣"。注意，将缺点具体化可以使其不再那么笼统概括、罪不可赦，你的问题也不再包罗万象，你会发现它们只有在特定条件下、与特定的人交往时才会发生。

4. 找出例外情况或是相应优点。这是处理令你情绪低落的各项项目的重要步骤。比如，埃莉诺知道自己面情软，不好意思表达自己的诉求。她的病态批评常常以此为武器，向她的自我价值发起攻击。埃莉诺首先通过提出例外情况改写此项："我在同事、朋友芭芭拉和朱莉以及孩子面前，还是说一不二的，就是在丈夫或其他好友前做不到。"尤其让埃莉诺倍感难以面对的是"懒于思考"这一项。她在改写这项时，承认自己的确对某些领域不感兴趣，然后添加了一个重要的例外情况："觉得政治、哲学问题和抽象的想法很无聊，但喜欢思考人类行为背后的动机和动因。"埃莉诺的"不喜欢争执和争辩"是另一受到她特殊关注的项目，批评者由此抨击她无法坚持己见或是据理力争。埃莉诺在改写时，增加了一个相应的优势："缺乏充分的事实依据或是准确的直觉判断，所以我不需要每次都说服别人认同我的观点。当其他人与我意见相左时，我不会恼羞成怒。"

埃莉诺修改后的缺点列表

原始版本	改后版本
1. 外表	
暴牙	前突的上前牙
大肚腩	32 英寸（约 81 厘米）腰围
大腿粗	21 英寸（约 53 厘米）大腿围
平胸	34B 罩杯
鼻子难看	鼻子过大，但还算协调
2. 我的人际交往	
无限制让步或不懂得拒绝	当丈夫和好友寻求帮助时，不忍心说不
面情太软、来者不拒，事后又自责不已	我让丈夫尽管去做他的正事，但如果得不到足够关注，我又会闷闷不乐
在朋友面前很虚伪	不愿对朋友表达愤怒

（续）

原始版本	改后版本
2. 我的人际交往	
不愿请求别人	我在同事、朋友芭芭拉和朱莉以及孩子面前，还是说一不二的，就是在丈夫和其他好友面前做不到
在陌生人面前感到拘谨	在社会生活中，与陌生异性打交道感到拘谨
利用负罪感让孩子做事	当孩子们相互伤害或不愿去探望爷爷奶奶时，我会让他们认识到自己的错误，产生负罪感
有时对孩子喋喋不休，还进行人身攻击	在90%的情况下我都顺着孩子们，但是一周内会有那么几次，我会唠叨几句，催促他们做作业、清理厨房，和孩子们闹得不愉快
3. 个性	
害怕独处	晚上八九点后独自一人在房间里会感到紧张不安
爱搬弄是非	在过去的一年里，我传了两次本不该说的闲话
遇到一点不顺就消沉低落	当丈夫加班时我会感到闷闷不乐，除此之外，我都会努力调整心态，保持心情舒畅
有时情绪暴躁	一周内会因为孩子的作业和家务生几次气
费尽心思取悦别人	在丈夫和好友面前委曲求全
4. 别人眼中的我	
没有主见	听取有理有据的建议
拼命三郎	我得工作，还要照顾三个孩子，维系与丈夫之间、朋友之间的关系
健忘	偶尔忘记生日、医生预约和某些人的名字
丢三落四	偶尔找不到钥匙或毛衣
一无所知	对事实和历史知之甚少；不读报纸；了解心理学、药品、孩子、现代舞，家庭生活有条不紊
东西乱放	见"健忘"和"丢三落四"
5. 工作表现	
过度疲劳	回家时往往疲惫不堪，但周末还可以
打电话时笨嘴拙舌	当看不到对方心领神会的表情时，我感到心慌，在打电话时或多或少会有点紧张
案头工作一塌糊涂	偶尔漏填订货表中的一些项目
不愿进行电话销售	积极拨打销售电话，将几个令人头疼的电话推迟到下一周，只有一个医生是我彻底不会联系的
焦躁不安	焦躁不安无可厚非，不要指责我

(续)

原始版本	改后版本
6. 日常琐事处理能力	
拖延症	探望母亲、打扫卫生、让孩子们做家务时会有点拖拖拉拉。大多时候可以圆满完成家庭和工作任务
购物时不带脑子	就准备当晚一顿饭,能跑超市很多遍
懒得料理家务	有时会攒一堆脏碗碟,也不收拾餐桌和客厅。每周会进行一次大扫除
7. 动脑能力	
不喜欢争执和争辩	缺乏充分的事实依据或是准确的直觉判断,所以我不需要每次都说服别人认同我的观点。当其他人与我的意见相左时,我不会恼羞成怒
不关心时事	见"一无所知"
懒于思考	觉得政治、哲学问题和抽象的想法很无聊,但喜欢思考人类行为背后的动机和动因
毫无逻辑概念	"毫无逻辑概念"是丈夫的看法,我无法苟同
缺乏创造力	对艺术和制作不感兴趣。擅长装饰房间、喜欢上现代舞的课
8. 性能力	
拘谨,放不开	当丈夫看我脱衣服或凝视我的身体时我感到不自在,但我喜欢新的尝试
感到挫败和沮丧	如果丈夫连续几天都很冷淡,不和我亲热,感觉压根不想碰我,我就会感到挫败和沮丧
不愿主动	每当我想要采取主动,就会忐忑不安,怕他不感兴趣,那我就颜面无存了。但有四分之一的时间的确是我主动
被动	每次由他掌控节奏,但这不是什么大问题

现在该是修改你的列表左侧每一项缺点的时候了。一定要全神贯注、投入时间。负面的自我评价害得你心生愧疚、妄自菲薄,这是改善此种状况需要迈出的关键一步,也是一项极其复杂的任务。

切记修改后的每一项必须:(1)清除所有贬损性的语言;(2)正确合理、用事实说话;(3)清除笼统含糊的指责,列出问题出现的具体情况;(4)添加所有你能想到的例外情况和相应优点。

列出你的优点

进行正确的自我评价的下一步是承认你的优势，但这绝非易事。美国文化不太推崇自我炫耀。英雄人物只做不说，用行为说明一切，人们羞于夸夸其谈。除了文化禁忌外，你在自己家的经历可能也会阻止你"显摆"自身优势。严格的父母常常因为孩子自夸而惩罚他们。在成长过程中，一些孩子进行过无数次这样的对话：

吉米：我在拼写考试中表现出色。

母亲：是，但你上周成绩才是 D，而且老师说你的家庭作业做得不好。

苏珊：爸爸，我可以爬上后院的树了。

父亲：别再那么做了，多危险。

迈克：我今天在学校展示了收藏的贝壳。

父亲：然后呢？你把它们带回来了，还是丢了？

在文化和父母的调教下，你发现自己在自我夸赞时会心虚，感觉有大难临头，产生会为大言不惭而受到伤害或打击的预感。

现在该是大言不惭、自吹自擂、寻找和承认能让你赏识自己的闪光点的时候了。返回到你的自我认知详细列表中，拿出一张白纸，写出所有加号项。现在看看你修改后包含相应优势的缺点列表，如果有哪一个相应优势未出现在你的优点列表当中，及时将它们加进去。

仔细浏览优点列表中的每一项，再绞尽脑汁想想其他你还未提及的特殊品质或能力，想想你所收到的赞誉，回忆哪怕是相当微小的成就和曾经克服的困难以及看重的事物，包括奖励、奖品或是考的好成绩。以下练习可以帮助你回想起风光的过往。

> **练习**
>
> 　　抽时间想想你最喜爱或崇拜的人。他们的哪些品质激发了你的喜爱或崇拜之情？什么能让你真心喜欢一个人？现在，不要着急往下读，先在纸上写下这些人身上最令你赏识的品质。
>
> 　　此刻，你的列表应该已经完成，你可以把它当作内省的工具。一项接一项地仔细浏览列表，同时找出哪些品质是你自己也具有的，从以往和当前的经历中寻找例子。
>
> 　　你会惊讶地发现自己身上也具有那些令你敬佩之情油然而生的品质。
>
> 　　如果这些特殊的共同特质还未出现在你的优点列表中，现在把它们加进去。

　　再次浏览你的优点列表，将它们扩展为完整的句子，多用近义词、形容词和副词进行润色修饰，删除贬义词，使用褒义词，避免使用"含混不清的赞扬"。当埃莉诺修改优点列表时，将"无须化妆"改为"我有健康自然的肤色"，将"有意思"改为"我能应时应景、随机应变地展现幽默才能，别人佩服得五体投地"。她将"独立"扩展为"在关键时刻，我能独当一面不靠别人。我坚信自己强大的内心可以帮我渡过各种难关"。

　　在过去的几年里，你一直对自己的缺点耿耿于怀，对其进行大肆渲染。现在，你应该为优点花费相同的时间以示公平。穷尽赞美之辞吧！就像你正在给一个真心喜爱的人写推荐信一样，你真心企盼他能够成功。当谈及"喜欢学习新事物""求知欲强"时,埃莉诺不惜笔墨地对其进行了润色和补充。在描述优点时你需要全身心投入,这样才能遏制你将优点轻描淡写、一带而过的习惯。

一个全新的自我描述

现在该到将优缺点融合成为一份正确、公平、积极的自我描述的时候了,它不能与事实情况相去甚远,应该包含你想要改正的缺点,但同时也应当包含闪光点,它们也是你不可否认的一部分。你的全新描述应当涵盖自我认知详细列表中的八个方面,包括比较重要的优点和缺点(只来自修改后版本)。埃莉诺的自我描述如下。

5.5 英尺(约 1.67 米)高,130 磅(59 千克)重,棕色的大眼睛,鼻子大,但比例协调,嘴唇丰满,上前牙突出,黑色卷发,皮肤光洁紧致,肤色健康自然。腰围 32 英寸(约 81 厘米),大腿围 21 英寸(约 53 厘米),臀形不错。

我热情、友好、开放,沟通能力强。无论是开展工作还是教育孩子,我都有绝对的发言权。我对自己的诉求羞于启齿,在丈夫和某些朋友面前难以坚持己见。我交友甚广,尽管在他们面前,我会压抑怒火。我和孩子们关系不错。有时会因他们不做家务和家庭作业唠叨、催促几句。我是耐心的倾听者,很会察言观色,尤其和对方面对面时。

我是一个责任心很强的人。我能应时应景、随机应变地展现幽默才能,别人佩服得五体投地。我努力调整心态,保持轻松愉悦的心情。我喜欢晚上和全家人齐聚一堂,不喜欢八九点后还是一个人独处。我喜欢和人交往,但有时谈到兴头时会忘乎所以,滔滔不绝,不惜说到口干舌燥。

他人眼中的我积极乐观、精明能干、坚韧不拔。但我常常会听取他人合理的建议。我对时事和政治知之甚少,但我对感兴趣的事物还是会深入探究——心理学、儿童、我的工作、现代舞、经营家庭。在关键时刻,我能独当一面不求人。我坚信自己强大的内心可以帮我渡过各种难关。

工作当中，我兢兢业业、埋头苦干，和同事关系也还融洽。我不喜欢案头工作，有时会遗漏一些具体细节。我打电话时会有点不自在，所以打给凶巴巴的医生的电话会一拖再拖。当我和顾客面对面时，我是一个能说会道的销售员，能够成功推销商品和赢得对方信任。

我做饭、做家务、收拾打扮时手脚麻利、不受约束、快速高效。我常常不能及时去探望母亲和打扫房间。幸运的是，我能容忍孩子们的乱扔乱放。周日我会进行旋风式大扫除。

我还算聪明，喜欢学习新鲜事物，总爱刨根问底。我喜欢探寻事物运作的方式——我们正在享受的新兴药物或是吐司机的内部工作原理，这一点能够促进我不断成长和改变。我尽量避免政治和哲学方面的争论，对抽象理论不感兴趣。我喜欢谈论人性和行为动机。我不擅长艺术和制作手工艺品，但我喜欢装饰房间。

我的性行为，喜欢新的尝试和体验，尽管脱衣服或一丝不挂走来走去时会觉得害羞拘谨——即使在丈夫面前。我能凭直觉判断对方的喜好，也能够毫不避讳地谈论性。

新的自我描述能够呈现出你的宝贵价值。你应该每天大声、缓慢、认真阅读两次，坚持四周。想要改变对自己妄下定论的做法，这是需要坚持的最短时长。就像你通过"灌耳音"学歌一样，你可以通过每天阅读自我描述学会更加宽容、更加正确的自我描述方式。

赞美优点

你已经列出了自我欣赏的优点，但如果你不将此谨记在心，也会收效甚微。

当批评者怒斥你傻头傻脑、自私自利、畏首畏尾的时候，你必须将优点烂熟于心，才能进行有力反击。你必须脱口而出："等等，我不听你那一套，我知道自己富有创造力，无私为孩子奉献，还在 40 岁时尝试过新职业。"

要能够迅速想起自己的优点，尤其在自怨自艾的时候，你就需要形成一个日常提醒系统。以下三种方法可以帮你将自身优势谨记在心。

1. 日常肯定。把几个优点综合在一个肯定句当中可以起到提醒作用，它只是一个你需要每天时不时向自己重复的赞美性语句。以下有几个埃莉诺写的句子：

   我热情、友好、随和。

   我风趣幽默、受人喜爱，有推心置腹的朋友。

   我精明能干、吃苦耐劳，在工作上是佼佼者。

   每天早晨新写一个肯定自己的句子，令它发挥坚定信念、缓解心情、振奋精神的作用。你可以把它当作一种冥想，一整天都将其锁定在你的脑海中。当你压力重重或是自责不已时将它用作试金石，证明你是一个有价值的好人，从而打消怀疑自己的念头

2. 提醒标识。另外一种强化优点、可以与日常肯定结合使用的是提醒标识。在一张纸或 6×9 的卡片上用硕大、醒目的字迹写下简短的赞美语，然后贴在镜子上。将其他类似的标识贴在门后、床头柜、衣柜或冰箱门上，或者电灯开关旁，总之是放在目光常及之处。你还可以制作小一点的标识，将它们写在 3×5 的卡片或是名片上，放入公文包、办公室抽屉、钱包或钱夹里；也可以在你智能手机上创建笔记，每隔几天进行一次调换。

3. 主动整合。第三种增强对自身优点的意识的方法是回想你淋漓尽致地展现优点的情景和时刻。每天从列表中选出三个优势，然后在以往的经历当中找寻能够证明这些特定品质的例子。这一练习之所以称为"主动整合"是因为它能把你的优势列表从文字转换为具体的场景回忆，帮助你相信和记

起这些闪光点确确实实是你所拥有的。你可以浏览列表、找出相关实例，多多益善。但是至少得从头到尾过一遍。在主动整合的过程中，埃莉诺想出了以下实例：

- 受人喜爱。上次珍妮夸我能说会道时，埃伦接了话茬，说我是办公室里的活宝。
- 精明能干。我在销售代表中排名第三，对于才入行四年的我而言，这绝对是不俗的成绩。
- 独当一面。在丈夫被派去沙特阿拉伯工作的那三个月里，我一个人照顾孩子、料理家务。

力求准确无误。正确的自我评价包含两个方面：（1）承认并牢记你的优势；（2）准确描述你的缺点，确切地说，不要蓄意抹黑。第二个方面尤其需要你做出承诺。当批评者痛斥你，使用负面概括性语言夸大其词时，你必须义正词严地制止他。用事实堵住他的嘴：准确、具体、客观。保持高度警惕，因为你已经习惯了动辄就用负面语言对自己讲话的陈旧方式，所以必须使用新学到的正确语言反反复复地进行回击。

第 5 章

认 知 扭 曲

认知扭曲是病态批评者的工具、运作手段,打击你自尊的武器。如果说荒谬的看法是病态批评的意识形态(第 8 章"应该"对此有详细讨论),那么认知扭曲就是他的实施方法。批评者使用扭曲的方式无异于恐怖分子使用炸药和枪支。

认知扭曲是名副其实的坏习惯——你已经形成的惯性思维,动辄就以非现实的方式解读现实。比如,当一位同事拒绝参加你主持的委员会时,你可能会把他的推辞看作一个简单的决定,也可能利用惯性思维把拒绝当作看不起你,借此向你已经千疮百孔的自尊发起新一轮猛攻。

扭曲的思维方式很难诊断和治疗，因为它们与你对现实的认知方式紧紧捆绑在一起，即使地球上最清醒理智的人都无法与现实零距离接触。由于人类大脑和感官的内在结构，这种偏离不可避免。

为了加深理解，我们可以想象每个人都是通过一架望远镜来审视自己。如果你的望远镜摆放正确并且条件良好，你看到的自我图像就会比较大、在宇宙中显得比较重要，聚焦清晰，各部分的比例都很协调。不幸的是，没有几个人的望远镜是完美无瑕的。可能由于角度摆放不合适，他们看到的自己渺小、卑微。镜头可能有污点、被倾斜、被撞碎或是无法聚焦。望远镜自身的问题会妨碍你对自身某些方面的看法。一些人拿的压根儿就不是望远镜，而是万花筒。还有人什么都看不到，因为他们已经在望远镜镜头上贴了张失真的自画像。

扭曲的思维方式通过以下手段将你与现实隔绝：扭曲具有批判性，它们在你还没来得及做出判断之前，就已经给人物或事件贴上了标签；扭曲还常常错误百出，无论是在涉及的范围还是具体的应用方面，它们都是千篇一律地笼统含糊，从不会具体情况具体分析，只允许你看到问题的某一个侧面，无法看到全貌。最后，扭曲只是感情用事的产物，不包含理性因素。

本章即将教你如何识别最常见的认知扭曲并获取有效的反攻技能，从而刺穿扭曲的面纱，以一种更公平、准确和自爱的方式看待现实。

扭曲

扭曲是一种风格，它们也许基于长期以来持有的不切合实际的想法，但扭曲本身不属于想法本身，他们是让你惹祸上身的思考习惯。以下是 9 个常见的、打击自尊的扭曲。

1. 过度总结

认知扭曲会彻底改变你周围的世界。过度总结打造出一个不断缩小的世界，在这个世界里，绝对化的准则给生活套上层层枷锁。这是一个科学方法被彻底颠覆的世界。本应详尽搜集数据，总结出可以解释所有数据的规律，最后再加以验证的程序被篡改为只在一个事实或事件上大做文章，由此得出普遍结论，还从不进行检验核实。

例如，一个名叫乔治的总会计师邀请本部门的一名会计与他一起吃晚餐。她不去，说她从不和老板单独出去。乔治由此得出结论，他的部门里没有一个女人愿意和他私下出去。他对仅有的一次拒绝进行过度总结，并且决定以后再也不邀请女士了。

如果你擅长过度总结，碰一次钉子就意味着你不擅长社交。与一位成熟女性的约会失败就意味着所有年龄大的女性都认为你肤浅幼稚。一张摇摇晃晃的桌子就意味着你不是做家具的料。一次拼写错误就意味着你是文盲。更有甚者，你过度总结的习惯禁止你检验这些结论。

当你的病态批评经常使用"从不""总是""所有""每一""没有""没有一个""每个""每个人"这样的词语时，你就可以断定自己是在进行过度总结。批评者用绝对化的语言关闭了可能性的大门，堵住了你改变和成长的道路："我总是把事情搞糟""我从没按时到过单位""没一个人真心关心我""每个人都认为我傻里傻气的"。

2. 贴统一标签

贴统一标签是指对所有的人、事物、行为和经历贴上刻板的标签。擅长贴统一标签的人的世界里都是上演虚构情节剧的模式化角色。贴统一标签的人往往比较自卑，会把自己刻画成恶棍或是傻瓜。

这种思维方式是过度总结的天然同盟军，但扭曲是以标签的形式出现，并非一项规定。贴统一标签更大的杀伤力在于它创造出刻板印象，将你与现实生活的多样性隔离。例如，一位志向远大的作家白天在仓库上班，晚上在家写作。他有哮喘，走路有点跛，周围的一切都有他贴的标签：仓库老板是个"滑头资本家"，拒绝他的短篇小说的编辑是"文学当权派"，他的工作"枯燥乏味"，他的写作是"神经质的胡言乱语"，他自己是一个"咳不停的残废"。他认为自己有"自卑情结"，他最喜欢的词是所有的贬义词。他有一百万个标语，全是有关失去和不满的陈词滥调。生命中如此繁复的标签为他设置了层层枷锁，令他裹足不前，无力改变任何现状。

如果你的批评者发出的信息都是污蔑性的陈词滥调，无论它们是关于你的外表、表现、智力还是人际关系等，你都应该觉察到自己有贴统一标签的倾向。"我的爱情像一团乱麻""我一事无成""我的房间简直是猪窝""我的文凭就是一张废纸""我神经过敏""我呆头呆脑""我就是没有骨气的水母、缩头乌龟""我的所有努力都是徒劳，总也抓不住救命稻草"。

3. 过滤

当你对现实进行过滤，就是在昏暗中透过玻璃看世界，只能看到和听到一部分内容。只有特定的一些刺激才能引起你的注意：损失、遭拒、不公等。你从现实当中有选择性地提取了某些事实进行特殊对待，无视其他的一切。过滤使你成为一个相当不称职的生活经历播报员。把所有车窗涂黑开出去必然会有生命危险，而过滤对自尊造成的伤害不亚于此。

雷和凯伊在家的烛光晚餐就是过滤的例子。凯伊对雷精心挑选的红酒和买回的鲜花赞不绝口，还赞扬他牛排烤得恰到火候，挑出了最甜的玉米粒，然后建议他下次在沙拉酱中少放点盐。雷的心情立马跌入谷底，感到自己手艺不行，因为凯伊不喜欢他的沙拉酱。他已无法记起她的赞美来舒缓自己的情绪，因为他等于没听到。他过滤对话的速度太快，只留下了批评内容。

当病态批评一遍遍地重复某些主题或关键词："损失""丧失""亏大了"

"危险""不公""愚蠢"时，你就该警惕自己的过滤倾向了。仔细回忆某些社交场景和谈话，看你是否记得当时发生的一切和说过的所有话。如果一场整整3个小时的晚宴当中，你只对其中15分钟洒出红酒、颜面无存的尴尬场景记忆犹新，那说明你很有可能在过滤自己的经历，只保留了出糗的证据。

你所关注的痛苦经历成了你生命交响乐中的主乐调。你听这一部分听得太认真，无暇顾及大量更重要的旋律和乐章，就像是短笛演奏者，永远无法听到《1812序曲》(*1812 Overture*) 中的炮响。

4. 二元对立的思维

如果习惯性地陷入二元对立的思维，那么你的世界就只有黑色与白色，没有其他颜色或是各种不同程度的灰色。根据绝对化的标准，你将所有行为和经历划分为非此即彼的二元对立。你对自己的判断不是圣人就是罪人，不是好人就是坏人，不是成功就是失败，不是英雄就是恶棍，不是出身高贵就是出身卑微。

比如，安娜是一家布料商店的销售助理，有时会在派对上酒喝微醺。有次周一她因为醉酒没去上班，为此郁闷了整整一周时间，因为她评判人的标准是要么头脑清醒，要么酩酊大醉。因为喝酒而耽误一次正事，她就成了自己眼中罪不可赦的酒鬼。

二元对立思维的弊端在于你自然而然地会滑向负面一端。人无完人，所以你只要一犯错，就会得出自己糟糕透顶的结论。这种"一锤定音"的思维方式是对自尊的致命打击。

如果听出病态批评声中有"非此即彼"的信息，就说明你正在犯两级思考的错误。"我争取不到奖学金就是等于自毁前程""如果你不懂幽默，跟不上潮流，你就不招人待见""如果我冷静不下来，就是个疯子"。有时，对立概念中只有一半被明确表述，另一半则隐含其中："合理的生活方式只有一种（其他的都是错的）""这是我摆脱单身的重大机会（如果错过，必定孤独终老）"。

5. 自责

自责是一种扭曲的思维方式，让你为所有事情自责，无论你是否是真正的过错方。在自我谴责的世界里，你就是世界的中心，所有的过错都是你造成的。

你为自身所有的缺点而自责，粗俗不堪、肥胖臃肿、好逸恶劳、三心二意、软弱无能等。你为无法完全掌控的事情自责，比如身体不好或是其他人对待你的方式。如果自责已深入骨髓，你会发现自己甚至把毫不相干的问题都揽到自己身上，比如天气、航班时刻或是配偶的情绪。对自己的生活负责无可厚非，但是在自责现象比较严重时，你该明白这是一种病态的责任心。

自责最常见最明显的表现是没完没了的道歉。你的女主人把肉烤煳了，你道歉。你的配偶不想看你喜欢的电影，你道歉。邮局工作人员说你的邮资不够，你说："天哪，我连这都不知道，真抱歉。"

自责会蒙蔽双眼，让你看不到自身的品质与成就。一个男人有三个儿子，一个长大后成了兢兢业业的社会工作者，一个成了出类拔萃的化学家，第三个却染上了毒瘾。这位父亲的后半生受尽了折磨与煎熬，不停反省毁了第三个儿子的方式，将其他两个更加成功儿子的贡献大打折扣。

6. 以自我为中心

在以自我为中心的宇宙中，你就是整个宇宙，其中的每一个原子都或多或少与你有关。所有事件经过恰当解读后，似乎都和你脱不开干系。不幸的是，你无力控制事态进展，反而是在承受压力、腹背受敌或者在所有人的监视之下。

以自我为中心有自恋的成分。你走进一间挤满人的房屋，立刻开始和别人进行比较，谁更聪明、更能干、更受欢迎等。你的室友抱怨公寓空间狭小，你马上理解为她嫌你东西太多。朋友说他感觉很无聊，你认为他是在抱怨你很沉闷。

以自我为中心的一大缺点是它会激发你的不良行为。你可能会为了一个子虚乌有的问题和室友剑拔弩张。你可能会用低俗平庸的笑话来调节气氛，却弄巧成拙，真正惹怒对方。这些有失分寸的行为会将身边的人越推越远。他们对你的敌意或厌烦，会由想象变为现实挑起新一轮胡搅蛮缠的唇枪舌剑。

察觉以自我为中心的倾向很难，有种方法是特别留意他人的抱怨。比如，如果工作时有人抱怨其他人用完工具和文具后不放回原处，你会做出何种反应？你是否会自然而然地认为他是在抱怨你？你是否会自然而然地认为他是想暗示你对此问题采取一些措施？如果是，就说明你有以自我为中心的倾向。你不自觉地就将抱怨与自己挂钩，从来没想过他可能只是发发牢骚，和你没什么关系。另外一个诊断方式是留意自己在与别人相比时，是否总强调自己的弱项，得出自己不如别人聪明、有魅力、能干等的结论。

7. 读心

读心是一种扭曲的思维方式，它假定世界上所有的人都和你一样。这个错误很容易出现，因为它基于映射的现象——你假设所有人和你有同样的感受，因为你相信人性和经历的相似性，不管它们是否真的存在。

读心是对自尊的致命打击，因为你会确信每个人都认同你对自己的负面看法："她觉得我很无聊，能看出我有意缓解气氛时的拙劣演技。""他闷声不响是因为我迟到了，很生气。""他在关注我的一言一行，就盼着我出点差错。他想炒了我。"

读心会导致你错误估量人际关系。哈里是一名电工，他常常认为妻子满脸不悦地在公寓忙进忙出是在表达对他的愤怒，他因而变得少言寡语、躲躲闪闪，作为对这种假想厌恶的回应。事实上，玛丽紧皱眉头是因为生理期疼痛、赶时间或为经济发愁。但是哈里的逃避剥夺了妻子告诉他真相的机会，她认为哈里的沉默寡言是漫不经心、无心说话的体现。哈里一开始的心思揣测使得夫妻间谈心的机会化为泡影。

当你揣测别人心思时，你的看法显得合理，因而你权当它是合理的，然后一意孤行。你不会问对方进行核实，因为你已经确定无疑。有个方法可以帮你察觉自己读心的嗜好，当你被逼问这种想法源自何处时，仔细聆听内心的声音，如果听到"强烈的直觉告诉我""我能感觉到""我就是知道""我凭直觉""我对这些很敏感"这样的回答，就显示你正在做没有事实依据的结论。

8. 控制错觉

控制错觉要么赋予你掌控宇宙的特权，要么将其赋予除你以外的所有人。

过分控制的扭曲思维让你产生一种无所不能的错觉。你费心费力地要去控制所有状况的所有方面。你要为每一位参加派对的客人的行为负责，为孩子的学习成绩负责，为你的报童能否准时将报纸送到负责，为你母亲顺利渡过更年期负责，为你的"团结就是胜利"活动的结果负责。当客人把脚搭上家具，当你的孩子代数考试不及格，当报纸送晚了，当你的妈妈泪水涟涟地给你打电话，或是你的提议在委员会上被否决，你就会觉得控制权被剥夺，产生怨恨、气氛和强烈的挫败感，侵蚀你的自尊。

当你在自己无法全权掌控的条件下还总是产生"我得让他们听话""她必须同意""我要确保他得按时来"的想法时，就应该察觉病态批评已经开始用过分控制错觉来谴责你了。如果你因为某位亲人的失败而产生深深的挫败感，就应该察觉到自己出现控制错觉的问题了。

无力控制的扭曲思维会害你放弃控制权。你把自己放置在犄角旮旯，毫无影响力。多数情况下都会认为自己对于最终结果做不了主。莫利是一个经常陷入这种错觉的电话公司接待员。无力掌控自己生活的惯性思维篡夺了她的权力，害她永远都无法摆脱受害者的角色。她因为频繁迟到而搞僵了与老板的关系、她的银行卡总是透支、她的男朋友已经不给她打电话了。当她想到自己的处境，就感到前途无望，仿佛她的老板、银行和男友正在联手挤对她。她病态批评的声音不绝于耳："你软弱可欺，你无药可救了，你无能为力。"毫不夸张地说，她连下决心早起、重新整合债务或给男友打电话问个究竟都做不到。

在两种控制错觉中，无力控制对自尊的打击更大。交出权力的代价就是感到自己无依无靠、前途一片渺茫、怨天尤人、长期抑郁。

9. 感情用事

多愁善感的宇宙凌乱不堪，没有秩序规则可言，完全受控于变化多端的情绪。这种思维方式的扭曲是为了避免或是打压所有的理性思维，你只凭借主观感受看待现实、指导行为。

苏茜是一名时尚设计师，她的生活每天都是在情感过山车上度过的。有一天心情好，她就感到自己的生活洒满了阳光。第二天可能又愁容满面，你问她原因，她可能会告诉你她的生活苦不堪言。一周后她又会诚惶诚恐，确信大难临头。她的实际生存状况没有发生太大变化，变化的只有她的情绪。

这对自尊产生的后果是灾难性的：你觉得自己没用，就肯定没用；你觉得自己无能，就肯定无能；你觉得自己丑陋，就肯定丑陋；你感觉自己是什么就是什么。

以下是病态批评把多愁善感用作有力武器的方式：他在你的脑海中低语，"懦夫，没骨气"。这种微弱的想法能引发低落的情绪，让你倍感无助、无力回天。然后批评者开始变本加厉，使用循环论证的伎俩："你感觉什么就是什么，你感到无助，就的确是无依无靠。"到这时，你已全然看不到批评者是整个恶性循环的始作俑者。你已陷入了循环论证的骗局，如果你在书中读到它，绝对会不假思索地摒弃它。

感情用事的真正错误在于屏蔽了病态批评引入的这些最初想法，它们是引起你负面情绪的始作俑者。改正错误的方法是重新调回自说自话的频道，一探究竟，留意它是如何歪曲事实，激发负面情绪的。

对抗扭曲

征服扭曲、夺回掌控权最重要的技能就是保持警觉。你必须坚持不懈地监听自己对自己所说的话，不向抑郁低头，而是坚持分析令你心如刀割的想法。

要记住，自尊不足也能创造出些许短期收益。当你开始反抗病态批评、驳斥扭曲的思维方式，就说明你不再贪恋眼前的小恩小惠，开始争取机会、准备翻身了，用眼前的痛苦换取未来的幸福。冒这个险可能时不时令你心惊肉跳，他人也无法理解。这个过程似乎漫长而艰辛，甚至看不到希望。你可能也会找出一大堆理由解释它为什么到现在没有奏效，认为以后也不会奏效，整个过程听起来荒唐可笑。这些都是病态批评的垂死挣扎。

对抗扭曲思维需要你持之以恒的毅力。你必须对自己做出承诺，要保持警惕，片刻不能松懈，即使你出现倦怠情绪。这个承诺比你对家庭、朋友或是理想做出的承诺都重要，因为它是你对自己的承诺。

三栏式方法

坚持使用这一方法有多难，驳斥认知扭曲的方法就有多简单。首先，在纸上写下你所有的反应。等到使用这种方法成为习惯，你就可以只在头脑中进行了。

当你情绪低落或是心灰意冷的时候，当你轻视自己的时候，抽时间找出纸笔。在纸上像这样分出三列：

　　　　自我陈述　　　扭曲想法　　　反驳语句

在第一列写下病态批评针对当时情况说的话。如果一时三刻想不起来，可以重现当时情景，直到写出一两个词为止。你的自我陈述可能转瞬即逝或是简短概括，所以你需要慢速回放，将它们记录完整。

检查自我陈述中抹杀自尊的扭曲想法。以下是对9种最常见的扭曲的总结，供你快速浏览和参考。

1. 过度总结。从一个孤立的事件当中，总结出一条普遍规律。一旦马失前蹄，就将终身一事无成。

2. 贴统一标签。你不自觉地使用诬蔑性的标签描述自己，而不是准确描述你的品质。

3. 过滤。你有选择性地关注负面，忽视正面。

4. 二元对立的思维。你对事物的绝对化分类，非黑即白，没有中间项。你必须做到完美无瑕，否则就是一无是处。
5. 自责。你为可能不是你引起的问题而道歉。
6. 以自我为中心。你认为所有事情都和你有关，与他人相比时，只能看到自己的缺点。
7. 读心。你猜测其他人不喜欢你、生你的气、不关心你等，却没有任何证据显示你的猜测是正确的。
8. 控制错觉。你要么感觉应该对所有人、所有事负全责，要么倍感无力，你是一个无助的受害者。
9. 感情用事。你认为事情和你感觉到的一样。

在最后一栏中，写出对自我陈述的反驳语句，做到有的放矢，依次对每一个扭曲做出具体回应。

以琼为例，她在单位不太合群。当其他人聚在员工休息室喝咖啡并且一同出去吃午饭时，琼却不离开自己的办公桌或是在午餐时间出去散步。她喜欢也敬佩很多同事，但不愿和他们打成一片。有一天吃午饭时，她在自己的办公桌前尝试了三栏式方法。以下是她所写的内容。

自我陈述	扭曲想法	反驳语句
他们会嫌弃我 他们已经觉得我很古怪了，会看出我慌慌张张、笨手笨脚	读心	他们怎么想我既不知道，也和我无关
我总是笨嘴拙舌，也找不到话题	过度总结	胡说！我也有口齿伶俐的时候
我真没出息	贴统一标签	不，我不是没出息，我只是喜欢安静而已
他们都会仔细打量我，注意到我不合身的衣服、乱蓬蓬的头发	读心	他们不会在乎我的外表，只看重我的内在
无药可救了，我无计可施	控制错觉	没有什么事情是绝对不可能的。彻头彻尾的失败主义

创造反驳之声

做出承诺之后，下一个最为艰巨的任务是构思语句，有效反驳你的自我论述。为你的反驳之声假想出一个合适人选——在你情绪低落的时候，抵抗来自病态批评的压力。这个人会为你的事业摇旗呐喊，成为你的导师、老师或是教练。下面列举了一些建议。

健身教练。如果你热爱运动，不妨选择一个健身教练。这个人应该是经验丰富、全心全意帮你打胜仗的人。为了让你身体健康、活力充沛，他会向你指明方向、为你打气、为你制定每天的运动方案。

你的死党。这应该是和你交情很深，能接受你所有怪癖和缺点的人。你们无话不谈，对方说什么你都不会往心里去。这个朋友完全和你一个鼻孔出气，能对你感同身受，还能提醒你自己都可能忘记的优点。

果断的经纪人。在脑海中勾画出一个对你忠心耿耿的好莱坞或百老汇经纪人，他没日没夜地对你赞不绝口，认为你威力强大、无所不能，可以直达世界之巅，永远立于不败之地。经纪人是你哭泣时可以依靠的肩膀，自信心的源泉。

循循善诱的老师。这位老师严格但是善良，理智但是温柔，他存在的意义就只是向你授业解惑。他向你指出学习和成长的道路，他总是以事实说话，对你做出鞭辟入里的评价，启发你的智慧，让你领悟宇宙之道并看清你的处世之道。

悲天悯人的导师。这是一位年长的智者，他愿意为你的健康成长出谋划策。这位导师见多识广，经历过风风雨雨，是不可多得的智囊。他最大的特点是对你和天下苍生都怀有深厚的悲悯之情，无法撼动。有他在身边，你可以高枕无忧。

以上角色中的任何一个都可以成为你反驳之声的人选。当然还可以选择你认识，或是在书中读到过或是电影中看到过的人物，它可以是牧师或是拉比，德高望重的电影演员，甚至是来自另一个星系的外星人，只要能给你带来安全感，能助你一臂之力就行。你甚至可以把这些人都假想成你的侍从，寸步不离地跟着你，献计献策、鼎力相助。

当你反驳病态批评时，听听你想象出的坚强后盾向你说的话，他（她）使用第二人称，直呼你的名字："不，约翰，你不是怪物。你想象力丰富，能从独特的角度看问题。你有权形成自己的想法和感受。"然后在脑海中解读这些话，将其转变为第一人称重复一遍，使它更有力、更切中要害："太对了，我不是怪物。我想象力丰富。我有自己看待问题的角度，这一点难能可贵。只要我愿意，我有权持有不同看法，我不会再骂自己了。"

反驳的注意事项

但是这些反驳的声音应该说些什么呢？像读心或感情用事这样的扭曲思维从表面来看准确无误、无懈可击，你又将如何应对？

在撰写反驳扭曲的自我论述的檄文时，需要注意以下四点。

1. 反驳必须铿锵有力。想象你的反击声音洪亮而有力。无论你虚构的是一个教练、教官还是导师，这个人必须强壮彪悍、义正词严。凭借多年向你传递毁灭性信息的资历，你的病态批评已是位高权重。你只有发挥同样甚至更强大的力量才能与之抗衡。可以尝试在脑海中先大喝一声"不""住口"或是"骗子"来挫挫对方锐气，吓得他哑口无言。你甚至可以用一些具体动作阻挡来势汹汹的谩骂和指责，打响指或掐自己。
2. 反驳应该就事论事。这意味着如果你已经沉迷于贴统一标签，所有贬义的形容词和副词（"可怕""恶心""恐怖"）就必须被清除。抛弃对错是非的观念，就事论事，不要提建议。你不"笨"，只是社会学成绩得了 C。你不"自私"，只是想要一点独处的时间。

反驳的言论应尽量客观准确，不夸大其词，也不要过分谦虚，这样才能剔除自我陈述当中的批判成分。你不胖，你体重 168 磅（约 76 千克）。

你的血压不是天文数字，是高压 180 毫米汞柱，低压 90 毫米汞柱。你不是派对上的呆瓜，只是不愿与陌生人主动搭讪而已。

3. 反驳必须具体。尽量用具体的行为或具体问题做出回应。如果病态批评为"我就没做过一件正确的事"，那么将它具体化为："我邀请了八个人，却只来了三个。"不要说"不会再有人喜欢我了"，应改为"此时此刻，我没有谈恋爱"。你不是没有朋友，如果有需要，你还可以拨通三个人的电话。你的约会对象不是冷若冰霜、有意回绝，他只是说他累了，想早点回家睡觉。

不停问自己："什么是事实？什么能成为法庭证据？什么才是我所确定的？"这是唯一能够找出读心和感情用事得出的歪理邪说的途径。如果你觉得老板对你不满，分析这样的实情：你真正确定的是他没有对你递交的备忘录批评一个字，他看你的眼神并无异样。除此之外，其他都只是你的主观臆断。

4. 反驳必须全面平衡。不仅包含负面的，还应加入正面的。"五个人没来我的派对，但是来了三个，我们一起相谈甚欢。""此时此刻，我没有谈恋爱，但以前谈过，将来肯定也会找到对象。""我体重 198 磅（约 90 千克），但有一颗善良的心。""我不是班上最帅的，但我知道我以后必会成大器。"

当你使用这些规则构思反驳言论时，使用三栏式方法将它们写在纸上。你可能会洋洋洒洒地进行分析、提出抗辩、罗列优点，以此反驳每一项自我批评。写完后，挑选出你认为最有力的反驳，在其下方画线或是用星号标出，然后熟记，待到下一次你的病态批评者抨击你的时候，调用它们。

反驳

在起步阶段，你可以逐字逐句使用这一部分建议的反驳言语。逐渐地，最有力的回击来源于自己的创作。

1. 过度总结

为了抵抗过度总结，首先要摒除绝对化的词语，比如"所有的""每一个""没一个""每个人""从不""总是"等。特别注意具体和全面的原则。

最后，杜绝关于未来的陈述，你无法预知未来。请参考下面几个例子：

- 我得出这一结论的证据是什么？
- 我给自己制定的清规戒律是否以大量的事实为依据？
- 这个证据还支持什么其他结论？它还有其他意义吗？
- 我如何检验这一结论？
- 凡事没有绝对，具体量化。
- 我无法预知未来。

这里有一个叫哈罗德的水管工抗击具有强大杀伤力的自我批评的例子。他习惯性地通过病态批评对自己说：

- 没一个人喜欢我。
- 从来没有任何一个人约我去任何一个地方。
- 每个人都看不起我。
- 我只是一个愚蠢的水管工。
- 满世界都找不到我的一个朋友。
- 我永远都不会交到朋友。

写下这些自我陈述之后，哈罗德注意到的第一件事就是绝对化词语的数量："没一个人""任何一个地方""每个人""满世界""永远都不会"，他问自己："我得出这些绝对化的结论的证据是什么？"他发现如果用概括性较弱的词语来替换，自我陈述就变得不再那么尖酸刻薄，也更加真实准确："没几个人""一些地方""一些人""几个朋友"。

运用具体化规则时，他列出了自认为看不起他的所有人的名单，以及他希望与之交往的所有人名单。他运用平衡原则时，写出了真心喜欢他的人以及经常陪伴他的人。他想象自己大喊一声"打住"，开启有力的反击。

最后，哈罗德删除了评判式标签"愚蠢的水管工"，用自己的闪光点来抵消，还提醒自己不要预测未来。以下是哈罗德进行的所有反驳：

- 打住！*
- 我得出这些绝对化结论的证据是什么？
- 世界上的人有很多我都还没见过呢。
- 世界上还有很多地方我没去过呢。
- 有一些人，比如鲍勃，似乎不喜欢我。
- 但是其他人，比如戈登，还是很喜欢我的。
- 拉尔夫和萨利没有邀请我和他们一起野餐。
- 但是我的爸爸、莫莉和亨德森先生常常邀请我。
- 我是有朋友的。*
- 我以后也有可能交到新朋友。
- 所以打住！不要再预感自己孤独终老。
- 我是一名出色的水管工。*
- 疏通管道是受人尊敬的行当。

标有星号的句子是哈罗德心目中最有力的回击，也是他烂熟于心的部分，无论何时他的病态批评指责他"没朋友"和"愚蠢"，他都会从脑海中调用这些言论予以反击。

2. 贴统一标签

当你写好负面自我陈述后，找出带有批判性质的名词、形容词和动词的总标签。寻找像"懒鬼""没用""废物""笨蛋""懦夫"这样的名词，形容词是最残酷的:"懒惰""愚蠢""难看""软弱""笨拙""无望",甚至动词都可以成为总标签:"损失""犯错""失败""浪费""厌恶"。

当你和贴统一标签抗争时,具体化意味着认识到标签只能反应你的某一部分或是某一段经历,因此要用对自己缺点的恰当描述替换它。比如,将"我是个胖子"改为"我比自己理想体重超了15.5磅(约7千克)"。不要对自己说,"我简直像个白痴",应该说"当她问及我的前女友时,我语无伦次"。

力求平衡是指提及无法套用标签的很多情形:"我超重了15.5磅(约7千克),但这并没有给我带来不便,穿着新衣服还是很漂亮的。""当她问及我前女友时,我语无伦次,但我跟他讲老医生的故事时,口齿伶俐。"

以下有几个自我陈述有助于你展开对总标签的抗争:

- 停!那只是一个标签。
- 那不是我,那只是一个标签。
- 标签会将我的一小部分放大。
- 别再贴标签了,具体点!
- 我拒绝辱骂自己。
- 我说_____时,具体指什么?
- 我的经历有限,总标签未必合理。
- 标签是基于有限经验的错误看法。
- 我的优点比缺点多得多。

以下事例说明了一个爱贴统一标签的人改掉这一坏习惯的方式。佩格是四个孩子的母亲,批评者经常使用一大堆标签向她发起猛攻:

- 你配做母亲吗?你在孩子眼里就是一个邪恶的巫婆。
- 你把比利害惨了,他反应有点迟钝。
- 你对大孩子们管教不严,他们玩野了。

写下这些自我陈述之后，佩格画出了所有总标签："邪恶的巫婆""忽视""落后""管教不严""玩野了"。她，以用事实替换总标签的方式开始了她的反驳：她有时会提高嗓门对孩子说话；她担心比利是因为他两岁了，还不太会说话。她把闲时间都用来陪比利和苏珊，她最小的两个孩子，因此没有多少时间顾及两个大孩子。

为了弥补她的短处，佩格增加了她的优点：对孩子一贯坚持原则，为他们提供高品质的衣食，关心他们的教育问题。这是佩格完整的反驳言语：

- 够了！*
- 这些是恶意标签，与事实不符！*
- 有时我会冲孩子吼叫。
- 我对孩子们一贯坚持原则，并能够一视同仁。
- 我担心比利不会说话，但他就是说话晚。
- 比利不爱说话不是我的错。
- 当比利准备好了，会开口说话的。*
- 我希望能有更多的时间陪吉姆和安德烈娅，但他们不觉得目前状况不妥。
- 他们需要自由。
- 我不会再责骂自己。*
- 我已经尽力了，会再接再厉的。

佩格用星号标出了最强有力的反驳语句。无论何时，她只要产生没能当好一个母亲的负罪心理，就会把它们搬出来。

3. 过滤

对过滤思维进行反驳的原则是寻找平衡。因为你已被卡在某个位置动弹不得，只能看到负面的东西，所以必须使出浑身解数爬出来，环顾四周。寻找你滤去的东西。如果你总是对失去的东西耿耿于怀，就应该构思强调你仍然拥有财富的反驳语句。如果你觉得自己遭人唾弃，写下你曾赢得青睐的时刻并加以描述。如果你心心念念地要对失败大做文章，应该想出一些提醒辉煌时刻的反驳语句。

以下是一些对抗过滤的常用语句：

- 等等！擦亮你的双眼！我们来看个究竟！
- 我是失去了一些东西，但我仍然拥有很多宝贵的财富。
- 又来了，我又开始觉得被人鄙视了。
- 这一次的失败能让我回想起以前很多次的胜利。
- 生活不只有疼痛（或是危险、悲伤等）。
- 我不该再对美好事物视而不见了。

比尔总是将现实过滤到只剩遭人排斥的迹象。一个普通的早晨他就能搜罗到这么多负面的自我陈述。

- 因为我坐错车了，公交车司机很恼火。
- 因为我不想买新的染色剂，玛吉火冒三丈。
- 新来的会计看不上我记的账。
- 天哪，斯坦又像是吃枪药了，我最好老实点。

经过分析，比尔发现这些社交场景中还有其他方面是他疏于关注的。他一遍遍在脑海中还原当时的场景和所说的话，直到发现积极因素：尽管公交车司机可能很无奈，只要你不抓狂，大部分司机还是不会发火，甚至依然和颜悦色。他的妻子，玛吉，并没有为染色剂的事火冒三丈，她只是有不同看法，想再商量商量。而且，他和玛吉在过去一周很亲密，彼此都很开心。还都没有见到新来的会计，比尔就开始斟酌未来，无缘无故地猜测自己会受排挤。关于他的朋友斯坦，比尔提醒自己说他经常像吃了枪药，有什么可稀奇的？这是比尔第一次写的所有反驳语句：

- 就算公交车司机仇视我又怎样？半个小时后，我俩谁还记得谁。
- 玛吉和我都深爱着对方，这才是最主要的。
- 看法不同不见得就意味着反感或怨气。
- 不要假想自己会招致反感。*
- 别人喜欢和讨厌我的概率是一半一半。
- 我喜欢自己就行。*
- 最严重的排斥就是自我排斥。
- 我不需要博取每个人的欢心。*
- 凡事往好的方面看，寻找灿烂笑容。
- 斯坦都是和我有10年交情的老朋友了，我还有什么可担心的？

标有星号的几项是比尔认为最有效可行的。无论何时当他有了反复出现过的即将遭人排斥的预感，或是在人际交往出现问题而感到情绪低落时，都会回想这些语句。

4. 二元对立的思维

具体化原则会指导你与二元对立的思维抗衡。不要以绝对的黑与白来描述自己，改用程度各异的灰色。你只要察觉自己又开始妄下论断，就马上说："等一等，让我来说得清楚点。"

使用百分比是对抗二元对立思维的一个有效策略。你在汽车展上并没有颜面尽失，如果满分100，你的帕卡德能拿80。你做的饭不是垃圾，主菜50%，沙拉80%，甜品40%。你举办的派对并不是索然无味，60%的人很开心，30%的人觉得没意思，剩下的10%无论身处何方，都提不起兴趣。

以下的反驳能够显示这一方法对二元对立发起的反攻：

- 大错特错。
- 没什么完全是任何事。

- 让我说得清楚点。
- 不要忘记还有灰色地带。
- 别再那么绝对化了。
- 百分比是多少？
- 好与坏之间还存在无数的层级。

二元对立思维的一个典型例子是阿琳，她是银行的信贷员。很不幸，这份工作加剧了她二元对立思维的倾向——贷款人的申请要么被批准，要么被拒绝，没有中间项。阿琳的问题是她把工作当中的原则转移到对个人表现的评价。在工作当中，如果做不到出类拔萃，就说明技不如人。

- 三点钟之前，你必须把这些贷款材料整理完。
- 如果办不到，就说明你没一点本事。
- 你如果不是精明能干，就肯定一无是处。
- 资料送晚了，你就吃不了兜着走。
- 你什么事都做不好。
- 你怎么这么邋遢，看看这张桌子。
- 如果你做不好这份工作，就去摆地摊儿吧。

阿琳为自己的反驳之声虚构了一个角色，用来反击这种二元对立思维。她的虚构角色是一位有耐心、有智慧的老师，和她最喜欢的大学老师很像。这位老师在她工作时始终陪伴左右，像一位隐形的守护神。以下是她写的反驳话语，经她虚构的人物之口说出：

- 现在先冷静下来。*
- 停止非黑即白的思考。
- 有时你非常精明能干。
- 有时状态稍差点。

- 你从没有一筹莫展。
- 并不是每项工作都是生死攸关。*
- 并非每次拖延都意味着大祸临头。
- 90%的情况下你是准时的。
- 你的工作稳定,表现不俗。
- 人非圣贤,孰能无过。
- 这不是世界末日。*

当工作时听到病态批评的斥责,阿琳就请出老师,用带星号的句子进行反驳。

5. 自责

为了反驳自责的言论,你必须毫不留情地除掉批判性的言论,代之以公正的平衡话语。陈述客观事实,不要夹杂自我评判的成分,理直气壮地使用下列自我陈述:

- 别再骂了!
- 每个人都会犯错,这是人性使然。
- 别想了。过去的就让它过去,已经无法挽救了。
- 我能够承认错误,继续向前。
- 我总是能当机立断、全力以赴。
- 就这样吧。
- 我控制不了其他人。
- 我不能用别人的错误惩罚自己。
- 我会为自己的行为承担后果,但我决不允许自己在对过去错误的愧疚中打转。

乔治是一个失去工作的服务员,他不仅因为自己的问题自责,连女朋友的问题也揽到自己身上。他埋怨自己丢了工作,找不到新工作,情绪低落,影响女朋友心情，害她暴饮暴食，因为她担心他。只要一想到自己的工作或女友，"我是罪魁祸首"的霓虹灯就开始在他脑海中不停闪烁，愧疚、沮丧齐涌心头。

为了驳回这一反复出现的想法，乔治写下了言辞激烈的话语，想象由他的高中教练说出口：

- 一派胡言！*
- 这不全都是你的错。
- 不要诋毁自己。
- 你被辞退是因为经济低迷，这不是你的错。
- 由于同样的原因，很难扭转餐厅生意，这也不是你的错。
- 惋惜和愧疚只能消磨你的意志。
- 波莉已经是成年人了，能够控制自己的人生和感情。
- 你无法摆布她的感受。
- 心安理得接受她的支持，不要埋怨自己。

乔治标记并熟记了这些对抗自责最有效的话语。

6. 以自我为中心

如果你的病态批评总是拿你和别人比，你的反驳应该强调人与人之间是不同的个体，每个人优劣势的组合独一无二。你应该关注你之所以是你的特殊性，不必为此心生歉意或进行审判。

如果你以自我为中心的表现形式为无论发生何种情况，无论社交活动进展如何，你都要对自己的表现进行评判，就应该想出澄清事实的反驳语句：世界上大部分的事情都与你无关。鼓励自己去查明真相，不要主观臆断。

以下是典型的针对以自我为中心的病态批评的有效反驳：

- 住口！别再比来比去了！
- 人与人不同，有不同的优缺点。

- 我就是我,不和别人比。
- 我可以准确描述自己。不需要用别人做参照。
- 不要主观臆断!
- 没有调查就没有发言权。
- 宇宙的很大一部分都与我无关。
- 不要杞人忧天!
- 别人连自己的事都无暇顾及,哪有工夫关注我。

格雷西网球本来就打得一般,以自我为中心的想法更是限制了她的发挥。她总感觉到旁边球场的每一个人都在注视她,还不停地与周围人进行比较,结论几乎无一例外的是自己技不如人。她的病态批评常常这样说:

- 所有人的目光都在我身上。
- 我真是活该。我的速度还不如人家的一半快。
- 看看丹妮是怎么坚守阵地的,我怎么总是摔倒。.
- 我的搭档少言寡语。我该怎么办?
- 又失球了!该死,我哪里像个专业的。

格雷西的自责愈演愈烈,她后来开始惧怕打网球。她不得不花一周时间思忖病态批评的攻击,然后将它们写在纸上。相对应地撰写出以下的反驳言辞:

- 别再这样了!*
- 这只是一个消遣的游戏而已。*
- 每个人都全身心地投入他(她)自己的比赛中。
- 运动能力说明不了自身价值。
- 别再比较了。*
- 有时,每个队员的场上表现都不稳定。
- 人与人不同,尺有所短,寸有所长。*

- 他们关注的不是我，是球。

格雷西发现她在重返球场时，能够牢记并使用星号项目。当她停止对比，全神贯注击球时，球技就有所提高。她也变得更加自信满满，因为她已从中得到乐趣，不再受困于庸人自扰的比较。

7. 读心

如果你有读心的习惯，对此进行反击尤其需要强有力的驳斥。最重要的原则是准确具体。停止猜测他人对你不满的最好方法是关注众所周知的事实。

以下是一些针对读心的常见反驳：

- 住口！一派胡言！
- 我无法获知他们的想法。
- 获悉他人想法的唯一途径是直截了当地问他们。
- 任何事情都不要瞎猜。
- 核实。
- 那还有其他什么意思？为什么要往坏处想？
- 事实是什么？讲清楚。
- "直觉"只是瞎猜的借口。

乔西是一名图书馆管理员，前台的工作令他提心吊胆。他觉得客户会因为他无法回答问题，不得不征收罚款或是在人多队伍长时让他们等待而心生不悦。"动作慢""愚蠢""卑鄙""傲慢"等词会浮现在脑海中，令他惊慌失措。他在对闯入自己脑海中的词进行分析后发现它们源于他对别人心思的揣测，然后他仔细回想、补充细节。这是他写出的完整的一系列负面内心独白：

- 她嫌我手脚太慢。
- 她讨厌我。

- 他认为我连作者都不知道，太无知。
- 他表面上并无怨言，但那只是出于礼貌，内心肯定已经愤愤不平，认为我太刻薄小气，竟然罚了他全额款。
- 她认为我是自视清高的服务人员，因为我给那些小孩办理借书时让她等得时间有点长。她可能会向馆长投诉。

乔西的反驳以对显现出的事实的仔细观察为基础，通过在脑海中反复大声喊叫来进行。下面是他写下的完整版反驳：

- 打住！
- 只有某位老奶奶排队时心急如焚！
- 我不知道她的想法，我不在乎。
- 打住！
- 只有某个男孩不知道自己想要的书是谁写的，我对他的了解仅限于此。
- 打住！
- 忘记按时还书的只是一个可怜的糊涂蛋，他交罚款时并无不悦之色。谁知道他内心的真正感受？
- 打住！
- 孩子们借书时只有一个穿粉色毛衣的女孩在等。她根本不认识我，我不知道她在想什么。
- 如果有必要知道这些人对我的看法，我可以问他们。但是无端猜测他们的想法纯属浪费时间。

乔西真正在工作的时候，无暇进行这么长时间的内心独白。当贬义词"真笨"闪现时，他只有想象着回击。"打住！他只是一个想知道……的男孩。到此为止。"

8. 控制错觉

如果你的病态批评利用无力控制的错觉，那么反驳必须强调你对自己实际生活的控制。最重要的一条原则是具体，向自己说明你能通过什么渠道重新控制某个局面。你可以从下面一些常用的反驳开始：

- 等等！我再做一遍。
- 别再说无能为力、任人摆布的废话。
- 我一手造成了今天的局面，最终也一定能摆脱。
- 我来想想，该做些什么来挽救？
- 这种无助感只是批评者的一厢情愿。
- 我不会让自我批评篡夺权力。
- 这种情形是由我一手造成的，无论是主动为之还是被动接受，我可以直接采取行动改变。

兰迪由于初为人父而有点手忙脚乱。新生儿打破了他的正常生活节奏。因为睡眠不足，病态批评乘虚而入，向他的自尊开炮。这是兰迪的批评之声：

- 你已是筋疲力尽。
- 你应付不了。
- 你永远都理不出头绪。
- 你无依无靠。
- 你只能在岸边踩踩水，发挥不了什么作用。
- 你无能为力。
- 你总有干不完的琐事。
- 这种状况至少还会维持两年。

兰迪知道他只有采用强有力的反驳才能遏制源源不断的失败情绪。他没有采用"不"或是其他词来中断思绪，他想象炸弹在脑海中爆炸的场景。当硝烟散去，他想象一位机智聪明、悲天悯人的导师镇定自若地对病态批评进行反驳。他认为导师酷似《星球大战》中的外星人尤达。这是兰迪写下的导师要说的话：

- （砰！）
- 兰迪，放松，深呼吸。
- 不要试图把所有你认为你需要做的事想清楚。
- 寻找内心的一方净土，深呼吸，沉醉于片刻的宁静。*
- 你被困住了，但不是因为孩子。
- 诚然，你必须照顾孩子，但可以在不同的方式之间做出选择，你会越来越得心应手的。
- 集中所有资源，发号施令。
- 记住，你还有其他选择：和妻子轮流换班，雇保姆，请祖父母帮忙，新生儿家长小组，雇人打扫房间和院子。
- 你可以搞定。
- 你既可以得到充分休息，也可以享受快乐的亲子时光。

你为身边人的痛苦和愁绪担负起责任属于过分控制的错觉，这和自责的作用极为相似，你可以参考自责部分提出的反驳建议来应对过分控制。

9. 感情用事

为了对抗感情用事的扭曲，你需要遵守客观具体的原则。在创作反驳语句时必须摒除感情色彩浓重的词语，比如"爱""恨""恶心""愤怒""沮丧"等。不断鼓励自己查明造成悲伤情绪的潜在因素，这些幕后的想法正是病态批评逞凶肆虐的手段。因此，归根结底，你需要赶尽杀绝的是这些想法。

下面这些反驳可以用来镇定混乱的情绪，打击深藏不露的扭曲思维：

- 谎言！我的感情在欺骗我。
- 不要相信突如其来的感觉。
- 不能完全跟着感觉走。
- 查明潜在的想法。

- 我和自己说了什么，我竟变得如此难过、焦虑和愤怒？
- 改变看法就能和痛苦分道扬镳。

玛乔丽是一家精品烘焙店的面包师，她下一秒是会喜笑颜开还是满面愁容，店里的其他员工都无从知晓。她是一个性情中人，看到飞机失事的头条，就会重新看待生死，顿时悲痛涌上心头，感慨生命太脆弱，随时都有灰飞烟灭的可能。有人只是随口问一句烤箱里的玛芬面包，她可能会联想到这句话在暗示她哪里出了纰漏，因而感到恐慌和焦虑，然后惴惴不安地得出结论，认为自己的工作可能难保。她会跟自己说，信用卡账单将无法还清，瞬间心情一落千丈，惆怅自己一无是处，会永远落魄凄惨。

由于没有意识到从感受到想法到情绪再到感情用事的连锁反应，玛乔丽的问题变得愈加严重。一时的不悦就能让她推断出她将永远如此。当她写下自己当时的内心独白，日后再回头看时，觉得很难苟同。这是她最初写下的内容：

- 我很难过、无助。生命如此脆弱。
- 我害怕失去工作。我不知道为什么，无论什么时候有人监督我的工作，我都会有危机感。
- 我肯定会变得穷困潦倒，频频被债务缠身。

为了进一步深入，玛乔丽还需要发挥天马行空的想象力。她会为说明自己的情绪，编造出想法。当她想方设法自圆其说时，她能意识到自己在说，"是的，确实如此"或"不，这更像是……"最终她完成了这张列表：

- 我快要死了。
- 太恐怖了。
- 我无法忍受。
- 他们会把我扔到街上，不给我写推荐信。
- 我将开始有上顿没下顿的日子。

- 我将失去自己的公寓、自行车，所有的一切。
- 我即将破产，靠救济粮票度日了。
- 所有的朋友都讨厌我。

这些是她的病态批评发出的信息，令她顿感天崩地裂、黯然神伤。她编写反驳语言的第一步是画掉感情色彩浓重的词语："死""恐怖""扔""失去""破产""讨厌"。

然后玛乔丽为她的反驳设计出一个强有力的开头，强大到可以驱散内心的恐惧。最后，她创作剩余部分时力争做到详细具体，同时还列出一张公平公正的优势资源清单，用以对抗毁灭性的预言。以下是她的完整反驳：

- 住口！立刻停住，玛乔丽！
- 废话连篇，99%都是你的自身感受。
- 不能完全跟着感觉走。我的想法改变时，感觉也会随之改变。*
- 那是无稽之谈，是我的批评者发出的声音。*
- 我比自己想象得更有掌控权。*
- 我四肢健全，完全有能力照顾自己。
- 我是一个不错的面包师，这里的人都得依靠我。
- 我还年轻，也有足够能力解决经济问题。

每当玛乔丽感到茫然无措时，都会使用标星反驳语句。从引发整个连锁反应的具体想法出发，她会即兴编写出反驳的其余部分。有时她无法锁定究竟是哪些想法引领她走上那条熟悉的感情用事之路，在这种情况下她会再次拿出纸笔，使用三栏式方法。

有时玛乔丽不需要知道最初的负面想法，只是对自己说，"这都是主观感受，不是客观事实，它们很快就会消失。过了就好了"。用不了几个小时，来势汹汹的情感风暴就会丧失威力，她也因此重拾自信。

第 6 章

消除悲痛想法

有时你的病态批评很不近情面,无论你多么努力地尝试正确思考,它也无动于衷,仍然极尽讽刺挖苦之能事。第 2 章曾谈到,在称作"连锁"的过程中,攻击性的想法接二连三地频频袭来。这些相互关联的想法都紧紧围绕同一个主题——你的缺点和失败。甚至短短几分钟的连锁反应,也能引发痛楚,令你的心情和自尊俯冲直下。

有时,仅仅对批评进行反驳还不够力度。批评的想法以迅雷不及掩耳之势令你对其深信不疑,瓦解你反抗到底的斗志。但是,有一种方法可以帮助你迎接和战胜这一挑战,称作去融合。作为接纳与承诺疗法的核心过程(Hayes,Strosahl,Wilson,2013),去融合是从沉思的想法中退步抽身、总揽全局的策略。你可以用它来观察和摆脱脑海中最咄咄逼人的话痨，而不是"融合"于自我攻击。

你将学着关注自己的思想，把它当作一台爆米花机，一个想法接一个想法地往外蹦。然后要学着如何辨别、驱赶自我评判，并与之划清界限，纵使它们雄赳赳气昂昂地在你大脑屏幕中列队行进，你也不屑一顾。不要成为你的想法（"我很蠢"或是"我很无趣"），你只需要学会拥有想法（"我正在想我很蠢"或是"我正在想我很无趣"）。注意区别："我很蠢"不容置疑，将你的特性与智商低混为一谈。"我正在想我很蠢"只是一个想法，而非现实。你的核心自我和愚蠢这一想法井水不犯河水。

你一天能冒出 60 000 个想法，它们是你精神活动的产物——并非生死攸关，也并非准确无误。你可以通过去融合策略，学会如何让它们来也匆匆、去也匆匆。这些想法无非是神经活动的常见方式。在这一章中你即将学到的技能有助于你终止被惯用的自我贬低和自我批判所左右。

关注你的想法

去融合的第一步是观察你的内心，有两种方式：白房间冥想的简单练习可以帮助你关注内心，并看清它的活动；意念集中也能让你观察思考过程。

白房间冥想

想象你在一间全白的房屋里，墙壁、地板和天花板无一例外都是白色。你的左手边有一扇敞开的门，右手边是另一扇敞开的门。现在想象你的思绪从左门涌入，从眼前穿过，又从右门离开。当你的想法穿越房间时，你可以赋予它们具体的形象——翱翔的飞鸟、奔跑的动物，或者当它们进屋时，你可以简单地说"想法"。不要分析或是纠缠于任何想法，只允许它们在你眼前稍留片刻，然后痛痛快快地让它们从右门离开。

有些想法十分紧迫，需要更多关注，它们逗留的时间往往比其他想法更长。有些想法持续不断地出现。想法常常如此，匆匆闯入、持续不断。看到它们，然后让它们走就可以了。转移你的注意力到下一个想法，再下一个。将这一冥想持续五分钟，然后看看会发生什么。你的想法会减速还是加速？它们是更加步履匆匆还是放缓脚步？毫不留恋地让它走，继而关注下一个有多难？只是观察想法这一简单的行为足以让它们放缓脚步，逐渐舒缓你的情绪。但是切记，无论冥想给你带来何种情绪波动，都要关注你爆米花机似的内心活动。

集中意念

这一方法可追溯到一两千年前的佛教修行。一开始，只需要关注呼吸，空气吸入鼻腔后，跟随它进入咽喉，再进入肺，然后下沉至膈鼓收之处。每次呼气时，都要数数，第一次呼气数1，第二次数2，依此类推，直到4。第4次呼气时，从1再开始数。

当你关注自己的呼吸时，不可避免地会产生想法。你可以把关注呼吸当作了解内心活动的机会。只要一有想法产生，就承认它（有一个想法），然后再将注意力转回呼吸。集中意念的整个过程包括：（1）关注呼吸并计数；（2）注意想法的产生；（3）承认想法；（4）再次回到对呼吸的关注并计数。

每天进行5～10分钟的集中意念练习，坚持一周，看看想法是如何产生的。每次回到对呼吸的关注是观察内心活动的好方法。无论你再次聚焦于呼吸时有多费力，你的内心总能"砰"出新想法，你也会注意到某些想法是如何强行闯入、很难赶走的。

给想法贴标签

另外一种从想法中退步抽身的方法是为它们贴标签。标签类型包括：

- **我有一个想法，它是……** 每次你的批评者用负面想法攻击你时，就使用这个短语重复想法：我有一个想法，它是我很难看。我有一个想法，它是没有人喜欢我。如上所述，以这种方式对想法贴标签会让它们不再那么紧急迫切、真实可信。毕竟，它们只是一些想法而已。
- **现在我的心里有个想法。** 这项练习的一些具体标签包括"恐惧想法""批判想法""不够好的想法"，或是"错误想法"。你可以自己写标签，但切记要使用"现在我心里有个想法"这一短语，因为它能够拉开你和想法之间的距离。再次尝试白色房间冥想法，但是，这次需要给每个出现的想法贴标签。留意贴标签对观察内心活动有何影响。
- **感谢你，我的心。** 感谢你，我的心，赐予我那个批判想法。其背后的理念是认清你的内心是这些想法的帮凶。你可以在为内心产生的想法贴标签的同时，表达感激之情（进一步拉开你与认同想法的距离）。

释放想法

既然你已经能够更好地注意到批评想法，并为其贴标签，下一步（也是最重要的一步）是释放它们。大多"释放"策略包括设法拉大与想法之间距离的心理意象——越来越远直到消失不见。下面是一些例子，但你也可以轻易地想出其他例子。

- **随波逐流的树叶。** 把批评想法想象成秋天的落叶，它们落入湍急的溪流，随着急流淡出视野。
- **气球。** 想象一个小丑拿着一束红色氦气球。给每个想法找个气球，贴在上面，看着气球飘飘悠悠飞升，最终消失在天空中。

- 列车和船只。设想你站在铁路岔道口,眼前一辆货运火车呼啸而过。在每节车厢都贴上批评想法,看着它们一一从眼前闪过。类似地,你也可以想象自己站在岸边,把每一个想法都看作是一条从你眼前飘过的船,最终消失天际。
- 广告牌。想象每一块广告牌上都印着想法,一个接一个延伸至高速路的远方。每看到一个新的想法,就说明旧的广告牌(以及它所代表的想法)已落在身后。
- 电脑弹出式广告。想象批评想法像弹出式广告一样突然出现在电脑屏幕上。当下一个想法来临时,之前弹出的就会消失。

有人认为做一些肢体动作更利于释放想法:

- 翻转手掌。伸出你的手,手心向上。当你注意到每一个想法,并为之贴上标签时,想象它们被你盛在手心。现在缓缓旋转你的手,直到手掌朝下。想象那个想法从你的手心滑落,消失得无影无踪。为每一个新想法重复此过程。
- 深呼吸。当批评来袭时,深呼吸,同时关注痛苦的想法。然后呼气,让想法随着呼出的气流消散在空中。

观察、贴标和释放的完整过程

现在是把这些步骤综合到一起的时候了。首要任务是对批评保持高度警惕。对攻击性想法的到来有所察觉,你才能终止连锁反应,启动去融合过程。你可以通过情绪变化辨别批评之声,只要感到沮丧泄气,就需要留意自己的想法了。

现在给想法贴标签:**我有一个想法,它是……或者我有一个_____想法**。如上所述，这一点至关重要，因为它拉开了你与认知之间的距离，提醒你那只是你的内心想法。

最后，选择一个意象或是动作（转手，深呼吸）帮助你释放想法。两者中各自选出一个不失为良策——想象念头飘逝而去，同时做出动作给予配合。

练习

·综合各环节·

去融合需要耗费脑力。有个练习的好方法：想象一次近期你因为受到自我批评而心烦意乱的场景。仔细观察（用你的心灵眼睛）直到批判出现。当你的爆米花大脑开始一个接一个地产出自我攻击想法时，留意你的想法。

现在，每出现一个想法，就为它贴上标签。然后使用释放的意象法或是某个动作摆脱攻击。坚持练习（不放过任何一个批判式想法）直到它们的威力逐渐削减。

托尼是一个程序开发员，他的批评者指责他做事"总用笨办法"，他想出的好主意"再明显不过"，他的编码方案"毫无亮点""乏善可陈"。除此以外，他的批评者还常常抨击他对客户，甚至对朋友的说话方式。

托尼决定使用去融合的方式，因为当批评者劈头盖脸地发起攻势时，他就脑海一片空白，全然想不起该如何抵抗。"我满脑子都是自己的错误。"托尼和父亲谈论自己的工作问题时如是说。

托尼尝试了白色房间冥想法，但觉得集中意念更适合，因为他可以在不同想法产生的间隙,将注意力转回到呼吸。没过多久,他就开始在集中意念的同时给想法贴标签。他使用的标签包括"批评想法""忧虑想法"以及"想法"(用于其他所有类型)。每当他发现自己"惊慌失措"时,就会使用这些标签并且意识到自己已被负面想法围攻。

为了驱散这些想法,托尼最初使用了随波逐流的叶子意象,但发现工作时,具体动作更为有效。当批评想法涌现时,他就为它们贴上标签,然后深呼吸。呼气时,则微微摆手(像是推开某个东西)将其打发走。

托尼发现去融合逐渐帮他挣脱了无穷无尽的负面想法的束缚,也提高了他对自我批评的警惕,令他认识到这些只是想法,不是"颠扑不破的真理"。

远离批评

既然你已经开始观察、贴标并且释放自我攻击的想法,那么可以尝试下面的一些去融合方法,进一步拉开你和批评之间的关系。

- **想法重复**。研究显示仅需大声重复某一个想法就能削弱它对你的杀伤力。举个自我批判的例子,"我是一个坏父亲"。它的杀伤力源于你忘记了这只是一个想法,而把它当作事实。如果你不断重复"我是一个坏父亲"多达50次或是更多,奇迹就会发生。单词丧失了它们的意义,变成了纯粹的声音。自己试试。想出一个最近来自于批评者的打击,将它凝练为几个词。现在大声重复这几个词直到它们的感情色彩消失殆尽,变得无关痛痒。注意,它们现在已经是没有任何意义的一串声音。无论什么时候,你都可以不断重复批评语,直至它们的威力丧失。

- **携带卡片**。当一个自我攻击的想法出现时,你可以通过把它写在纸片上并随身携带,以拉开与它的心理距离。每次这一想法重现时,你都可以提醒自己,"我带着这个想法,不需要现在多加考虑"。

- **具体化想法**。它是指给某个想法赋予具体特征:它有多大?什么颜色?什么形状?什么质地?如何发声?托尼试着将他"我很蠢"的想法具体化。他把它想象成一个巨大、灰色的实心球,很重,摸起来像砂纸,落地时会发出巨大响声。当托尼把"我很蠢"的想法转化为一个落地有声的实心球,它就变得不那么重要。

- **滑稽的名字和声音**。当某个批评的想法频频出现,尝试给它起一个荒诞搞笑的名字。托尼开始把自己智商不高的想法称为实心球想法。其他的例子包括"臭蛋想法""黑旋风想法""亲爱老爹想法""衣衫褴褛的安妮想法"等。名字越荒诞无稽越好。

　　你还可以使用荒唐或者模仿的声音来嘲讽批评想法。托尼用播音员的声音模仿攻击他的想法:"托尼的实心球声音今天在工作时狠狠地鞭笞他。"在托尼小的时候,爸爸常常模仿唐老鸭的声音逗他乐,所以他自己也开始用唐老鸭的声音大声说出批评想法。

　　还有一个方法是唱出(用熟悉的旋律,比如《牧场是我家》)你的一些自我攻击的想法。"你,你是最差的——地球上的大傻瓜",托尼唱完后哈哈大笑。

- **三个问题**。当你反反复复地遭受同一个想法的袭击时,试着提出以下三个问题:

　　a. 这个想法产生多久了?是产生于分手后吗?或是失业后?还是可以追溯到高中或中学?如果你不确定,就对它的产生时间做一个粗略的估算。

　　b. 这个想法有什么作用?问问自己:这个想法在试图帮你避免哪种伤痛?感到惭愧还是自我感觉不好?惧怕别人的排挤或是鄙夷?感到挫败或是无用?为错误或失败黯然神伤?每一个想法都有其产生的意义,有些想法反反复复地出现是为了缓解挥之不去的情感伤痛。

  c. 想法是如何发挥作用的？如果你的某个想法由来已久，它的目的是帮你缓解某种疼痛，那么它是否起到作用？你的羞耻感是否有所减轻或是不再那么惧怕别人异样的眼光？你是否觉得自己不再那么无能或失败？或是疼痛感和以前一样强烈难忍？

  这里还有另外一个问题：那个想法是否在加剧痛苦而不是保护你免受伤害？它是否令你的自我感觉变得更差——更加惭愧、更加恐惧、更加悲伤？如果是这种情况，你的想法就是在"帮倒忙"。它不仅没有起到作用，还造成了伤害。

例子：托尼和三个问题

  托尼刚刚结束和客户的谈话，试图了解客户对 App 的设计意图。客户刚出门，他的批评者就发起了火攻，指责他的建议"过分简单""毫无创意"，又是实心球想法。托尼开始问自己这个想法源自何处。他回想起三年级时一个老师指责他三心二意，罚他一个人坐，为了能更好地"集中注意力"，那时他就萌生了自己一定很蠢的想法。这件事发生在 30 年前，但这一想法从那时起就不断出现。

  现在托尼分析了这一想法的功能，并且发现了一个有趣的现象。三年级时他并没有认为自己很蠢；他只是认为自己一定是显得很蠢。该想法似乎是为了激励自己刻苦上进，不再因为受批评而丧失颜面。它现在也具有同样的功能——仍然警告自己看起来或听上去很蠢，为了避免（将来）感到难过或内疚。

  但是它发挥作用了吗？驱散了他的内疚和尴尬吗？事实上，这些想法没有给托尼帮上一点忙。

  他似乎用了一生的时间在自怨自艾、局促不安；如果说实心球想法起到了作用，那也是让他的情绪变得更糟。

托尼深刻地认识到，这充其量只是一个想法而已，并非真理或现实。原本是要用这个想法鼓励自己更努力、更高效的，但它所做的一切只是令他感到悲哀、恐慌和犹豫。他知道这个想法还会再来，但已经有了新的应对方式：认清它的实质——只是一个想法而已。

切记你无须与病态批评没完没了地争辩，应该尝试用具体细节回应自尊心遭受到的每一个打击。你可以使用去融合的方法退步抽身、总揽全局，提醒自己这些攻击只是主观想法而已——反复出现、令人烦忧，但却是昙花一现、稍纵即逝。

第 7 章

同　　情

　　自尊的实质是对自己的同情,当你对自己有同情心时,就能够了解并接受自己。如果你犯了错,也能原谅自己。你对自己有合理期许,能够为自己设定可以实现的目标。大多数情况下,你会认为自己还不错。

　　同情是病态批评的克星,他对于同情心的惧怕不亚于西方邪恶女巫对水的畏惧或是吸血鬼对大蒜的恐惧。如果你的内心独白柔情款款,你的病态批评就会无言以对。同情心是你手中最有力的武器之一,能够牵制病态批评。

　　当你学着同情自己,就说明你开始呈现自我价值,挖掘其中隐藏的华丽珠宝了。柔声细语的内心独白能够冲刷伤害和排挤的沙砾,显现出多年来被掩埋的自我接受,这本是与生俱来的品质。

本章将对同情进行定义,揭示对自己以及对他人的同情之间的联系,探讨如何获得自我价值感,提供旨在提高同情能力的练习。

同情定义

很多人将同情看作是能够和诚实、忠实或率真相媲美的优良品质。如果你友好善良、充满爱怜并且乐于助人,就说明你有同情心。

这种看法并无不妥。但涉及自尊时,同情心不仅限于此。首先,它不是固定不变的个性特点。同情心实际是一种技能——如果没有,可以获得或是已经拥有,可以提高的技能。其次,有同情心不仅仅是指你对他人的遭遇感同身受,还能鼓励你对自己友好善良、充满爱怜并且有所帮助。

同情的技能包括三个基本要素:理解、接受和宽恕。

理解

尝试理解是同情自己和他人的第一步。理解关于你或你爱的人的重要方面可以完全改变你的感受和态度。肖恩就是一个典型的例子,他是一名瓦工,最终找出了总在晚上暴饮暴食的原因。有一天他的工作极其艰辛,直到天黑才休息,此时他意识到还需要整整一天才能完工,而他的原计划是第二天开始新的工作。在开车回家的途中他时时留意温度计,因为车温度过高已经有一段时间了,一直没钱送去修。他感到筋疲力尽、焦虑不安,挫败感十足,就想着能够把车停在有酒销售的商店门口,买一些零食,比如干果、玉米片和蘸酱在晚饭前吃。想象着自己惬意地坐在电视机旁,座椅扶手上堆满零食,他顿感心情舒畅。但是他的批评者也开始指责他是个"垃圾食品狂"。在这时,肖恩采取了不同做法。他问自己为什么吃零食的想法能让自己心情有所好转，然后顿悟到：晚上暴饮暴食是想逃避白天的压力和无助感。在吃零食时，他感到既舒服又安全。

这种突然的理解是肖恩迈向更加同情自己的第一步。他明白自己的暴饮暴食是对巨大压力的回应，而不能说明他贪吃或是无能。

并不是所有的理解都能轻而易举实现，有时需要不厌其烦地长期努力才能探明真相。你买、读这本书的决定就是有意识地一步步向理解迈进。

理解问题的实质并不意味着你能想出解决措施，它只能说明你已经明白了自己的处事方式——在某种特定情况下，你可能采取的措施，以及为什么会那么做。这意味着你已经对自己为什么会成为某种样子有了一定的意识。

理解他人主要指倾听他们的心声，而不是听你内心关于他们的看法。当母亲向你讲述她去看医生的经历时，不要在心里说："话真多！什么时候才能闭嘴？"应该耐心询问她的病症以及做了哪些检查。只有给她温暖关怀，才能透过表面，体会到她真正的内心想法。逐渐地，你会察觉出她不仅仅是在抱怨护士和接待人员，她真正担忧的是衰老、死亡。你就能够产生同理心，表示对她的痛苦感同身受，而不是一味地厌烦情绪。这能让她感到安慰，你的自我感觉也会更好。

接受

接受恐怕是同情最难实现的方面。接受是承认事实，制止所有的价值评判。你不需要表达赞成或反对，接受即可。比如"我接受我身材不好的事实"并不意味着"我身材不好，我不在乎"，而是"我身材不好，我知道，我也许讨厌这点。坦白说，有时我感觉自己就是一桶肥肉，但现在我把主观感受搁置一边，删去价值判断，只看事实。"

马蒂是运用接受的力量的典范。他是一名汽车工。常常因为自己"矮胖丑"感到闷闷不乐。他编写了一个简短的自我描述，每次病态批评在他耳边低语"矮……胖……丑"时，都会用它来进行反击："我 5 英尺 6 英寸（约 1.6 米），我能接受。我 182 磅（约 83 千克），我能接受。我就快秃顶了，我也能接受。这些事实是要被接受的，不是用来和自己过不去的。"

接受他人是指承认关于他们的事实，不要加以评判。劳丽常常认为某位老师冷酷无情、不讲情面，从不说一句鼓励的话或是允许延迟交作业时间。但是，她想方设法地接受这位老师，因为她不得不和他在学生-教工委员会共事。首先，劳丽扫除了脑海中的诋毁性标签。然后在脑海中搜索出这样的事实："萨默斯博士沉默、内敛，而且严肃。只有正式提问，他才会回答。他规定的最后期限没有商量余地。我不太喜欢老师这样，但我接受他的全部，我可以与他合作，而且仍然可以有所成就。"正因为她学着体谅别人，才有了后来被委员会通过的联合决议。这整个经历也提升了她的自信，因为她懂得了严肃、内敛的重要性。

宽恕

宽恕来自于理解和接受。和其他两项一样，它并不代表赞成。它意味着不纠结于过去，确保当前对自己的尊重，展望更美好的未来。当你宽恕自己对孩子的吼叫行为时，并不是在颠倒是非或是全然抛之脑后。你发怒仍然是不对的，而且你也会以此为鉴，指导未来，但是你的确写下了"到此为止"把目光转向当下的任务，不会对此耿耿于怀，一遍遍自责。

艾丽斯是一位有约会恐惧症的年轻女士。当有男士约她吃晚饭或看电影时，她会为无法赴约编造各种借口。然后她的病态批评就开口了："没出息。这个男人不错。为什么不试一试呢？你永远都抓不住机会。"艾丽斯会一连数日为此反复遭受攻击。当她打算起身反抗时，宽恕则成为她最有力的武器之一。她会对自己说："好吧，我是犯了一个错误。我挺想和约翰约会，但我太羞涩、太胆小。但那是过去的事了，和现在无关。我原谅自己，相信自己会把握住下一次机会。我拒绝为自己的羞怯忏悔一辈子。"

对他人真正的宽恕意味着公平公正的论述。伤害你的那个人对你不再有任何亏欠。即使考虑到发生的一切，他或她也不再低你一等。你已打消所有报复、弥补、赔偿或是复仇的念头，你所面对的是一个你俩之间互不相欠的未来。

查理是一名园艺设计师，曾与父亲合作承接园艺业务，赚了一些钱。后来由于长期在金钱方面意见不统一而与父亲结下梁子。每当看到朋友和他们的父亲相处融洽时，他的自尊心就会倍受打击。最后，他认识到改善对自己的看法、与父亲重归于好的关键是真心诚意地原谅他。"我不能再深陷于过去所有的争执了，"查理解释道，"它们横亘在我们之间，我们无法接近彼此。"当他原谅了父亲，并把过去的一切抛之脑后时，他的自尊有所提升，和父亲的关系也得到了改善。

为同情心奋斗

理解、接受和宽恕：这三个老生常谈的词很重要。没有人因为只是在哪里读到这点，觉得很好，就能自动变得更加善解人意或宽宏大量。抽象的概念，无论被说得多么天花乱坠，对行为也是影响甚微。

为了培养同情心，你必须为改变思维方式做出不懈努力。老方法评判，然后排斥。新方法要求你先把评判搁置一旁。当某些情况出现时，你会习惯性地开启负面评价模式（"她真笨……我又搞砸了……他很自私……我无能……"）。现在，当类似的情况再次出现时，你应该摒弃之前的做法，借助一系列特定想法，尽量做出充满怜爱的回应。

充满怜爱的回应

想要做出充满怜爱的回应，你首先应该问自己三个问题，加深自己对问题行为的理解。

1. 我（他）的这一行为要满足什么需求？
2. 影响该行为的想法或意识有哪些？
3. 哪些痛楚、伤害或是其他什么情绪影响了该行为？

接下来的三句话能够用来提醒自己，你完全可以毫无怨言、心无芥蒂地接受一个人，无论他的选择产生了多么严重的后果。

4. 我希望_____从未发生过，但这样做的初衷仅仅只是为了满足我的（他的）需求。
5. 我不加任何评判地接受自己（他），并对此毫无异议。
6. 无论他（我）的决定有多么荒唐，我还是接受做这件事的人，因为此人和所有人一样，都是为了生存。

最后，有两个句子可以说明你们之间的恩怨可以一笔勾销，是时候宽恕对方，终止怨恨了。

7. 到此为止，我已经终止了怨恨。
8. 没有人该为这个错误受到责备。

试着记住这套程序，保证你能够在发现自己正在评判自己或他人时使用它。如果愿意，你可以进行一些修改，以便使语言和建议更加吻合你的具体情况，但不要违背充满怜爱的回应的三个基本层面：理解、接受和宽恕。

价值的问题

学会同情有助于你直面自我价值感，但是如果你自尊不足，这种感觉将会捉摸不定，有时你感觉自己一文不值，其他人也都微不足道。

什么能够体现一个人的价值？你去哪里寻找价值的依据？标准是什么？

在人类历史的长河中，产生了各种各样价值评判标准。古希腊从人性和政治角度评判一个人的美德。如果你认同和谐、节制的理念，并遵守社会秩序，在别人眼中就有价值，自尊也相应增强。有价值的罗马人应当具有高尚的爱国主义情操，并且骁勇善战。早期的基督徒更看重人对上帝和人类的热爱，他们认为这比效忠世俗皇室更能凸显价值。有价值的佛教徒无欲无求。有价值的印度人会想方设法加强他们对所有生灵的敬畏。有价值的穆斯林尊重法律、传统和荣誉。有价值的自由主义者热爱人类和优秀作品。保守主义者看重勤奋刻苦，并且尊重传统。有价值的商人都腰缠万贯。有价值的艺术家都天赋异禀。有价值的政治家都位高权重。有价值的演员都备受青睐，诸如此类。

在我们的文化当中，回答这一问题最常见的方法是将价值与工作挂钩。你做什么，就是什么。医生比心理学家有价值，心理学家比律师有价值，以此类推，接下来是会计、股票经纪人、电台节目主持人、五金店售货员，等等。

接下来，在一个特定的行业或社会阶层，我们的文化依据成就大小赋予人价值。升职加薪、拿到学位、赢得比赛就是有价值。获得和社会地位相匹配的房子、车子、家具，或是能让孩子上大学也能说明有价值。如果你被解雇或是被炒、失去房子，或是以其他方式从成就的阶梯下滑，就会陷入水深火热之中。你失去了所有的价值载体，在别人眼中变得一文不值。

认可这种由文化决定的价值观念可能令人苦不堪言。比如，银行查账员约翰总用自己的工作成就衡量自我价值。每当他无法如期完成任务，就觉得自己一文不值。每当他感到自己一文不值，就变得失落沮丧。每当他感到失落沮丧，工作效率就会变低，无法按时完成的任务就更多。他更加感到一文不值，变得更加失落沮丧，对待工作自然变得懒散倦怠，由此而陷入致命的恶性循环。

约翰并不是一无是处，只是被不合理的价值观念所戕害。由于他的不合理观念已在我们的社会中蔓延，周围没人能够看出他的困惑。约翰的上司会因为他未能如期完成任务，而认同他对公司的价值微乎其微的观点。他的妻子和兄弟也认为他不对劲，即使他的心理治疗师也认为工作效率低是害他情绪低落的罪魁祸首。不经意间，他们都在加强约翰认为自己一文不值的看法。他陷入无休止的郁郁寡欢，无法自拔，周围的人不但没有伸出救援之手，反而助推他泥足深陷。

当你被这种文化所禁锢，可以提醒自己每一条衡量价值的标准都植根于文化背景。德高望重的禅宗和尚在华尔街就没什么地位。法术高强的巫医在五角大楼不会受到重用。约翰尝试用这一点提醒自己："第一次跨市审计在这周或是下周完成能有什么区别？天会塌下来吗？难道我作为一个人的全部价值仅取决于两列数字是否平衡？如果我在帕果帕果海滩或是莎士比亚时期的伦敦，就不可能遇到这样的问题。"

这段内心独白拉开了约翰与实际情况之间的距离，但对提高自尊没多大帮助。事实是，他已经选择了在银行审计的领域打拼和竞争，没有在帕果帕果海滩以乞讨为生或是在文艺复兴时期以写剧本为生。他是西方城市文化的一分子，他认为还是应该力争达到被普遍认可的成功标准，即使它们无据可依或是过于主观。

向你的自身经历和亲眼所见求助会更加有效。最"显而易见"且"合情合理"的文化价值标准会因为仔细观察而变得不堪一击。比如，如果小儿科医生比擦玻璃工更有价值，那么他们应该有更高的自我价值感。所有的小儿科医生都应该沐浴在信心满满的和煦阳光之中，而擦玻璃工却是怨声载道，时时刻刻都想拼命逃离脚手架。但事实绝非如此。统计数据显示你所从事的职业只是和你的自尊和心理健康水平有少许联系。可观察到的事实是自我感觉良好的不仅有儿科医生，还有擦玻璃工，自我感觉不好的儿科医生和擦玻璃工的比例极为相似。

约翰的个人观察也证明了这一点。他认识一些从事金融业的同行，虽然不如他能干或成功，但充满自信。一个负面的例子是约翰的大学同学是一家大公司的副经理，但是约翰知道尽管他事业有成，却常常被自卑所困扰。

显而易见，一些人已经解决了个人价值的问题，有些人却还在深受其害。如果你想提升自尊，就应该正确看待价值观念。当你认识到必须从文化界定的标准之外去寻找解决方案时，就意味着你可以采用四种方法来处理价值观念的问题，力求自尊心不受打击。肯定你的价值。

第一个处理自我价值问题的方法是将其扔出窗外。认识到人的价值只是抽象概念，一经仔细推敲，就显露出薄弱的现实基础，它只是一个笼统的标签。所有的标准都带有强烈的主观色彩，随着文化的不同而不同，但它却会对自尊心造成伤害。找出一条共同的价值标准是一个充满诱惑力的幻想，但是你和其他所有人最好挣脱它的束缚，真正的自身价值无法估量。

第二个处理自我价值问题的方法是认识到价值的存在，但它是平均分配、稳定不变的。每个人在出生的时候都携带一定的价值量，和其他人的价值量绝对相等。无论你经历了什么，无论你做了什么或是承受了什么，你作为人的价值不会减少，也不会增加。没有人的价值比其他人更高或更低。

有趣的是，这两个方法功能相同，都能为你松绑，不必再与别人比较，不必再持续对自己的相对价值做出判断。

当然，这两个方法有本质上的区别。第一个方法实际是一种不可知论：一个人可能比别人价值更高或更低，但这个判断几乎无法做出，即使得出结论，也会令人备受打击，所以你拒绝对此做出评判。第二个方法和传统的西方宗教教义更为接近，能够为你宽心，产生一种不限于某个教派的"感觉"：每个人都有价值，是独一无二的个体，更接近天使而非动物。为了提高自尊，你可以选择任何一个方法，取得成功。

第三个方法和前两个截然不同，却没有形成对立。在实施这个方法时，你承认自己感受到了作为人的自我价值。

回忆你对自己感到满意的场景，这时人的价值似乎是实际存在的，你也拥有一大份。回想你自我感觉良好的时刻，尽管当时也有缺点和过失，全然不顾他人看法。这种感觉可能只是昙花一现。此时此刻，你的自我价值感早已消失得无影无踪，只是在脑海中留下了苍白无力的记忆，曾经你也觉得自己还不错。

关键是承认你的个人价值，它的存在已经由你的内在体验证明，无论它的出现是多么短暂和偶然。你的价值就像太阳，永远发出耀眼的光芒，即使你在树荫下感受不到。你无法阻止它的光芒，你只能通过病态批评堆起的重重疑云或是趴在由沮丧失落形成的巨大岩石下，创造遮光蔽日之处。

约翰是一个银行查账员，他能够通过回忆他 12 岁时的一个邻居，联系到内心的价值感。那位邻居是一个住在他隔壁的老奶奶，阿克森太太。当约翰的父母没有时间或不太可能表扬他时，她常常会帮他看学校的作业和绘画。阿克森太太在看到他的创作后总是兴致勃勃，夸他才智过人，将来必成大器。约翰记得他当时沾沾自喜以及对未来信心满满的状态。有时，约翰会回到有关阿克森太太的那段记忆，找出他早期骄傲和能干的感觉。

第四个处理自我价值问题的方法是透过同情的视角正确审视自己。同情可以显现出你人性的本质。

你对自己怎么看呢？首先，你生存的世界要求你坚持不懈地努力以满足基本需求，否则你将无法存活。你必须找到食物、住所、情感支柱以及休息和娱乐的机会。你几乎把所有精力都投入这几大方面。你从实际出发，做出最大的努力。但你用来满足需求的资源会遇到诸多限制，包括你的知识量、协调能力、情感结构、别人能够给予你的支持、你的健康、你对痛苦和喜悦的敏感度等。为了生存做出种种努力后，你会发现自己的智力和体力都会不可避免地走下坡路，尽管你会全力以赴，最终的结果还是一命呜呼。

在你奋斗的过程中，错误百出在所难免，但吃一堑、长一智。你会常常心惊肉跳，既有对真实存在的危险的恐惧，也有对生活不确定性的隐隐担忧，随时都有被失去和伤痛打压的可能。痛苦的方式多种多样，但是你仍锲而不舍，拼命搜寻情感和体力方面的支持。

最后一点是关键：锲而不舍。面对所有的痛苦，无论是已经过去的还是即将到来的，你都没有放弃抗争。你计划，你实施，你决定，你继续生存，继续感受。如果你能让这种意识深入内心，如果你能切身感受到这种拼劲儿，你或许可以看到一丝自我价值的光芒。正是这种力量——生命的能量在推动你不断地进行尝试。你的成就如何无关紧要，你的长相如何、身心健康状况如何无关紧要，唯一至关重要的是努力。你的价值源泉就是不息的奋斗。

理解的下一步就是接受。在求生的过程中所做的一切都无可指摘。每一个方法的效果只有程度之分，过程只有容易和困难之分。即使你犯了错误，也值得表扬，因为你已经尽力了，它是你能达到的最佳效果。你的错误和随之而来的痛楚能够让你吸取经验教训。毫无怨言地接受你做的每一件事并不难，要知道，你投入的每一分钟都是对生命不息、奋斗不止的最佳诠释。

你完全可以做到宽恕和释放失败与错误，因为你已经为它们付出了代价。由于客观条件的限制，我们无法每次都获知最佳方案。即使知道，我们也可能没有资源去践行。那么你的价值就是能够来到人世，而且排除了艰难险阻，生命得到维持。

对他人的同情

怜悯自己只是同情的一部分，完整的同情还包括对他人的怜悯之心。目前，你可能觉得理解、接受和宽恕他人比理解、接受和宽恕自己容易。或者，你可能觉得同情自己相对容易，对别人的过失却仍愤愤不平。任何一种不平衡状态都会打击你的自尊。

好在这种不平衡可以自我矫正。对别人越来越深的同情最终能够让你更加轻松自如地同情自己。学着给自己喘息的机会能让你自然而然换位思考。换言之，黄金法则正反都行得通："像爱自己那样爱邻居"或"像爱邻居那样爱自己"。

如果爱自己显得不太自然，那么可以先从同情他人开始。当你学会理解、接受和宽恕他人的瑕疵后，自己的缺点看上去也不会显得太突兀。

同理心

比起对他人的同情心，同理心这个词更便于使用。同理心是指清楚地理解他人的想法和感受。同理心是指认真聆听、提出问题、搁置价值判断，并且使用你的想象力去理解他人的观点、想法、感受、动机和情况。在通过同理心练习而获得深刻见解后，理解、接受和宽恕的同情过程就水到渠成了。

同理心不是感同身受，那是怜悯，两者虽有联系但却是不同的行为，而且怜悯不一定总能实现或总是恰当的。同理心也不是出于理解的善意行为，那是支持——另外一种不一定总能实现或是总是恰当的行为。同理心也不是同意或赞成，它游离于怜悯、支持、同意和赞成之外，先于它们而存在。

真正的同理心是愤怒和怨恨的终极克星。记住，愤怒来源于你的想法，而非他人的行为。当你静下心来彻底了解他人的想法和动机之后，你对他人心思的揣度和责备就会发生短路，看到行为背后的逻辑。也许你仍然无法苟同这一逻辑或是赞成这一行为，但你能理解。你可以看到真正居心不良、卑鄙龌龊的人寥寥无几，大部分人只是在凭借他们眼中最好的方式趋利避害。你可以看到没有多少自己的价值或行为进入这个等式。你可以无拘无束地接受事实真相，宽恕冒犯你的人，然后轻装上阵。

琼是一名社会工作者，经常和主管发生口角。她认为客户第一，文案工作第二，所以总是不能按时提交每周和每月的统计数据和报告。她对主管总是催促她按时提交材料心怀不满，认为他根本不考虑她的客户，只关注文本中体现出的业绩。

琼和主管在员工野餐时进行了一次深谈，在那之后情况便有所改善。她有意识地努力聆听、了解上司的出发点。在谈话期间，她克制了自己以往的指责性或讽刺性的言论，主管也逐渐放下身架，毫无顾忌地向她吐露心声。他讲了自己因为没有写好材料而亏损一大笔钱，并且搞砸了一个重要的业务拓展项目的经历。那次的惨败令他明白了做好文案工作是做好一名社工的必要条件。在这次谈话之后，琼开始善意地向主管靠拢，可见她的同理心训练没有白费，与同事之间的关系得到了改善。

练习

这一章的结尾有四个练习。前两个训练你产生对他人的同情心，后两个将对他人的同情和对自己的同情结合起来。量力而行：从看上去最简单的练习开始，然后由简到难。

看电视

这是一个练习产生对他人的同理心的方法，安全可靠，不妨一试。看一部你讨厌的电视节目，一部你从不会认真看的节目。如果你经常看娱乐节目，就选择严肃的戏剧。如果你平时只看新闻，就调到动画片频道。如果你爱看喜剧，就选择电视传教节目、警匪片或肥皂剧。

仔细观看和倾听。每当你感到愤怒、厌烦、无聊或者为难时，先不要顾及个人感受，重新集中你的注意力。对自己说："我知道我因此烦躁不安。没关系，我现在不把自己的感受放在眼里。我可以把焦躁的情绪放一边，只是仔细看一会儿，不做任何判断。"

不要急于进行价值判断，想象这个节目圈粉无数的原因。他们能从中获得什么？刺激、启发、消遣、逃避、与演员产生共鸣，抑或是证实他们的偏见？试着去理解本节目的魅力所在，以及追捧它的人群。

当你产生同理心，开始理解他人时，调到另一个节目，再次尝试。切记，你不必认同你所看到的内容，只需要仔细观看并且理解它的诱人之处。

这项练习的目的不是扩大或改变你的观赏品味，而是提供一个安全可靠的场景，帮助你练习暂缓主观臆断，试图理解常常嗤之以鼻的观点。

主动聆听

和朋友一起。选一个喜欢尝试新事物的朋友，解释说想提高自己的倾听能力。请这位朋友讲一段他生命中重要的经历：一次惨痛的经历、一个重要的童年回忆或对未来的期许。

当你的朋友讲话时，你的任务就是仔细听并且对任何不理解的部分提问。请你的朋友澄清或是拓展。问一些关于想法和感受的问题，以便深入探究事实："它为什么对你很重要？""你当时的感受是什么？""你从中吸取了什么经验教训？"

你可以不停地转述朋友的话："所以换句话说，你……""等等，我核对一下自己是否理解正确：你认为……""我听你说的是……"转述是你怀着同理心倾听的重要环节，因为它能保证你不偏离轨道，帮助你消除自己错误的解读、澄清朋友确切的意图。你的朋友会为你悉心倾听他的心声而感到满意，同时也有了更正你理解错误的机会。然后你可以将所有的修改重新整合，再次进行转述。

与认识的人一起。现在你可以加大练习难度。选择和你不是很熟的人来练习产生同理心的能力，但不告诉他们你的真正用意。

无论他们对你说什么，关键是要请他们表述清楚并且详细说明。遏制争辩或是插嘴的冲动。留意你从什么时候开始在脑海中对他们进行评判，及时清除这些想法。切记，你不需要对他们产生好感，只需要在不被自己的内心想法左右的情况下，尝试理解一些事情。尤其警惕自己是否又开始和别人比较。

和你不太熟的人在一起，转述尤为重要，它有助于你记住不熟悉的故事，让说话人看到你的诚意，还能帮助你在自己的内心活动与实际听到的内容之间划清界限。当说话人澄清、更正时，你的理解得以加深，你们之间的谈话也会向着更私密、更亲近的方向发展。当说话人发觉你是一个全神贯注的倾听者，就会信任你，相信你有足够的耐心听他说完，不会时不时打断。然后向你吐露自己的真实看法、感受、疑虑或是自己的弱点。这种练习做得多了，泛泛之交也能成为知心朋友。

与陌生人一起。在派对或其他聚会当中，找一个你不认识或者你不喜欢的人。与这个人展开对话，同时使用你的倾听能力去尝试真正了解他所说的话。按照倾听朋友和认识的人的要求去做，你会发现停止评判、集中精力询问信息和转述有更大的难度。

当你倾听不喜欢的人或是和你没有共同点的人说话时，提醒自己同情的基础很关键：每个人都像你一样，只是要想方设法求生存。问你自己做出充满怜爱的回应的三个问题。问自己："这个人说这些的目的是什么？怎样才能让这个人感到更安全、更有控制力，缓解他的焦虑和痛苦？哪些想法正在影响他？"

对过去的事情的同情

这是一项为了提升理解、接受和宽恕能力,可以反复进行的练习。

当你阅读到此时,此刻就是现在。你生命中的其他任何一个事件都已成为过去。有一些是你追悔莫及的事情,你用它们来谴责自己:父亲临死前没能多探望他几次,对第一任妻子的要求苛刻,在分手时说了尖酸刻薄的话,上周的暴饮暴食,戒烟的失败以及与儿子的争吵,等等。但是你不必停留在过去的阴影中,用它们一遍遍地伤害自己。你可以通过使用充满怜爱的回应方式,再次经历这些事情。

做法如下。首先,从过去的经历中挑选一次批评者用来攻击你的事件。现在全身放松,闭上眼睛,做几次深呼吸。检查全身依然处于紧张状态的部位,将其放松。这时,放飞你的思绪,进入过去,回到你选择的事件发生的场景,看自己正在做那件让你悔不当初的事情。你可以看到自己的装束,看到房间或是周围环境,看到其他在场的人,听到当时所有的谈话。留意你当时的所有感受,无论是心理的还是生理的。尽最大努力重现场景,观看事态的演变,聆听所有的话语,留意自己的反应。

现在,当你仍然处于当时的场景之中时,问自己这个问题:我想要满足什么需求?

仔细想想。你是不是想感到更加安全、更有控制力,缓解焦虑和负罪感?慢慢斟酌答案。现在问:"我那时在想什么?"

你对当时情况的看法是什么?你如何理解当时发生的一切?你认为哪些是真相?不要急于得出答案。现在问:"哪种痛苦或感觉正在影响我?"

不要操之过急,想想你当时的情绪。

当你得出这些问题的答案，知道了影响你的需求、想法和感受后，就能够接受和原谅自己当时的所作所为了。专注于事件当中你的自身形象，对自己说：

我希望这件事从未发生过，但我是在努力满足需求。

我接受我自己，对此毫无怨言。

我接受当时的自己，因为我要自保。

试着去真正体会每一句话，让它们在你的内心沉淀。现在该是释放过去的时刻了。对自己说：我犯错也是情有可原的。一切都过去了。我可以宽恕自己。

如果你从这项练习中受益匪浅，你也可以把它用到很多过去的事件当中，越多越好。当你不断地使用它，做出充满怜爱的回应就会变得更加得心应手。宽恕会变得更容易，你也会渐渐挣脱悔恨过往的束缚。

同情冥想

这项练习分为三个部分：想象并且感受对于伤害你的人、被你伤害的人和你自己的同情心。你可以找人读给你听，并把它录下来反复听。

对于伤害你的人。坐靠或平躺在某地，不要交叉左右手或胳膊，并分开双腿。闭上眼睛，进行几次深呼吸。当你扫描检查身体的紧张时，继续深沉而缓慢的呼吸。当你搜索到紧张区域时，放松该处肌肉，并使之进入沉重、温暖和放松状态。进一步放慢呼吸、终止评判。接受一切出现在脑海中的意象，即使你刚开始无法辨别它们是什么。

想象前方有一把椅子，椅子上坐着一个人，这个人正是曾经以某种方式伤害过你的人。想象那个曾经伤害你的人坐在椅子上，默不作声。

注意以下所有细节：这个人的身材、衣服、颜色和姿势。那个曾经伤害你的人心平气和地望着你，目光中充满期待。对这个人说：

你是和我一样的人类，要拼命求生存。当你伤害我时，是在为自己谋活路。考虑到你的局限和你对当时情况的理解，你已经做到最好了。我能理解你的动机、恐惧和希望。我也有，因为我同样是人。我不喜欢你做的一切，但我能理解。

我接受你伤害我的事实。我很反感，但不会因此把你当作坏人。覆水难收，我原谅你。也许我无法赞成或苟同，但可以宽恕。我可以释放过去，将你我之间的恩怨一笔勾销。我不会要求你补偿，我会打消报复的念头，驱散内心的仇恨。我们之间的分歧已成为过去。我所能掌控的是现在，我现在可以原谅你，将我的愤怒抛之脑后。

目光不要离开那个伤害你的人。逐渐地，让这个人进入到你的内心。打开心门，让愤怒和怨恨像渐渐调小的音乐声一样渐渐退去。进一步打开。如果你觉得很难产生同理心或是消解怒气，也不要因此而批判自己。如果需要，多花点时间也无妨，按照自己的速度前进。当你做好准备时，再说一次"我原谅你"。让椅子上的人的形象渐渐淡出视野。

对于被你伤害的人。现在把椅子上坐的人想象成某个你曾经伤害的人，你想获得他的理解、接受和宽恕。你应该能够看到他的着装和外表的所有细节。想象的场景越真实越好。曾被你伤害的那个人心平气和地望着你，目光中充满期待。对那个人说：

我是一个人，有人生价值但也有不少瑕疵。我和你一样，都只是在谋求生路。当我伤害你时，正在尝试当时可能对我最有利的方法。如果当时我能有现在的觉悟水平，我绝不会那么做。但在那时，我别无选择。我明白我伤害了你，想让你知道我并不是有意的。

请接受我伤害你的事实，事实已无法改变。如果我能，我会将其消除。如果你能，你会将其消除。但我们都不能，覆水难收。

请原谅我。我并不是请求你赞成我的所作所为或是与我看法一致，但我请求你原谅我。我想让我们之间的分歧成为过去，将我们之间的恩怨一笔勾销，从头开始。

请向我打开心门，理解、接受和宽恕。

当你看着曾被你伤害的那个人时，应该能看到他慢慢露出笑容，看出你已被理解、接受和宽恕。然后让他的形象从你脑海中淡出，直到只剩一把椅子。

对于你自己。这个冥想练习的最后一部分是想象自己坐在椅子上。一切照旧，看到所有细节：穿着打扮、行为举止和你现在一模一样。想象你自己的意象正在说：

我是一个人。仅仅因为我存在于世、努力生存，就具有了人生价值。我可以照顾自己。我把自己当回事儿。无论遇到什么事，我首当其冲考虑自己。

我有合理的需求和愿望。我可以选择自己所需所想的，无须向任何人解释。我做出选择，也为自己的选择负责。

我总是会竭尽全力做到最好。我的所想所为一定是当时最佳的努力结果。因为我是血肉之躯，所以会犯错。我接受自己的错误，不自责、不批判。当我犯错时，我可以从中吸取经验教训。我不够完美，我会饶恕自己的错误。

我知道其他人和我一样有价值，也和我一样有瑕疵。我对他们产生同情是因为他们和我一样，都在埋头苦干谋生计。

　　想象坐在椅子上的你起身向你走来，坐进或是躺入你的身体，和你融合为一个整体。

　　放松休息。与自己和解，与他人和解。当你做好准备时，睁开双眼，慢慢起身，会感觉到自己已经脱胎换骨、如释重负，能够同情和接纳自己和他人。

　　在接下来的两周里，至少做五次这项练习。

SELF-ESTEEM

第 8 章

应　　该

　　1952年11月的一个寒冷夜晚，一名中年黑人门卫正在为一家白人叫出租车，他们刚从喜来登酒店的台阶上走下来。他们的6岁女儿飞奔到马路上，令所有人猝不及防。她为了追到被风刮走的帽子，径直跑进车道，一辆旅游巴士高速驶来。说时迟那时快，那名门卫以年轻人的敏捷身手冲向马路，一把抱住孩子，一起滚到路边，脱离了危险。

　　这件事的有趣之处在于，它激起的反应截然不同。门卫的妻子暴跳如雷，指责他上演的愚蠢特技简直是用自己的生命开玩笑，全然不顾还有需要他照顾的妻儿。"大错特错，你应该始终把家庭放在第一位。"他的一个兄弟也表达了不满,主要是因为获救儿童是个白人。"就算你想牺牲自己,也应该为我们的同胞牺牲。"与此截然相反的是,酒店老板赞扬他的见义勇为,称之为"无私行为",那一年还奖励了他丰厚的圣诞红利。门卫的牧师听到这个故事后,在周日的布道中称赞其英勇。"拯救孩子的人,"他说,"是在拯救世界。因为谁知道哪一个孩子长大后能成为医术高明的治疗师、运筹帷幄的领导者或圣人?"

同样一件事却激起了各种不同的反应,这是由于每个人用来过滤世界的信念系统都是独一无二的。现实并不重要,真正重要的是你用来判断行为的行为价值和准则。这就是为什么同一行为在妻子眼中是自私的,在经理眼中是无私的,在兄弟眼中是愚蠢的,而在牧师眼中是英勇的。

在若干年后回首往事时,一个人就具备了看到某个行为所产生的实际结果的能力。结果是验证评判的唯一可靠形式。事实证明牧师是对的。30年后,那个小女孩儿由于在她所从事的医疗领域贡献巨大,而受到嘉奖。

病态批评利用你信奉和崇尚的东西向你发起攻势,构成你生存法则的"应该",为批评者打击你的自尊奠定了意识形态基础。批评者不断对你的所作所为,甚至所思所想进行评价,评价的标准就是你理想中的完美状态。因为你永远都无法企及言行和感受的理想状态,批评者就有了无穷无尽的理由,指责你糟糕透顶或是一文不值。

一个年轻人的成绩报告卡上有三个 A 和一个 C+。他对于分数和成功的看法会彻头彻尾地影响他的反应。如果他对表现好设定的标准是平均成绩达到 B,那么他会为远远超出目标欣喜若狂。如果他坚信 C 是一个完全无法接受的分数,是愚蠢和懒惰的代名词,那么他的批评者会全力猛攻,对他自尊心的打击不亚于和穆罕默德·阿里大战了 15 个回合。

价值观是如何形成的

伍德罗·威尔逊为了"捍卫世界民主",将美国带入了第一次世界大战。美国士兵在战壕和散兵坑里负隅顽抗,坚信他们是在同暴政做斗争。成千上万人在阿贡森林和圣米耶勒捐躯。正是对爱国主义、美国政治体系优越性以及抽象价值观比如责任、荣誉等的信仰,造就了1917年美国人对这场正义之战的满腔热血。在他们眼中,这是一场能够永远结束战争的战争。另一方面,德国的年轻人也为了深信不疑的国家主义奔赴战场,誓死为国效忠。

回顾过往,任何一方的牺牲都不值得。年轻德国人凭什么应该为恺撒的野心牺牲?为什么要牺牲美国人的生命成全协约国使用《凡尔赛条约》惩罚和羞辱德国人,从而为第二次世界大战埋下祸根?但这并不稀奇。在人类历史的漫漫长河,无数人为自己的信仰抛头颅、洒热血,但很少能够证明某种牺牲是有价值的。

为什么信仰和价值观威力无比?能够让一个人心甘情愿放弃安逸、安全甚至生命,否则就会引责自咎的信仰的实质是什么?答案是尽管一个信条的内容富含强烈的主观色彩,而且常常破绽百出,相信它的动机却来自最深层次的人类驱动力。

大多数人生信条形成的方式相同——都是对基本需求的回应。最初的信条产生于对父母的爱和认可的需求。为了得到安全和关爱,你接受他们已有的某些信条,比如如何工作;如何应对愤怒、错误和疼痛;如何以及何时表现出性魅力;哪些该说,哪些不该说;什么样的人生目标才是正确合理;如何维系婚姻;应该如何回报父母和其他家庭成员;在什么情况下要全靠自己。你从父母那里沿袭而来的准则和信条因为一些含有价值判断意义的词汇而得到加强,比如"承诺""诚实""慷慨""尊严""智慧""力量"。这些词以及它们含有贬义色彩的反义词,常常被你的父母用做价值标准来衡量人和事。他们也会用同样的标准评价你。出于取悦父母的需要,你也许已经接受了像"自私""愚蠢""软弱"和"懒惰"这样的负面标签。

第二类信条产生于对归属感和获得同龄伙伴认可的需求。为了融入同龄人群体,你学着遵守某些领域的准则和信条,比如如何与异性交往、如何回应他人的攻击、哪些心声可以吐露、该为社会和整个世界做些什么以及什么是符合性别角色的行为。同龄人对你的认可常常取决于你接受该群组的信条的意愿。比如说,如果你的朋友反对美国干涉叙利亚,你就必须在赞同他们的观点和遭受排挤之间做出选择。

一系列研究表明信条会随着角色或地位的变化发生剧烈变化。比如,原本支持工会、为工人权利奔走呼号的员工会在晋升为管理人员后改变看法。用不了半年时间,他们就会发生180度大转变,转而信奉有利于管理层的想法和价值观。这又一次证明,对归属感和安全感的需求能够产生新的信仰模式,从而与新的参照群体打成一片。

第三个塑造你信条的主要力量是对心理和生理健康的需求。它包含对于自尊的需求;保护自己免受悲伤情绪的伤害,比如受伤和失去带来的痛楚;对喜悦、兴奋和意义的需求;以及对人身安全的需求。来看一个壮志凌云的市议员的例子。他对妻子解释说在下一年的竞选中,他可能没时间陪她和家人了。但他狡辩说这个牺牲很有必要,因为一旦选中,他会为社区做出更大的贡献。而事实是区区一个参议员能够做出的微乎其微、为数不多的改变根本不足以与陪伴孩子一年的作用相提并论。但事实的真相无关紧要,他的信念出自对意义、喜悦和兴奋的需求。

现在来看一个最近被开除的会计的事例。他对朋友说他肯定是头脑发昏才做了那份工作,"枯燥乏味、摧残人性、不讲道义"。他说:"我遇到的所有会计,无一不是十足的大傻瓜。"他发誓永远不再和数字打交道,几个月后,还因为妹妹"在市区的工厂做会计"横加指责。这些观点很明显是在将他被解雇的事实合理化,完全出于维护自尊的需要。这个人必须诋毁他的雇主,否则就得承认自己一败涂地。

一个女人的爱人告诉她,每周他需要三个晚上时间独处或是和朋友聚会。她对自己说"你不能让男人不把你当回事",于是向他提出分手。她突如其来的必须坚持自我的想法是对避免伤害和损失做出的回应。

由于糖尿病并发症,一个男人面临着失去一条腿的危险。他断言这是上帝对他长久以来婚外情的惩罚,于是萌发了与情妇了断以保住那条腿的念头。他对于身体健康和控制感的需求催生了这一想法,当他后来觉得好转的时候,认为这是"愚昧无知、莫名其妙的想法"。

最后一个例子,有一个女人要求自己全心全意地对待每一项任务,绝不能容忍一丝一毫的倦怠。无论任务多艰巨,她都不会拖延超过最后期限,因而不惜通宵达旦地加班。但是她拼命三郎式的工作准则的确能够保护她脆弱的自尊心。她看到自己精明能干、免受批评的需求是这一信条产生的能力。

"应该"的暴政

因为多数信条和规则是基于某种需要而产生的,它们与事实或现实相去甚远。它们来自父母、文化和同伴的期待,来自你对关爱、融入集体的需求,来自对安全感和悦纳自我的需求。

尽管"应该"的产生过程与事实无关,但它需要从事实的理念中汲取力量。为了动力十足地践行"应该",你必须相信它的真实性。以L太太为例,她是一个基督教团体的狂热支持者,该团体致力于婚前贞操理念的推广。L太太的三个强烈需求催生了她关于婚前性行为的信条。第一个需求是为了赢得母亲的爱和认可,她母亲对任何形式的性行为都嗤之以鼻。第二个需求是保护她的孩子远离她眼中的危险环境和社团。"良知的谴责"是确保他们安全的好方法。第三个需求是建立对孩子强烈的认同感。她知道如果他们的性行为与自己的看法大相径庭，彼此之间就会变得陌生、疏远。这三个需求创造了 L 太太的信条，而且她深信上帝绝对赞成她的看法，这为她的信条增添了力量。她能够坚持自己的价值观因为她相信它们是正确的，不仅对于孩子，而且对于每一个人而言，都是放之四海而皆准的真理。

这就是"应该"的暴政：信条的绝对性，不容置疑的是非观。如果你做不到自己的"应该"，你就会判定自己是一事无成或是一文不值的。这就是人们常常用内疚和自我折磨的原因，也是他们宁愿战死沙场的原因。这使他们不得不在铁打的准则和内心的欲望之间做出选择时进退两难。

下面列举出一些最常见的病态"应该"：

- 我应该成为慷慨无私的典范。
- 我应该成为完美的爱人、朋友、家长、老师、学生、配偶等。
- 我应该做到宠辱不惊。
- 我应该能够很快找出每个问题的解决方案。
- 我应该内心强大，永不受伤，总是开心快乐、波澜不惊。
- 我应该实力雄厚。
- 我应该知道、了解和预见一切。
- 我应该永远都不产生某种情绪，比如愤怒和嫉妒。
- 我应该平等地爱我的每一个孩子。
- 我应该从不犯错。
- 我应该有稳定的感情，一旦萌生好感，就应该永远喜爱。
- 我应该自力更生。
- 我应该永不疲惫或生病。
- 我应该无所畏惧。

- 我应该有所成就，为我赢得地位、财富和权力。
- 我应该忙忙碌碌，放松休闲是在浪费时间和生命。
- 我应该以他人为重：宁可自己忍受疼痛，也不能引起别人的不悦。
- 我应该一如既往地仁慈善良。
- 我应该永不为_____的魅力心动。
- 我应该牵挂所有牵挂我的人。
- 我应该挣到足够的钱，这样家里就可以添置_____了。
- 我应该保护我的孩子们远离所有伤痛。
- 我不应该一心只顾自己享乐。

对号入座，看看你在用哪些"应该"束缚自己。在健康价值观与病态价值观的对比部分，你可以探寻这些"应该"不合理的原因。

健康价值观对病态价值观

参照以下原则，对自己的信条、准则和"应该"是否健康做出判断。

健康的价值标准是灵活可变的。 灵活的准则允许特殊情况特殊对待，然而病态准则不折不扣、一视同仁。比如，当个人的重大利益面临受损的例外情况出现时，你能够适度调整避免给他人带来不悦的原则。但是如果该原则无法撼动，你会不惜一切代价去保护他人免受伤痛，那么你的价值准则就有问题。病态价值准则僵化死板，它们常常包含"从不""总是""所有""完全""完美"等字眼。你如果不严格执行，就会感到自己一无是处或灰心丧气。

第二种衡量准则的灵活性的方法是看你的失败配额。灵活可变的原则默认你达不到完美标准是有一定发生概率的。僵硬死板的原则没有这样的配额系统，你与中规中矩偏离一分一毫都是罪不可赦。以"我应该永不犯错"的原则为例，精益求精的确是值得称颂的高风亮节，但你需要为错误和失败设定一个健康配额，没有它，你就会如负重轭，稍有差池，自尊心就备受打击。

健康的价值准则已内化于心，而非从外界摄入。拥有一个信条或是"应该"意味着你已认真思索、真心接纳了这一生存法则，这和从外界摄入的原则截然相反，后者只是你对父辈价值标准的生搬硬套，全然不顾它们是否与你独特的环境、个性和需求相匹配。对父辈原则和价值标准的无条件接收就像是没有进行试驾就买了车。你只听取销售员的一面之词，自己却不去体验车的性能如何，车顶棚高度相对于你的身高而言，是否太低，是否动力十足，或是变速平顺。摄入价值标准是指你对父母的话照单全收，没有进行必要的检验和评估。

健康的价值准则是符合实际。这意味着它们是在对正面以及负面影响做出对比分析后得出的结论。切合实际的价值准则或原则能够促进可以产生积极结果的行为。它鼓励你为所有相关人士的长远幸福去奋斗，这才是价值标准的最终目的。你遵循它因为你从亲身经历中获悉，它能够令你对自己的生活方式心满意足。不切实际的价值标准和"应该"的条条框框与现实结果毫不相干。它们非常绝对化而且毫无变通，只对行为本身的"正确"与"美好"做出规定，并不考虑该行为是否能够产生积极的结果。不切实际的价值准则要求你"照章"办事，无论具体行为会给你和他人造成多大麻烦。

以"婚姻应该天长地久"的价值准则为例。作为一条约束你行为的准则，它与实际不相符合。因为它不以最终结果为依据，忽视了有些人死守一段貌合神离的婚姻比离婚更痛苦的事实。"婚姻应该天长地久"的准则以信奉婚姻承诺是无与伦比的高尚行为为基础，绝不能撼动。幸福与否无关紧要，你的悲痛无关紧要，唯一重要的是做"正确"的事情。

现在看看"我应该对配偶诚实"的准则。这一价值标准既可以是切合实际的也可以是不切实际的，这取决于你对它的界定。如果你认为它能够促进夫妻关系，有助于在事态失控前解决问题，鼓励你说出你的需求，那么它就是切合实际的。

换言之，因为你知道从长远来看，婚姻诚实的价值标准对你大有裨益，所以能够乐于坚守。但是如果你的诚实准则以现实结果为基础，你不一定总会选择以诚相待。有时，坦率真诚反而会招致伤害或争吵，负面影响远远超出对于亲密关系的憧憬，鉴于此，你可能会隐藏自己的真实情感。相反，如果你的诚实婚姻价值观完全以原则为基础，无视结果或后果，那么它就有不切实际之嫌。你得强迫自己遵守原则，因为它是正确的，任何类型的不诚实都是错误的。

在伦理学当中，这一方法称为效果论。效果论的魅力在于基于绝对原则的伦理系统不可避免地会遇到一种两难的情况，此时某些原则之间会相互抵触。这一问题可以通过一个浅显易懂的例子说明。当一个孩子必须在告诉父母真相和替兄弟保守秘密之间做出选择时，就会因哪种行为更加高尚而进行激烈的心理斗争。无论选择对父母撒谎还是背叛手足都会违反他的某条原则。逃离道德困境的唯一可行方法是综合考虑所有相关群体，权衡每一种选择的利弊。

健康的价值标准会提高生活质量而非束缚手脚。这意味你遵守的准则必须考虑到你作为一个人的基本需求。健康的价值标准会给你追寻情感、性、智力和消遣需求的灵活性。你的准则不应该让你畏首畏尾，不应该让你不断做出自我牺牲直至筋疲力尽。提高生活质量的价值标准鼓励你去做能够丰富和改善生活的事，长远结果对你或他人不利的特殊情况除外。以"你永远应该以孩子为重"的准则为例，这绝不是能够提高生活质量的价值准则。在很多情况下，你的个人需求会和孩子们的需求发生冲突。维持健康和平衡要求你有时也该照顾自己的情绪，即使孩子们可能会有一点失望。坚信自己应当无所畏惧的人无法摆脱限制性价值准则的枷锁，这一信条否定了人会在很多情况下感到恐慌的事实，承认和接受这一感受是人的权利。当你为自己制定任何时候都要光鲜亮丽、喜笑颜开的准则时，也会遇到同样的难题。这一标准并不能提高你的生活质量，因为它剥夺了你拥有多种感受的权利，包括伤心、沮丧或愤怒的情绪。

练习

在这项练习当中,你会读到一些真实生活场景的片段,以及人们用来指导行为的规范。在每个案例中,故事的主人公都为自己制定了一个不符合一条或多条健康价值原则标准的规范,看看你能否找出哪些标准被违反了。以下这张表格能帮你回忆健康对病态价值观的判断准则。

健康价值标准	病态价值标准
1. 灵活机动(允许例外和失败概率)	死板教条(千篇一律,不容例外或配额)
2. 内化(经过检查和验证)	外界摄入(照单全收)
3. 切合实际(以事实结果为基础)	不切实际(只看对错)
4. 提高生活质量(承认你的需求和感受)	限制生活(忽视个人需求和感受)

· 场景1 ·

艾伦是一个30多岁的手艺人。她喜欢手工制作,专注于制作个性化灯罩。去年开了一家小店,对自己的创业历程津津乐道。艾伦的父亲是一名全职教师,总是对女儿学习不够刻苦、学习兴趣不够浓厚大失所望。尽管她能够从自己的手工艺品中获得成就感,可还是被挫败感萦绕。她觉得自己应该教英语,这是她曾经的梦想,也是父亲的期许。她为自己"不用脑"感到羞愧。她已经做了三次重返大学校园的尝试,可每次都以辍学告终。她向朋友吐苦水,说从某种意义上来讲,自己的生活"已经废了"。

艾伦的价值标准有哪些问题?与以下哪些对应?

    死板教条   外界摄入   不切实际   限制生活

艾伦的问题是她摄入了父亲的价值体系,没有检查这与她的个人需求和能力是否匹配。多年以来,艾伦饱受着从未亲自严格检查过的价值准则的困扰。如果她能形成自己切合实际的价值标准，就会认识到从事手工制作的积极意义。她有一份自己喜欢并擅长的工作，不用应对学术生涯中的清规戒律。

·场景 2·

阿瑟是一位从业 8 年的保险公司经纪人。一直以来他的业绩不俗，但从未接过"大单"。阿瑟的最大问题是每失去一个账户，他就会有深深的挫败感。尽管账户流失不可避免，每一个经纪人也都为老账户的损耗率做了心理准备，阿瑟却认为一个优秀的经纪人应该博取每一位客户的欢心。每当客户撤销账户时，阿瑟就认为是自己"搞砸了"，没有给予足够的关注。

阿瑟的价值标准有哪些问题？与以下哪些对应？

死板教条　　外界摄入　　不切实际　　限制生活

阿瑟的准则过于死板教条。他追求完美，当他无法百分百地留住客户，就给自己贴上失败的标签。灵活机动的价值准则允许一定的失败配额。你预计自己会犯错误，所以会在期望值中加入切合实际的失败率。如果阿瑟的价值准则灵活机动，他会发现其他经纪人也有客户更新，然后在为自己的工作表现制定标准时加上允许账户流失率。

·场景 3·

每年辛西娅都要去安娜堡探望母亲，并在母亲家住一周，但总是在批评和斥责声中度过。前 24 小时两人尚能和平相处，之后母女关系迅速恶化，一天能发生好几次口角。如果辛西娅不反驳，母亲就指责她把自己的话当耳旁风。如果辛西娅尝试为自己辩护，母亲就转移话题，提出辛西娅的其他"缺点"。今年辛西娅在探望母亲时决定另辟蹊径。尽管母亲再三挽留她住家里,她还是婉言拒绝,住在了一家汽车旅馆。她有了更多时间去探望朋友,不用时时刻刻对着母亲。她也没去探望她的阿姨,因为阿姨总会和母亲合伙攻击她。尽管减少了很多纷争,临走时大家愉快告别,辛西娅也因为少挨了几顿骂而心情舒畅,可她还是为自己的决定而感到深深的内疚。"我怎么能够这样做呢。那可是我亲妈,无论怎样,我都应该爱她、容忍她。"

辛西娅的价值标准有哪些问题?与以下哪些对应?

死板教条　　外界摄入　　不切实际　　限制生活

辛西娅的价值标准脱离了实际,只从对与错的角度去评判,忽视了对实际结果的分析。如果辛西娅注重实际结果,就能认识到新策略能够消除她的恐慌,令她更开心。她还会深刻体会到自己和母亲之间也没有那么剑拔弩张,分别时也破天荒地有了依依不舍之情。

· 场景 4 ·

威尔白天卖家具,晚上送货,周末当保安。他觉得自己必须忙忙碌碌,不能有一分钟闲时间,才能"有所成就"。威尔不愿"浪费时间"因为"如果我赚不到钱,无法赢得别人的尊重,就会觉得自己一无是处"。威尔不喜欢自己的女朋友,可也没有时间再找一个。他"省吃俭用",住在"Roach 黑文旅馆"。

威尔的价值标准有哪些问题?与以下哪些对应?

死板教条　　外界摄入　　不切实际　　限制生活

威尔的价值标准是在限制生活,他只是一门心思地在追逐名利的道路上疲于奔命、无法停歇,全然不顾自己对休闲、性行为或是交友的基本需求。

· 场景 5 ·

60岁的索尼娅有很多丧偶的朋友。一位刚刚失去伴侣的朋友常常打电话给她，一聊就是好几个小时。索尼娅的丈夫对此已是牢骚满腹。最近，索尼娅对这位朋友说她想每周只通一次电话。但又受到自责和愧疚的困扰，因为一直以来，她都坚信人首先要有一颗善心。为了不受良心的谴责，她开始几乎天天给朋友打电话"问候她"。

索尼娅的价值标准有哪些问题？与以下哪些对应？

死板教条　　外界摄入　　不切实际　　限制生活

索尼娅的价值标准过于死板教条，不允许特殊情况特殊对待。很明显，索尼娅需要对向她求助的朋友设置底线，但是善良的准则不允许她这么做。她需要审时度势，考虑到这种情况的特殊性，因为它已经产生了消极的后果。

· 场景 6 ·

阿琳的住地贫穷落后，该区域学校的孩子们的阅读和数学成绩长期低于国家标准。于是她产生了把孩子送去私立学校的念头，但她必须依靠母亲的帮助才能解决学费问题。阿琳被截然相反的价值标准折磨得痛不欲生。她的第一原则是"给孩子最好的"，但第二原则是"你应该自食其力"。她决定要让孩子受到良好教育，但又因为自己身为人母，却支付不起学费而自惭形秽。同时她还因为"利用"自己的母亲、无法自立而心生愧疚。

阿琳的价值标准有哪些问题？与以下哪些对应？

死板教条　　外界摄入　　不切实际　　限制生活

阿琳的价值标准既死板教条又脱离实际。独立自主的确是合情合理的生活准则，但有时考虑到后果的严重性，也是可以有一些变通的。为孩子争取良好教育的结果远比坚持独立自主的原则重要。

·场景 7·

贾勒特在过去 6 年的婚姻生活中一直闷闷不乐。他的母亲曾经为家庭做出了很多牺牲，常常说"宁可伤害自己，也不能伤害你爱的人"。贾勒特一想到给妻子造成伤害，就无地自容。他想象她离婚后会形单影只、心如刀割。但与此同时，他又在躲避回家，经常加班到很晚，一到家就心烦意乱。他觉得自己已陷入进退两难的境地。即使他已经尝试去"做正确的事情"保护妻子，但也觉得不回家、爱发火同样是对妻子的摧残。贾勒特说："我心烦，所以总待在外面。但在不回家的时候，又会不停自责。"

贾勒特的价值标准有哪些问题？与以下哪些对应？

  死板教条 外界摄入 不切实际 限制生活

贾勒特的价值标准是从外界摄入的，而非自生的。他从没有考量过母亲自我牺牲的价值观是否与他的个体情况和需求相匹配。如果他能够批判性地看待这个价值准则，也许会发现这对他并不适用，因为他总是无法遏制逃离情感伤痛的冲动。与其想方设法逃避，不如尽快结束这段婚姻。

·场景 8·

吉姆开始了一段新的恋情。最近，女友向他透露说做爱时从没达到过高潮。受到强烈使命感的驱使，吉姆认为自己应该成为一个十全十美的性伴侣，每次都能让爱人达到高潮。但女友不留情面的坦白让他顿感五雷轰顶、无地自容。事实上，深深的挫败感令他性欲大减，他对女友说他需要"一些独处的空间"，一周之内不要见面。

吉姆的价值标准有哪些问题？与以下哪些对应？

死板教条　　外界摄入　　不切实际　　限制生活

吉姆对于性能力的价值准则过于死板教条，决不允许自己表现欠佳。他觉得自己应该立刻察觉并且满足爱人的性需求。更为健康的价值准则是他应该逐渐了解伴侣独特的性需求，明白这是一个循序渐进的过程，而且不可能每次都达到最佳状态。

·场景9·

朱莉最近搬到另一个城市居住。孩子在新学校遇到的问题越来越让她焦躁不安。他在校园里被人推搡，受人打骂，有时在回家的路上也被欺负他的人追击。朱莉长期以来都认为好的家长应该保护孩子不受任何伤害，于是不停自责，并且觉得自己应该采取措施制止这种骚扰行为。她去向校长投诉，从学校直接接儿子回家，并找对方的家长谈话。但问题依然存在。每当看到孩子垂头丧气地回家，朱莉就会痛恨自己失职。

朱莉的价值标准有哪些问题？与以下哪些对应？

死板教条　　外界摄入　　不切实际　　限制生活

这又是一条过于死板教条的生活原则，几乎无法实施。保护孩子在成长过程中免受任何烦扰几乎不可能实现。家长应该保护孩子的原则毋庸置疑，但意外也会频频发生。来自同伴的伤害猝不及防，朱莉让孩子远离每一个坏孩子的努力既不现实也不恰当。

·场景10·

乔治有一家制作圣诞节装饰品的小工厂，这是由他父亲一手创立的。他父亲总是精力旺盛、活力充沛,过去每天工作14小时,还对乔治说厂长应该做出表率,"付出比别人更多的努力"。于是他以父亲为榜样,几乎每天废寝忘食地工作12～14小时。到38岁时,他患上了溃疡。婚姻也出现危机,因为老婆从来见不到他。他想念孩子,越来越感到空虚。

乔治的价值标准有哪些问题?与以下哪些对应?

死板教条　　外界摄入　　不切实际　　限制生活

乔治全盘摄入了父亲的准则,没有考虑是否适合自己。他的"埋头苦干"准则既脱离实际(因为弊大于利)也妨碍生活(因为它掩盖了共享家庭欢乐时光的需求)。乔治出现了压力过大、心情抑郁、婚姻破裂的症状。他为了信守父亲艰苦创业的理念,付出了无法承受的代价。

"应该"如何影响你的自尊

"应该"攻击自尊的方式有两种。第一种方式是你的"应该"和价值准则可能并不适合你。比如,艾奥瓦州锡达福尔斯市的社会规范也许在该地区能正常运作,但如果你搬去曼哈顿,这些规范可能就会格格不入。你父亲关于勤劳奋进的准则也许能让他白手起家,但却害你患上高血压,性命危在旦夕。遏制愤怒适用于你和颜悦色的家人,却会降低你作为一个领班的威严。如果你的身材不好,追求纤细优雅的腰身将带来毁灭性的后果。

你从小到大所遇到的很多"应该"事实上都不适合你。它们不适合是因为你生活在不同的时空中,有不同的期许,受到过不同的伤害,对父母的需求也不尽相同。你所沿袭的价值标准是由他人创造的,用来满足他们在特殊情况下的特殊要求,而非你的需求。当你的"应该"不适合你,并且开始和你的基本需求相抵触时，你就陷入了难以挣脱的僵局。要么自认倒霉，放弃需求；要么选择背叛你的价值准则，忍痛割爱或是负罪自责。如果你以长期信守的价值准则为代价，选择满足自己的需求，就会给自己贴上懦夫、废物或是弱者的标签。

"应该"要求的行为对于某个特定的人来说是无法实现或者有损健康的。阿尔的例子可以说明价值准则在何种情况下是无法企及的理想。阿尔原是一名飞机机械工，在过去的30年里一直酗酒成性。他已失业8年，一直靠社保对残障人士的救济金过活，在市区的一家旅馆落脚。他整天坐在大厅的一把塑料椅上追悔过往。他痛恨自己嗜酒如命、没有工作，没能供女儿完成大学学业。但事实是他无酒不欢。神经系统疾病摧毁了他的精细运动协调能力，他永远也不能干回老本行了。阿尔的"应该"向他提出了无法满足的要求，只能日复一日地折磨他。如果阿尔能够根据自己的实际情况制定准则，也许能够对自己提出可行的要求：当他衣冠整洁、头脑清醒的时候去探望女儿，常常给女儿打电话鼓励、支持她。这都是阿尔力所能及的事情，但因为他的"应该"要求他完全脱胎换骨，反而令他无所适从，不知能为女儿做点什么。

丽塔的一系列"应该"影响了她的健康。丽塔认为自己在工作时应该是一台永动机。除了照顾三个孩子、生病的公公、料理家务之外，她负责丈夫大型建筑公司的所有账簿工作。她感到筋疲力尽、情绪低落，感到自己越来越体力不支了。"但我不去帮忙太不仗义。我反复问自己究竟出了什么问题，为什么丧失了斗志，感到力不从心。我只是犯懒病、闹情绪或是其他什么。想想在田地里挥汗如雨的女人们。全世界的女人都在忙忙碌碌，我却连他的账簿都做不了。"

几年前，一篇刊登在《国家探秘者》(*National Enquirer*) 期刊上的文章阐明了这种有损健康的"应该"的危害。一位从零做起的男士终于完成了自己的房车。它有两层，和灰狗巴士大小相当，能够牵引一个"三车位车库"。他为此项浩大的工程耗费了整整10年，每周投入30~40小时，他为自己能够建造和拥有"无人能完成的杰作"而倍感自豪。但是他的代价也相当惨重。他得了心脏病，和妻子、家人的关系闹得很僵，10年里也没有出门旅行过一次。他的目标成为一种拖累，让他欲罢不能。他的"应该善始善终"的准则驱使他付出了承受巨大压力、失去家庭幸福和享乐时间的昂贵代价，实属得不偿失。

"应该"攻击你的第二种方式是对另类的情形、行为和品位进行道德层面的正误判断，同时进行道义指责。这一过程从童年就开始了。家长说你听话的时候就是好孩子，不听话的时候就是坏孩子。他们告诉你哪些行为深受欢迎，哪些行为有伤大雅。对与错以及好与坏的二元对立从那时开始，就通过语言植入你的价值准则和个人准则系统。作为孩子，你是否叠被子的决定被提升至道德高度，因为父母给你的疏忽贴上了道德不良的标签。为了安全、方便或高效而制定的家规常常被误解为道德责任。比如，一个孩子弄脏衣服并不属于道德败坏，只是给父母造成不便，带来麻烦而已。但是一条沾满泥巴的裤子可能会招致道义指责："你怎么搞的？看看你的衣服！坏孩子今晚不许看电视。"

更糟糕的是，很多父母往往会把品位、喜好问题与道德这种意识形态挂钩。他们对孩子的发型、音乐以及对于朋友和休闲方式的选择常常进行道德层面的评判，并不把它们看作是不同年龄段的品位差异。

很多父母将判断能力低归于道德错误。比如，一个把学校作业拖到最后一刻的孩子，因为时间不够而开夜车草草了事。他的错误原本是判断失误或是自控能力欠佳（或者两者兼有），但将之定义为懒惰，或愚蠢，或"糟糕透顶"的家长却是在向孩子传达他道德败坏的信息。当你抓到9岁的孩子在车库吸烟或玩火柴，这属于危害健康和安全的错误判断，和道德无关，并不能说明孩子品行不端。

父母越是将品位、喜好、判断和方便与道德挂钩，你的自尊心就越可能变得不堪一击。你一遍又一遍地收到父母指责你的品位、决定或一时之念很差的信息。父母强加的"应该"令你无所适从、失去自由："要么遵循我们制定的形象和行为规范，要么选择当个一无是处的坏孩子。"

发现你的"应该"

这部分有张详细列表,有助于你找出自己的"应该"和个人准则。列表中的每一项都代表你生活中的某个方面。针对每一方面,对自己提出以下四个问题:

1. 我在这方面是否有负罪感或是常常自责——无论是过去还是现在?
2. 我在这方面是否常常举棋不定?比如,我是否在应该做的和自己想做的事情之间举棋不定、备受煎熬?
3. 我是否总感到要在这方面尽义务或是偿还什么?
4. 我在这方面是否总在逃避自认为应尽的职责?

当你发现在生活的某一方面存在愧疚、犹豫、亏欠或是逃避的想法时,你很容易就可以找出其背后束缚你的"应该"。比如,在"家庭活动"一栏中,你可能会因自己没有帮助妻子洗碗、洗衣服而内疚不已。你也许还注意到自己为照顾孩子而内心充满挣扎:一方面,你觉得自己应该在晚上多陪陪孩子;另一方面,你又想喝点啤酒、看看新闻。你发现自己的"应该"与绝对平分陪伴孩子和消遣娱乐的时间这一信条有关。以"朋友"这一项为例。你可能注意到自己有强烈的责任感,必须去探望一个最近刚离婚的朋友,而且知道这种使命感来源于"你应该关心任何一个遭遇不幸的人"的信条。

有时,尽管负罪或矛盾感很明显,但幕后的"应该"却不易察觉。这时你可以使用一个称为"梯次追问"的方式,找出最基本的价值准则和规则。一个"内在体验"的例子能够揭示出它的运作原理。一位完成列表的女士注意到自己因为对孩子感到愤怒而深感愧疚。她因为孩子疏远她、没有情感互动而恼火,但却找不到背后的"应该"。她利用梯次追问原则,步步深入,找出了她的基本原则。她问自己:"如果我生儿子的气,对我意味着什么?"她的答案是这意味着她正在有意回避,对他有点放纵。她继续向下问:"如果我回避,又意味着什么?"她生怕这表示她对孩子的关爱不够。这时她接触到了背后的"应该":她应该时时刻刻对孩子充满爱。因为愤怒和回避似乎是在阻碍她对孩子的爱,所以肯定是错的。

一个年轻人对"教堂活动"一栏的反馈是梯次追问的另一个例子。他为是否接受成为兼职神职人员的邀请迟疑不决,并为此深感内疚。他自问:"如果我不加入,那意味着什么?"那意味着他吝惜自己的时间和精力。他继续问:"如果我不奉献自己的时间和精力,又意味着什么?"那意味着他会令喜欢和欣赏他的人失望。这时,他顿悟出自己的原则:不能让任何喜欢自己的人失望。

由此可见,梯次追问很简单。无论何时一旦你发现自己在某一方面出现愧疚、矛盾、亏欠或是逃避情绪,但又找不出引起它们的"应该",就问自己:"如果我＿＿＿,它于我而言意味着什么?"然后坦然承认你的行为暗含着什么,它能说明你的哪些方面。不停地问这个问题,直至你得到价值准则或者个人原则可以一目了然的核心回答。

避免进入以下两个死胡同:首先,不要用简单的判断式语句作答,比如"我不好"或是"我把事情搞砸了"。尝试描述判断的依据,也就产生判断的价值准则。比如,用更为具体的答案"它意味着我没有保护遭遇不幸的人"取代"它意味着我是混蛋"。其次,不要用某种感受作答。比如,"它意味着我会害怕"的回答对你解决问题没有任何意义,目标应该针对你的信条,而不是感受。

现在,拿出一张纸,根据列表中每一项写下与之对应的"应该"。当然,一些栏目可能"颗粒无收",因为没有哪些方面能让你觉得罪恶、矛盾、亏欠或是逃避。其他项目可能会"硕果累累",写下你能想到的"应该",越多越好。

"应该"列表

1. 人际关系

- 配偶或情人
- 孩子
- 父母
- 兄弟姐妹

- 朋友
- 需要帮助的人
- 老师、学生或客户

2. 家庭活动
- 维修
- 清扫
- 装饰
- 整理
- 做饭

3. 休闲和社交活动

4. 工作活动
- 效率
- 同事关系
- 主动性
- 可靠性
- 成就和目标

5. 创造性活动

6. 自我提升活动
- 教育
- 成长经历
- 自助项目

7. 性活动

8. 政治和社区活动

9. 宗教和教堂活动

10. 经济活动
- 消费习惯
- 储蓄
- 为经济目标的奋斗
- 赚钱能力

11. 自我保养
- 外表
- 着装
- 锻炼
- 吸烟

- 饮酒
- 嗑药
- 预防

12. 食物和饮食

13. 表达和处理情绪的方式
- 愤怒
- 恐惧
- 悲伤
- 身体伤痛
- 乐趣
- 性吸引力
- 爱

14. 内心体验
- 未表达的感觉
- 未表达的想法
- 未表达的期许或愿望

挑战和调整"应该"

现在你已经找出了规定行为的"应该"。有一些能够给你提供有益指引，有一些却是批评者用来摧毁你自尊的心理棍棒。

现在，回顾你的准则列表，标出批评者用来攻击你的理由。审视这些准则，判断它们是否健康和有用。针对每一个被你的批评者利用的准则，做以下三件事。

1. 检查你的语言。是否某个准则使用了绝对化或是过度总结的语言，比如"所有的""总是""从不""完全""完美"等。使用"我更喜欢""我宁愿"或是"我想"，而不要用"我应该"。你运用"应该"的具体情况也许是特例，使用灵活机动的语言是承认例外发生的可能性。

2. 忘记道德层面的是非对错的观念。注意某一原则运用于具体情况后产生的结果。它对你和相关人士造成了哪些短期和长期影响？根据受到伤害和获得帮助的人,判断某一准则是否合理。

3. 问自己该准则是否真的适合你。它是否考虑了你的性格、不足、长期特性、自我保护方式、恐惧、问题,以及你难以改变的一些方面?它是否与支撑你的重要需求、梦想和乐趣并行不悖?根据你目前和将来可能维持的状况来看,它是否合理?

丽贝卡的情况能够很好地说明这些步骤对处理"应该"的帮助。她的列表中有一条病态批评几乎每天都会使用的准则。批评者说她的体重不应该超过120磅(约54千克),然而实际情况是,丽贝卡体重为135～140磅(61～64千克)。

丽贝卡从检查自己的语言开始。"不超过120磅"显示出这一准则的绝对化特征。丽贝卡对这条准则进行了改动,使其更加灵活——"我更喜欢自己的体重在120磅左右"。然后,她考量了使用这一准则可能产生的结果,并将积极和消极结果进行了汇总。

积极的	消极的
1. 变得更苗条 2. 穿上自己小一号的衣服 3. 感到更有魅力 4. 对自己的身材更满意	1. 不得不注意饮食 2. 常常纠结自己吃的东西 3. 常常担心自己长胖 4. 不得不回到减肥机构 5. 切实减少在外吃饭的次数 6. 大多数衣服都不再合身

对自己的身材更满意,以及觉得自己更有魅力对于丽贝卡而言极具诱惑力,但是负面后果比她认识到的更为严重。

在节食带来的所有问题出现之前,她从未把优劣势写在纸上进行对比。

最后,丽贝卡问自己"120磅原则"是否适合自己。她不得不承认自己的正常体重似乎总在135～140磅之间浮动,费力节食之后才能勉强降到125磅左右。但很快体重又会反弹,令她产生挫败感,自尊也备受打击。而且,她的大部分社交生活都是在餐厅一起吃饭时进行的,节食就意味着限制她交友的主要方式。丽贝卡的爱人对她目前的体型十分满意,所以减肥对于增进感情、拉近距离起不到什么作用。

尽管极不情愿，丽贝卡还是开始接受"120磅原则"不适合自己，会令她得不偿失的事实。

阿瑟是一名高中写作老师，常常因为无法"真正教授写作"而负罪感强烈。他的批评者发起攻击依赖的准则是他从一名深受爱戴的教授那里学到的：想要写出好文章，学生必须每天都写。阿瑟认为他们一周至少应该写出几篇文章。但是，阿瑟班上的学生数目庞大，实际上他每个月布置的作文数量几乎不超过两篇。以下是他处理自己的准则的方式。

首先，阿瑟采用更加灵活的语言改写了规则："我希望我的学生，如果有可能，每周写两篇作文。"然后他分析结果。

积极的	消极的
1. 学生能获得很多反馈 2. 学习进度会更快 3. 我会更有成就感，因为我看到更多进步 4. 我的学生在全州考试中会取得更好的成绩	1. 我总共带了5个班，平均每班30名学生，那么每周我得批阅300篇作文 2. 改作文会占据我的大部分周末时光 3. 它会极大地缩短我与家人在一起的时间 4. 我不可能再有时间去攀岩 5. 它会耗费我的很多精力

结果显示弊大于利，阿瑟仅布置两篇作文的原因浮出水面。

最后，阿瑟对这一原则是否适合自己做出判断。他还是给出了当之无愧的肯定答案，因为他仍然坚信多写多练的好处，但现在他知道了该如何应对批评者。由于他的学校学生很多，使用这一原则会令他心力交瘁。

杰米的批评者很狡猾，同时使用两种彼此排斥的准则，总是令她理屈词穷、无法辩驳。杰米是一位在当地小有名气的画家，也是一位10个月大男孩的母亲。一方面，批评者告诉她应该一有时间就陪儿子；另一方面，批评者要求她继续创作，进度应该和生孩子前不相上下。

杰米的"应该"摧毁她的方式有两种。"把一切奉献给儿子"的原则令她不愿找人帮忙照顾孩子。因此，她白天身心疲惫、无精打采，根本没有时间画画或消遣，由此觉得自己是一个懒惰、不称职的妈妈。杰米的自尊还因为"继续画画"的原则而备受打击。晚上，她筋疲力尽，连坐在画布前的力气都没有，于是，她又开始责怪自己浪费才华，对艺术"不忠"。

以下是杰米应对"应该"的方式。首先，她用宽容的语言改写了它们："我想把大部分时间都奉献给儿子，但我还想尽可能多地进行创作。"然后她仔细对比了每个"应该"的结果。

A. 把大部分时间都奉献给儿子	
积极的	消极的
1. 不用因为把他交给外人看管而焦虑不安或是心生愧疚 2. 他和我在一起最安全 3. 谁都不可能给他比我更多的关注和关爱 4. 我一离开，他就哭 5. 我担心他有分离焦虑	1. 没精力画画 2. 白天身心疲惫 3. 怀念在画布前作画时的感受 4. 感觉出不了家门 5. 怀念艺术圈的活动
B. 尽可能多地进行创作	
1. 绘画带来的乐趣 2. 存在感 3. 不用时时刻刻腻在孩子身旁 4. 保持和艺术界的联系 5. 我觉得当我离开时，孩子的安全感会减少	1. 在没人帮我照顾孩子的情况下，兼顾画画让我心力交瘁 2. 如果找到可靠的保姆，我每周要支付150美元 3. 我需要消除因为离开孩子而产生的焦虑和负罪感 4. 当我不在时，孩子得到的关注和关爱会减少

杰米问自己，她的准则是否合理。很明显，她对艺术表达、有意义的活动和离开孩子喘口气的诉求遭到了"把一切奉献给儿子"的原则的拒绝。她失去了为生命赋予意义的乐趣，因而觉得自信不足、无精打采并且情绪低落。经过几周的矛盾挣扎，杰米最终决定找保姆，先从每天两个时段，每次5小时开始，如果能够接受，她再逐渐把保姆时间延长至15小时。

摆脱"应该"的束缚

当你确定某个"应该"正在损耗你的自尊，无论是总纲领还是特定环境下的准则，都应当把它剔除出你的内心独白。这意味着批评者用你的"应该"发起攻击时，你要进行猛烈的回击。回击的最佳方式是准备一到两个能够烂熟于心的句子，可以称它们为"口头禅"。无论何时，只要你因为无法达到标准而自怨自艾时，就能脱口而出。你可以反反复复使用口头禅，只要有必要，重复多少次都不为过，直到批评者无言以对、默默离开。一个理想的用来反抗"应该"的口头禅包含以下要素。

1. 能够提醒自己意识到制定这条准则的原始需求是什么。就这一点而言，你首先应该查明使用这条准则的原因。是为了让爸爸更爱你？获得某个朋友的认可？和爱人更亲近？对自己更满意？缓解焦虑？更有安全感？
2. 你的"应该"不适合你或是某个具体情形的原因。例如，你可以提醒自己，你的准则如何要求你成为某种人，去做某种事，具有某种感觉，从而令你失去自我。你也可以提醒自己，遵循准则令你得不偿失。

以下是浓缩为几个简单句子的口头禅实例。

应　该：你应该继续读书，今后才能有出息。
口头禅：上学是我父亲的想法，我只是想取悦他，但是那种生活不适合我。我肯定还会因为无聊和压力再次辍学。

应　该：你不应该犯错。
口头禅：我的父亲对犯错很头疼。但我才刚开始学，屡试屡败不可避免。如果我害怕犯错，只会裹足不前、中断学习。

应　该：你在谈话时应该察言观色、取悦对方。
口头禅：我知道绝口不提别人不喜欢的话题能让我在学校里很受欢迎。但我很难做到，这不是我的风格。

应　　该：你应该时刻注重自己的外表。
口头禅：我知道我应该注重穿着，在妻子面前显得很有派头。但我更喜欢牛仔和 T 恤，那才是我的风格。

应　　该：你应该节食减肥。
口头禅：妈妈总是说希望我瘦下来。但我宁愿现在这样，也不想忍受节食的痛苦，整天纠结于自己的体重。

应　　该：你应该找一份更好的工作。
口头禅：做社会地位高的工作是我父亲的准则。但这份工作既稳定，压力又小。如果我喜欢压力和挑战，也不会待在这儿了。

现在你该着手创作自己的口头禅了，先从杀伤力最强的"应该"开始。然后，当它们丧失威力，不再让你产生负罪感时，就可以着手为其他"应该"写口头禅了。只有口头禅在手还不够，你必须保证每次批评者用病态准则发起攻击时，都能自如地运用它们。只有你坚持不懈地给予回击，批评者才会知难而退。记得缄口不言就是默许。如果你对批评者的攻击不予回应，沉默就意味着你相信并且接受他所说的一切。

赎罪，当"应该"合情合理时

你会察觉到自己的一些"应该"是合理的价值准则，遵循它们有利于你最大限度地发挥潜力，我们将在下一章中深入讨论。当"应该"合理时，它们不会时常给你的自尊带来困扰。

合理的准则只有在你违反它们时，才会与自尊相抵触。然后批评者会因为你的错误向你发起全面火攻。如果在经过仔细审查后，你违反的原则的确对你有益，那么中止批评的唯一方法就是开启赎罪模式。很简单，你要为自己的罪过做出补救。如果不赎罪，你即将无法摆脱批评者，他会无休止地折磨你，让你为此不停地付出代价。

以下有四种方法供你参考，指引你选择恰当的赎罪方式。

1. 向被你伤害的人承认错误很重要，这说明你愿意为自己的行为承担责任。
2. 直接补偿你错怪的人。给慈善机构捐钱、成为老大哥，或是加入和平队都不如直接帮助被你伤害的人有效。
3. 赎罪必须落到实处，而不能只是象征性的。点蜡烛或写首诗并不能远离自我批评。赎罪行为必须让你在时间、金钱、努力或焦虑方面付出代价。它必须切实可行，能够对你和被害人之间的关系产生积极影响。
4. 你的补偿必须与错误程度相符。如果你的过错只是一时情绪失控，那么说句道歉的话就能摆平。但如果你在过去的 6 个月里一直冷漠、疏远，那么一句"对不起"明显不足以弥补你所造成的伤害。

第 9 章

身体力行你的价值观

上一章对价值准则和"应该"进行了明确区分,阐释了"应该"是人云亦云、脱离实际的信条,当你被它们牵着鼻子走时,自尊心就会受到打击。本章的重点是信条的积极意义:挖掘、澄清并且实践你的真正价值观,提升自我价值感。

健康的价值准则与"应该"泾渭分明。"应该"是无法变通的原则,价值准则是灵活机动的行动指南。"应该"来自于你的父母、同伴,价值准则经过你的全面考察之后,已内化于心。"应该"是脱离实际的清规戒律,不停指责你,令你无地自容、质疑自己,价值准则是能够赋予你生命意义的符合实际的标准。价值准则是你自己选择的生活方向，是你所希冀的生活形态。

在阅读本章的过程中，你会审视所有影响你自尊的重要生活层面，找出你在每一方面遇到的障碍，定义你的核心价值观，并对如何履行这些价值观做出计划。这种以价值观为基础的践行由海斯、斯卓萨霍尔、威尔逊首次在他们的合著《承诺与接受疗法》(*Acceptance and Commitment Therapy*) 中提到，该书出版于1999年。

生活领域

身体力行你价值观的第一步是审查影响你自尊的不同生活领域，它是指大多数人重视的生活层面。一些领域对你很重要，另一些对你却无足轻重，你也可以增加一两个与众不同的关注领域。以下是对10个领域的简短描述，它们改编自麦凯、范宁和苏里塔·昂纳的合著《思想与情感》(*Mind and Emotions*, 2011)，在接下来的练习当中会用到。

1. **亲密的关系**。这包含你与配偶、伴侣、情人、男友或女友之间的关系。如果你现在仍是单身，也可以在这个领域发挥充分想象：想象今后和某个人的理想关系。与亲密关系相关的典型词语包括"真心相爱""心胸宽阔"和"忠贞不渝"。

2. **育儿**。为人父母对你而言意味着什么？即使你没有孩子，也可以回答这个问题。在育儿领域，人们的常用词包括"保护""教导"和"关爱"。

3. **教育和学习**。无论是否还在学校念书，你都有很多学习新东西的机会，比如说读这本书。学习领域涉及价值的词汇包括"真相""智慧"和"自我提升"。

4. **朋友和社交**。谁是你最好的朋友？你有几个好朋友？你喜欢和朋友一起做什么，或者如果不是自卑心理作祟，你会交多少新朋友？和友谊相关的价值表达方式包括"忠诚""信任"和"关爱"。

5. **自我保健和健康状况**。你希望自己的饮食和健身类型有哪些？你会采取哪些预防措施？在保健领域，价值会用"精力""活力"和"健康"等词语来表述。

6. **原生家庭**。你的父亲、母亲和兄弟姐妹对你有多么重要？大多人提及原生家庭价值时，会用"关爱""尊敬"和"接受"这样的词。

7. **精神世界**。你是否了解超出自身以外的东西，它超越了你的可见、可闻、可触范围，并与之有联系？精神世界博大而宽广，它的表现形式为进行冥想、林中漫步等。在这一领域，人们常用的价值词语都与"自然"或是"至高无上的权力"有关。

8. **社区生活和公民责任**。你的自我形象是否阻止你服务社会，做慈善或是进行任何形式的政治活动？公共领域的价值词汇有"公正""责任"和"慈善"。

9. **消遣和休闲**。没有负面情绪的困扰，你会如何安排休闲时间？如何在吃喝玩乐时给自己充电、重系与家庭和朋友之间的纽带？娱乐价值遵循"乐趣""创造力"和"激情"一类的原则。

10. **工作和职业**。很多人把大部分生命投入工作。你想拥有什么样的工作成就？你能做出怎样的贡献？你想拥有什么工作头衔？你刚工作时有哪些理想还没实施？工作和职业领域的典型价值词有"正确的谋生之道""优秀"和"管理层"。

练习

1. 以上10个领域都被列入以下图标，依据每个领域对你的重要程度，在中间三栏中任选其一，标注×号。你也可以在下方追加自己的其他领域。

2. 针对你标注了"有点重要"或"非常重要"的项目，在最右边的"价值"一栏写一两个能够概括你的关键价值的词。

领域	不重要	有点重要	非常重要	价值
亲密关系				
育儿				
教育和学习				
朋友和社交				
自我保健和健康状况				
原生家庭				
精神世界				
社区生活和公民责任				
消遣和休闲				
工作和职业				
其他				

让我们来举个例子。下面这张表由 29 岁的奥德丽完成，她的家乡在华盛顿州的农业区，她在那里为一家当地的网络服务供应商做客户服务代表。刚毕业时，她和男友加里，还有几个他的朋友曾合伙在西雅图创业，准备在移动应用方面大展拳脚。就在一家规模更大的公司即将收购他们的初创公司，让他们大把挣钱的时候，至少她是这么想，加里抛弃了她，她变得孤苦伶仃、无人理会。当初，一切都在一团和气中进行，现在却没人愿意对她和颜悦色了。情绪低落的她一气之下，回到老家和母亲住了。她每天都沉迷于网络游戏，很少换睡衣出门，这种状态持续了6个月之久。

最终迫于母亲催促她找工作的压力，奥德丽找到一份在格子间"接听傻瓜的电话"的工作。即使这样的工作，她也做不好。因为客户服务需要她表现得积极向上、信心满满，可这与她的实际情况相去甚远。因为自我形象的塑造在这份工作中非常重要，这让她认为自己是一个愚蠢的失败者。

她感到孤单寂寞，但又不敢再相信男人。他们也许只是把她当玩具，不当人看。她像贝壳一样被人捡起后又扔掉。她以前喜欢徒步旅行、划皮艇，甚至当过职业赛马手，但她已经很久没再做过这些了。她的两个高中时期的老朋友仍然住在附近，但她没心和她们恢复联系，怕她们嫌她没出息。过去一年的时间，她竟然长胖了25磅（约11千克），吃了很多垃圾食品，也不锻炼，一直都是有气无力、无精打采。

领域	不重要	有点重要	非常重要	价值
亲密关系			×	爱，信任
育儿	×			
教育和学习	×			
朋友和社交			×	支持
自我保健和健康状况		×		强壮，有魅力
原生家庭				
精神世界	×			
社区生活和公民责任	×			
消遣和休闲		×		有趣，划皮艇
工作和职业	×			
其他				

用10周时间践行价值观

现在该是你身体力行价值观的时候了。在接下来的10周里，将你的进度记录在下列表格中或者另外一张纸上。第一栏中，根据你的经验，列举出两到三个对你的自尊影响最大的领域，并辅之以你在每个领域认同的价值观。

在第二栏中，简要陈述你的意图，它是指你坚持践行自己的价值观后表现出的行为，任何恐惧、疑惑或是痛苦都无法阻止你前进的步伐。避免使用概括性词汇比如"更有爱心"，或是"放轻松"。将你的意图用微小、独立的行动表示出来，便于你能记录跟踪。你应该写"午觉后和孩子们玩积木"或是"读一个睡前故事"，而不是对孩子"更有爱心"。

将你的意图分解为独立行为的方法是说明谁、什么、何地与何时:

- 你将具体如何做、说什么
- 你会和谁一起做这件事
- 你会在哪里,在什么情形下做这件事
- 你什么时候会做这件事

填写第三栏时需要使用想象力。闭上眼睛,想象自己进行每一个动作的场景。调动所有的感官,切实观看和感受:谁在那儿、说了什么、场景如何、天气、气温、你的着装、脑海中的想法以及你的感受。当场景变得活灵活现时,重点关注产生的想法和感受,以及它们给你的行动造成的心理和生理方面的障碍。当你认清这些障碍时,将它们写在第三栏。

在接下来的 10 周内,即使障碍重重,你也要全力以赴践行价值观。10 周之后,你的进步就会跃然纸上。

践行价值观记录

最重要的领域/价值观	详细的意图:何人、何事、何时、何地	障碍:阻止我实践意图的感受和想法	我每天践行意图的次数									
			1	2	3	4	5	6	7	8	9	10

实例:这是奥德丽的践行价值观记录

最重要的领域/价值观	详细的意图:何人、何事、何时、何地	障碍:阻止我实践意图的感受和想法	我每天践行意图的次数									
			1	2	3	4	5	6	7	8	9	10
亲密关系/关爱,信任	找一个婚恋网站	好可怕,再等等,还没准备好	1									
	写自述	没什么可写					3	1				1
	发布自述	不会有人想和我在一起									1	1
朋友和社交/支持	参加单位周五的生日午宴	他们觉得我太呆板、太消极			1		1		1			

(续)

最重要的领域/价值观	详细的意图：何人、何事、何时、何地	障碍：阻止我实践意图的感受和想法	我每天践行意图的次数									
			1	2	3	4	5	6	7	8	9	10
朋友和社交/支持	给玛吉和琼打电话	他们会看出我有多失败						2				
	与玛吉和琼一起喝咖啡	他们都要忙自己的事；他们思想太保守							1	2		
自我保健和健康状况/有趣，划皮艇	把橱柜和冰箱里的垃圾食品清除干净	有什么用？到处都是垃圾食品	1						1			
	做一顿真正的晚餐	太累了，我必须善待自己	1	3	2	1				3	3	2
	去湖里划皮艇	浪费时间和精力。只有没本事的人才会独自去划皮艇									1	

第一周，奥德丽只实现了一个意图。她清理了橱柜和冰箱，扔掉了薯片、蘸酱、曲奇、饮料和其他垃圾食品。第二周，她自己做了三次晚餐，瘦了1磅（约0.5千克）。还上网选了一个以计算机技术型年轻人为主的婚恋网站。第三周，她的晚餐有所改善，还参加了单位的生日午宴。她有点拘谨，但还是很开心，其他人也比她想象中友好。第四周，她遇到挫折，又买了一大堆零食，只吃了一顿像样的晚餐，没有践行她列表中的其他任何事。

第五周，奥德丽重回正轨。她写了三份用于网络相亲的自我陈述，给玛吉、琼还有仍留守家乡的高中朋友打了电话。又过了一周，她们主动联系她，她与玛吉喝了一次咖啡，一周后又与她们都喝了咖啡。她们相谈甚欢，玛吉讲述了自己在西雅图失业、失恋的磨难，她们认为这是大胆的冒险，虽然结果令人伤心失望，但绝不算失败。

到第十周结束时，奥德丽已经在单位交到朋友，去划了皮艇，在婚恋网站上发布了几次自我介绍，又一次改善了饮食，而且准备约见从网站上认识的一个男孩。她痛苦的想法和经历依然会困扰她，但她已经习惯了将其丢在一边或推开，身体力行那些于她而言，举足轻重的价值观。

计划承诺行为

另外一种考虑将价值观付诸实践的方法是使用"汽车比喻",这是接受和承诺治疗法之父,史蒂夫·海斯的最爱。这个比喻是指你正在驾驶一辆名为"你的人生"的公共汽车,车前方有一个标明目的地的标识。那个标识是一个重要的价值观,比如"信守承诺"或是"慈悲为怀"。但是,当你驾车朝着价值观方向驶去时,种种障碍会像怪兽一样冒出来。这些怪兽就是你的自卑、恐惧、压抑、愤怒等悲伤情绪,你无法碾压或是绕开它们。只能把车停下,等它们自行离开,但它们从不这么做,你生命的公共汽车因此被困在路边。

践行你价值观的秘诀是让怪兽上车,请它们上车、坐下,带着他们一起前行。它们会坐在你的后方,继续对你的行为指手画脚,说你选择的道路太危险、太荒唐、太艰难、太没用,等等。那就是怪兽的行为,那是它们的职责。而你的职责是任由它们张牙舞爪、絮絮叨叨,仍然驾驶这辆公共汽车,坚定不移地朝着你的目标方向进发。

行动计划练习

如果你在做为期 10 周的记录时,发现践行价值观困难重重,可以尝试这项练习。挑出你的列表中最简单、最轻松的领域。在另一张纸上写出下列声明,填入你的价值观、阻碍它们实施的悲伤情绪、践行价值观的好处以及你要采取的三个具体步骤。在声明末尾签名,将其视为你与自己订立的合约。

为了我_____的价值观,

我愿意付出感到_____的代价,

这样我才能＿＿＿＿＿＿＿＿＿＿＿＿＿＿＿＿＿＿＿＿＿＿＿。

采取以下三个步骤：

1.＿＿＿＿＿＿＿＿＿＿＿＿＿＿＿＿＿＿＿＿＿＿＿＿

2.＿＿＿＿＿＿＿＿＿＿＿＿＿＿＿＿＿＿＿＿＿＿＿＿

3.＿＿＿＿＿＿＿＿＿＿＿＿＿＿＿＿＿＿＿＿＿＿＿＿

签名：＿＿＿＿＿＿＿＿＿＿＿＿＿＿＿

这个例子是克雷格的行动计划，他是一名学生，想要摆脱令他深恶痛绝的室友贾森：

为了我**诚实、自重**的价值观，

我愿意付出**感到恐慌**和**紧张**的代价，

这样我才能**和贾森针锋相对，义正词严地让他搬出去**。

采取以下三个步骤：

1.周四早起，在上课前就堵住他。

2.不被他的"歪理邪说"绕得云里雾里。

3.对他说："你一个月前就该离开这儿了，你必须在这个月底前搬走。"

签名：克雷格·约翰逊

无论何时，只要你公共汽车上的怪兽气焰嚣张，令你因为羞愧、怀疑、压抑或焦虑而偏离了重要方向，你都可以使用这个行动计划的模板。如果你采用本章中提出的三个步骤——探明你的价值观、做 10 周记录并计划承诺行为，就会踏上提升自尊的漫漫征程，过上你想要的生活。

SELF ESTEEM

第 10 章

对 待 错 误

在一个理想的国度，完美的父母会抚养出完美的孩子，错误与自尊之间井水不犯河水。但你的父母也许并不完美。作为孩子，当你做了父母眼中的错事，必然会被纠正。你也许在除草时伤害了几朵鲜花，如果妈妈纠正你的行为时流露出"你很差劲"的信息，就指引你走上了一条不归路，让你认识到犯错误就意味着你很差劲。

在你成长的过程中，你将父母的教导和责备内化，并继承了他们对你犯错的批评。简言之，你创造了自己的病态批评。到现在，如果你除草时不小心铲掉一朵花，你的批评者都会说："干得真漂亮啊，蠢货。你怎么不把整个花园都翻个底朝天呢？"

社会中存在的相互冲突的价值观也有助于你创造你的批评者。你发现要成为社会的良好公民，必须平等却又高贵、慷慨却又节俭、随性却又节制，等等。这种彼此排斥、朝令夕改的价值体系让你的批评者在各种行为中都能找出瑕疵，然后将其无限扩大。

也许你会成为自我保护意识强的人，为所有的错误辩解。也许一丝一毫的错误都能让你诚惶诚恐，因而成为拒不认错的人。或者，你会走一条更大众化的路线，长期为自己的错误感到闷闷不乐。

最糟糕的情况就是变得畏首畏尾、裹足不前。因为总是对过去的错误耿耿于怀，所以为了避免再犯错，你开始限制自己的行动和人际交往。你害怕做错事，只想把自己的分内事做到无可指摘。但即使这个小小的愿望也难以实现，因为变化和错误不可避免，你走投无路了。

事实是你的自尊与力求完美无关，自尊与避免犯错无关。自尊植根于你对自己的无条件接受，认清自己与生俱来的宝贵价值，不被错误蒙蔽双眼。悦纳自己不是在改正错误之后应该做的——而是无论犯错与否，都必须做到这一点。唯一不可饶恕的错误是当你的病态批评说"犯错就是一无是处的证明"时，你唯唯诺诺、表示赞同。

重新框定错误

重新框定意味着改变你的理解或观点。你将一张照片或一次事件放置在新的框架内，就可以改变看待它的方式，因而改变它的意义。比如，当你从噩梦中惊醒，心脏怦怦直跳。你的确是被吓到了，对自己从高空坠落或是被人追赶深信不疑。然后你意识到这只是一个梦，突然如释重负，心跳也恢复正常，慢慢平静下来。你的意识"重新框定"了这一经历，把它的意义从"我身处险境"更改为"这只是一个梦。"你的身体和整个心情都跟随意识的引导。重新框定错误意味着改变思考方式，剔除错误的噩梦性质，将错误看作人生中自然而然，甚至是弥足珍贵的一部分。这种新的看法反而能让你在犯错时随机应变，然后以此为鉴、再接再厉。

错误是良师

错误能够促进成长、改变认知。它们是所有学习过程展开当之无愧的先决条件。去年，你买了廉价颜料，认为凑合一下就可以了。今年你已经发生了变化，不仅因为长大了一岁，还因为你看着颜料逐渐褪色，变得更加明智。你因为获知了去年不知道的信息而发生了变化。现在你斥责自己目光短浅、贪小便宜，打击自尊显然已是于事无补。唯一能做的就是权当拿钱买教训，出门再去买质量好的颜料。为你的经验教训买一次单，但仅限一次。怒斥自己就相当于损失了两次：一次是买新颜料，一次是被批评者洗劫。

不出任何差错就学到一项新工作或是新技能简直是天方夜谭。这个过程被称为"逐次接近"：通过一个个错误的反馈，表现越来越好。每一个错误都会告诉你需要纠正什么；每一个错误都会逐渐让你接近完成任务的一系列最佳行为。在学习过程中，你应该欢迎错误，而不是惧怕它们。无法容忍犯错的人会遇到学习障碍，害怕新工作，因为不愿面临新的步骤和挑战。他们害怕尝试新的体育项目，因为在掌握挥舞球拍或使用高尔夫球杆的技巧前会犯很多错误。他们不会报名参加烹饪班或者尝试重建化油器，因为与尝试新事物相伴的错误会令他们痛苦不堪。

将错误重新框定为学习过程中的反馈有助于你轻装上阵，专注于逐渐掌握新技能。错误是关于哪些行得通、哪些行不通的信息，与你的自我价值和智力水平无关，只是通向目标的阶梯。

错误是警告

追求完美的梦想将错误转化成罪过。错误的作用无异于打印机上缺纸的警报或是上车系安全带的提示音。如果你发生了一起轻微的交通事故，它就是在警告你开车时应该全神贯注。如果你在学校的某门功课成绩为 D，它就是对你需要改善学习习惯的警告。当你和伴侣因为一件鸡毛蒜皮的小事而大动干戈，就应该警觉出你们对于其他更深层次的问题缺乏沟通。但是完美主义将这种警告升级为指控，所以当病态批评向你发起进攻时，你只能疲于为自己辩护，无暇顾及从错误中汲取教训。对抗完美主义的方法是关注警告而非你的罪行。

错误：表达真实自我的先决条件

对错误的恐惧会扼杀你表达真实自我的权利，让你不敢做真实的自己，说出内心想法和感受。如果你从不被允许说错话，可能说真话时就会胆战心惊——说你喜欢某人或是受到伤害或是需要安慰。对完美的追求让你把所有这些都深藏于心，因为你没有权利表现失态或多愁善感。

允许犯错意味着能够坦然面对令人失望、遭遇尴尬、谈话气氛变紧张的情形。以安德烈娅为例。她在单位常常只和固定的两个人在一起，因为交新朋友的不确定性太大。她总是猜测新朋友不喜欢她的玩笑或是认为她的评论低俗幼稚，所以说每一句话前，都得经过深思熟虑。安德烈娅的情形揭示出对错误的恐惧能够（1）令你孤立无援，因为你害怕新认识的人对你评头品足；（2）抹杀你的坦诚，因为你得时刻警惕自己所说的话。

错误：必要的配额

为错误分配指标。一些人认为所有的错误都能够避免，精明能干、神通广大的人永远不会犯错，这种想法有失偏颇。这是令你畏缩不前的错误看法，不敢争取生命中出现的任何机会。正确的立场是每个人都应该获得错误指标。你应该得到允许社交失态、工作过失、判断失误、错过机会甚至感情破裂的配额。从现在开始，考虑合理的错误配额，而非追求遥遥无期的完美理想。适用于大多数人的原则是每 10 个决定中，允许 1～3 个完全行不通，其他的可以处于不置可否的灰色地带。对于机械操作或是需要大量学习的过程而言，比如打字或是开车，配额应当下调。你无法想象每坐 10 次车，就发生一次交通事故。但迟早都会遇到，希望只是轻微的磕磕碰碰，然后你可以把它记录为错误配额内的一次过失。

错误不存在于当下

为了理解这个概念，了解最常见的错误类型很有必要：

1. **事实错误**。你在电话中听到的是"高速路 45"，写在纸上的却是"高速路 49"，然后就迷路了。
2. **未达目标**。夏天到了，你依然胖得穿不上你的泳装。
3. **徒劳无功**。你为召回请愿收集到 300 个签名，最后却无果而终。
4. **判断失误**。你图便宜买的颜料褪色了。
5. **错失良机**。那只股 5 美元时你没买，现在涨到 30 美元了。
6. **丢三落四**。你兴冲冲地直奔百乐餐，却发现沙拉酱留在家里的冰箱了。
7. **忘乎所以**。大家聚会很开心，你却喝醉了。
8. **情绪失控**。你冲配偶大吼大叫之后却又自责不已。
9. **拖拖拉拉**。你一直懒得修房顶，现在餐厅的墙纸彻底毁了。
10. **心浮气躁**。你拧螺母用力过猛，结果螺栓断裂。
11. **不讲道义**。你编造了善意谎言："我这周末要出城。"周日，你遇到了那个编谎试图躲避的人。

这份清单可以继续写下去，人们向来对罗列所犯错误乐此不疲，这一嗜好可以追溯到摩西带着十诫下山。

有一条主线贯穿这些例子，它有助于理解错误。错误是你做过之后经过反思，希望改变做法的所有事情，它还包括你当时没做，经过反思之后又悔不当初的所有事情。

这里的关键词是"之后"。之后可以是行为发生的瞬间之后，也可以是10年之后。在你对螺母用力过猛，螺栓断裂的情况下，"之后"实际上非常短暂，它看上去"分秒不差"。但其实不然，在行为和悔意之间仍然有时间差。正是这个时间差，无论长短，成为你摆脱错误的暴政的关键。

在行为发生的那一刻，你所做的事情似乎还在情理当中，将其变为错误的是你后来对它的解读。"错误"是一个你在回顾过程中使用的标签，那时你意识到自己可以做得更好。

觉悟问题

你总是选择满足需求胜算最大的行为，这是动机的实质：做某件事的欲望高于做其他事。

动机归根结底是指有意无意地选择最称心的方法来满足当下需求。你所选行为的潜在优势，至少在当时，看上去大于可预见的劣势。

毋庸置疑，当时看上去最佳的行为取决于你的觉悟。觉悟是你有意无意觉察和了解与当前需求相关的各个因素时的清醒程度。在某个特定时刻，你的觉悟是你固有智力、直觉以及所有生活经历的自然产物，包括你当时的情绪和身体状况。

"错误"是你在之后的某个时间点，觉悟发生改变后，给自己的先前行为贴上的标签。在这个之后的时间点，你知道了自己行为的后果，可能会产生当时不该那样做的想法。

因为你总是在某个特定的时刻竭尽全力（或是采取最有可能满足需求的做法），同时由于"错误"是事后解读的结果，那么犯错不应该打击你的自尊就是符合逻辑的言论。

但是，你会说："有时我更清楚地知道自己不该做某事，但我还是会去做。我知道如果想减肥，不应该吃甜品，可我还是不由分说地吃了那碗冰激凌，事后却又懊恼不已。懊恼也是应该的，因为我对自己很失望。"

如果这是你的推理逻辑，那么你忽视了动机的重要环节。如果你的觉悟当时聚焦于一个更强烈的相反动机，"更清楚地知道"还不足以让你"做得更好"。在那时，你对冰淇淋的渴望超出了对减肥的渴望，所以你能选择的最"好"行为，事实上也是唯一行为就是吃冰激凌。

如果你为自己的选择贴上"好"或"坏"的标签，就会惩罚自己在情不自禁情况下的所作所为，这是不公平的。更为贴切的标签应该是"明智"或"不明智"和"有效"或"无效"，因为这些词能够从同情你的角度出发，做出更准确的评判：你有限的觉悟水平限制了你的行为选择。无论如何，比起发再也不犯这样错误的毒誓，下决心为提高觉悟水平做出努力更为有效，因为除非你的觉悟水平有所提高，否则还是会重蹈覆辙。

责任

所有这些关于你总是会竭尽全力的论述可能会让你觉得不必对自己的行为负责任。然而事实并非如此，你必须要为自己的行为负责。

责任意味着接受你行为的后果。凡事都有因果报应，每一项行动都需要代价。如果你对代价心知肚明，就会选择相对"明智"的做法，减少事后给自己的行动贴"错误"标签的概率，并能更好地悦纳自己。如果你的觉悟水平有限，无法衡量为某种行为需要付出的代价，并且不愿意为此付出代价，就会有非明智之举，事后又为其贴上错误标签，自尊心遭受打击。

但无论哪种情况，你都在为自己的行为负责，因为你必须付出代价——无论情愿与否，有意与否。成为一个更有责任心的人意味着提高对自己行为代价的认识水平，为此付出努力很有必要，因为认识不足意味着出现你意想不到的后果，令你措手不及。

觉悟的局限

你对行为可能产生的后果的觉悟受到五个重要因素的影响。

1. **无知**。很多时候，由于没有前摄经验，你没有预判后果的确切方法，事实上是两眼一抹黑。如果你从没喷过涂料，也许无法获知把喷嘴离得太近会导致涂料乱溅。如果不知道如何为自己的第一份蛋奶酥分离出蛋白，它就不能正常膨胀。

2. **遗忘**。你无法记住你的每一项行为的每一个后果。很多事情会被遗忘，因为它们不够痛心或不够重要。因此，你会频频重复同样的错误，因为你已记不清上一次产生的后果。有一名作家，好多年没有去野营了，忘记了蚊子曾经对他的毒攻。因此，夏天出去旅游时，他又一次忘带了驱蚊水。

3. **回避**。人们回避和无视以前错误后果的原因有两个：恐惧或需要。有时他们害怕改变或是改变做事方式，因而回避或弱化自己错误的负面结果。当再一次面临同样的选择时，他们宁可再次犯同样的错误，痛心疾首，也不敢尝试其他新方法。

   有位经常和女士约会的男士，每次都在炫耀自己的成就，讲得口沫横飞，令对方感到无聊至极。他怀疑自己的这个做法吓跑了一些人，但拒绝承认自己夸夸其谈的后果：没几个人愿意和他出来第二次，没找到女朋友。他始终在回避这个问题，因为他惧怕真正的交流，不愿随意闲谈、流露自己的真实情感。

   强烈的需求也会引发同样的回避。如果你真心想要获得某种东西，就会回避得到它的弊端。一位女士反反复复地离开然后又回到家暴成瘾、酗酒成性的丈夫身边。她决定回去的那一刻，正是她最需要关爱和依靠的时刻。同时，为了满足自己迫切的需求，她不得不回避或弱化不可避免的痛楚经历。

4. **无计可施**。很多错误被重复的原因很简单，就是人们不知道该如何改善自己的行为。他们缺乏想出新策略和新措施的技能、能力或经验。来看这位女士的例子，她每次都无法通过面试，就因为总是低头盯着地板看，回答问题也是用一句话草草了事，因而无法推销自己。

5. **习惯**。一些跟随了你一生的根深蒂固的习惯，阻止你对自己的选择做出判断，甚至全然意识不到自己有哪些选择。不考虑后果是因为你压根没有意识到自己正在做决定。一个经典的例子是逞一时之快，不顾长远灾难的习惯。一位屡次遭受感情破裂打击的女士，总是在犯同样的错误：遇到和自己父亲相似的男子就一见倾心，被他们表现出的坚毅和威严吸引，但时间一长，他们的冷若冰霜和薄情寡义就会成为恋情的终结者。还有一个例子，一个法律学院研究生因为追逐吸食大麻的快感，一到周末就去吞云吐雾，对自己的司法考试置之不理。

你的觉悟水平会受到所有这些因素的影响。对于你做出的很多决定而言，遗忘、回避以及习惯等都会对你凭借经验造成障碍。之前的知识和经历会在你决定行动的一刹那突然消失不见，但你不必为此责怪自己。尽管你的觉悟水平会受到多方限制，但它却是你在犯错时唯一的依靠。

但不能仅仅因为你是无罪之人，就可以袖手旁观。你可以为提高觉悟水平做出努力。下一部分会介绍提高的方法。

觉悟的习惯

养成觉悟的习惯很简单，有意识地对任何重要行为或决定的可能结果做出预判，无论短期或长期。以下是一些你在做决定时，为了提高觉悟水平，应该问自己的问题。

- 我以前是否经历过类似情况？
- 我计划做出的决定可能会带来或是预计带来哪些负面结果？（确保短期和长期结果都考虑到）
- 与我预计的收获相比，这些后果是否值当？
- 我是否知道其他方法，产生的负面影响更小一些？

养成觉悟习惯的主要要求是对自己做出承诺。承诺仔细思考每一件重要事情的后果，但不用神经质地杞人忧天，这是勤于思考的姿态：你通过以往经验设想每个决定可能导致的最终场景。如果你努力提高觉悟水平，就能减少犯大错的机会。

每个人都会在某一个或几个方面总犯同一个错误。为了提高在这些方面的觉悟，每犯一次错误，你都应该做以下两件事。

1. 详细地写出错误带来的不良后果。仅仅是写这一动作就能够帮你加深记忆，无论你是否保留笔记。
2. 找出你最看重的东西。你从错误的决定中主要获得了什么或是希望获得什么？你是否为了逞一时之快、获得安全感、讨取别人欢心，抑或是逃避寂寞？这个最重要的东西是不是你人生的主题？如果每次都是这个最重要的东西诱使你犯错，那么就应该将其囊括到你的觉悟中。排第一位的东西固然重要，但它同时也很危险。你在做任何重大决定时，都应该检查是否又在受它的影响。如果是，就该亮出红旗警告，你可能会重蹈覆辙。提出以下四个问题，沉着冷静、认认真真地分析你的选择。

提高你的错误意识

下面的练习有助于你提高错误意识。

1. **认识到每个人都会犯错**。即使是好人和英雄也不例外。金融大亨、影视明星以及伟大的慈善家、科学家和医生都会犯错。事实上,人越伟大,犯的错也就越大,这一点不无道理。怀特兄弟失败了很多次之后,他们的飞机才飞行在基蒂霍克上空。索尔克潜心研究了好多年才发明了小儿麻痹症疫苗。错误是与学习或尝试新东西如影随形的副产品。

列出犯过重大错误的历史或公众人物,只写你崇拜敬佩的人。

再列一份清单,从认识的人当中挑出你所钦佩的人,写出他们的错误。你和蔼可亲的老师也许会为了一桩小事大发雷霆,你中学橄榄球队的队长也许在考试中作弊被抓到,单位的最佳销售员也许会搞砸一笔简单的生意。

为什么即使是才华出众、受人敬仰的人也会出错?答案是他们当时没有意识到自己的决定是错误的,他们没有全面预判行为会产生的后果。和行走在这个星球上的其他每个人一样,他们的觉悟并非完美无瑕,他们无法精准地判断出当时的决定会对未来产生哪些连锁反应。

才华横溢、创造力强、神通广大的人统统都会犯错,因为他们无法看到未来,只能靠猜测。无论智商多高、见识多广,他们都无法对将来发生的事做出毫厘不差的预测。

2. **认识到即使是你,也会犯错误**。再列一份清单,这一次写出你自己的错误。多花点心思,因为下面的练习中还会用到它。如果你总是错误百出,这份清单总感觉写不完,那么进行修改调整,只留下10个最严重的错误。

接下来的部分比较难。针对列表中的第一项,回到从前,回到当时做决定的时刻。尝试回忆你在采取行动前的想法和感受。你是否知道会发生什么，或是否希望更好的结果出现？你是否知道你或其他人会受伤？如果你知道可能会带来伤痛，那么试着回忆你如何在它与理想的结果之间做出权衡？留意当时哪个因素更胜一筹。现在尝试回忆促使你做出决定的需求，回想那些需求的强烈程度以及影响你的决定的方式。是否有你更看好的其他行为选择？最重要的问题是：如果你能回到过去那个时间，具有和当时一样的需求、认知和对结果的预测，你是否会改变做法？

接着继续进行，对列表的每一个错误都重复同样过程。当然，如果记忆已变得模糊不清，无法做出回答时，可以放弃那一项。

3. **原谅自己。** 无论后果多么惨不忍睹，你都应该原谅自己所犯的错，原因有三。

   a. 考虑到你当时做决定时的需求和觉悟水平，你做出了唯一能够做的决定。如果你严肃认真地做了前面的练习，就会更清楚地认识到在某一个特定时刻，你的行为无法超越觉悟水平，你只是发挥了当时最高的水平。

   b. 你已经为自己的错误付出了代价，你的错误导致了惨痛的后果，你已经承担了这些后果，为此而心如刀割，付出了一个人应当付出的代价。除非你的过错殃及他人，你还需要以某种方式偿还。

   c. 错误不可避免。你刚来到这个世界时一无所知。后来学会的每一个技能，从站立到使用食物加工机，无不以成千上万个错误为代价。你学会走路之前，摔倒过上百次，按错按钮也不止一次。学习的过程贯穿你的一生，错误也是如此。你没有必要为了只有到坟墓才能杜绝的事而自责不已。

练习

为了能够正确看待错误，把它当作有限觉悟水平的产物，尝试这项练习，包括放松、想象和肯定。

坐进一把舒适的椅子或平躺。放松你的胳膊和腿，闭上眼睛，缓慢地深呼吸几次，感觉自己的身体随着每一次呼吸，越来越放松。

从脚开始，检查全身各个仍处于紧张状态的部位，并放松它们。吸气时，关注脚部一丝一毫的紧张状态，令它随着呼出的气息流走。保持呼吸缓慢、均匀。现在吸气时，关注你的小腿，让紧张状态在呼气时流走。下一次呼吸时，关注点上移到大腿，然后臀部和骨盆，然后尾部和后背下方，再到胸部和后背上方。

现在把意识向外转移至手部。吸气，如果感到有一丝一毫的紧张，呼气时让它随着气息流走。前臂、肱二头肌、肩膀、颈部亦是如此。如果有必要，你可以把意识停留在某些区域，进行数次呼吸。

留意下巴的紧张状态，让它随着呼出的气息流走。接下来关注你的眼睛，然后前额，然后头皮。

继续缓慢而深沉地呼吸，进入更深层次的放松。现在开始在脑海中勾勒自己的形象，看到犯错之后的自己（也可以是你清单上的某个错误），看清自己所处的位置、面部表情和身体姿势。意识到你受到当时觉悟水平的限制，已经做到最好了。对自己说出下列肯定的语句，让它们在你的脑海中漂浮：

我是一个独一无二、富有价值的人。

我总是全力以赴、做到最好。

我爱（或）喜欢自己、错误和一切。

重复这些肯定的语句三或四遍，可以根据自己的情况改变措辞。

现在想象自己的日常生活，看到你在今天剩余的时间或明天即将做什么。看到你是独一无二、富有价值的,并且竭尽全力做到最好。留意你在做事时,如何发挥自己最大的能力。

用这个自我肯定的句子结束全程:"我今天比昨天更爱自己。明天我对自己的爱还会加深。"

当你做好准备时,睁开双眼,缓缓起身。在日常生活中,无论何时这些肯定性的语句出现在脑海中,你都可以不断重复它们。每天做两次全身放松练习。早晨起床前和夜晚躺在床上睡觉前都是好机会,因为这些时候你已经彻底放松,大脑处于接收状态。

如果你自己构思肯定话语,这项练习的效果会更加显著。能够产生最佳效果的肯定语句是简短的肯定句,复杂的语句很难进入到你的潜意识。包含否定词的肯定语句,比如"我不会再批评自己",可能会被潜意识按照去除否定词的方式理解:"我会批评自己。"编写肯定句来表示肯定:"我会表扬自己。"

以下一些已经经过验证的例子可以供你参考,编写出有助于提升自尊的肯定性语句。

我挺好的。

我富有价值,因为我为生活而奋斗。

我的需求合情合理。

我用恰当的方式来满足自己的合理需求是正确的。

我为自己的生活负责。

我接受自己行为产生的后果。

我对自己和颜悦色、充满怜爱。

我此刻已经竭尽全力。

"错误"是我后来贴上去的标签。

我可以犯错。

我做的每件事都是为了满足合理的需求。

我在努力提升自己的觉悟水平,为了做出更明智的选择。

我正在放手过去不明智的选择。

我可以做任何想做的事,但我想做的事由觉悟水平决定。

我做的每一件事都需要付出代价。

应该、应当和必须都无关紧要。

我做决定的时候,受到觉悟水平的支配。

憎恨他人的做法很愚蠢——他们也受到自己觉悟水平的支配。

因为每个人都发挥出了自己的最高水平,我应该设身处地为他们着想。

我生活中的一项基本任务是提高觉悟水平。

我的存在证明了我的价值。

我能从错误中吸取经验教训,不怪罪、不惶恐。

每个人的觉悟水平不同,没必要进行比较。

当我举棋不定时,我能考量后果。

我能发明新方法来满足需求,明智地选出最佳方案。

第 11 章

回 应 批 评

你正在给卧室喷漆,看到房间焕然一新,不由对自己的成果感到满心欢喜。这时有人进来说:"看起来不错。涂料干了还会是这个颜色吗?你真以为它还会如此鲜亮吗?呀,看看地上掉的漆,等它们干了,你就别指望能擦干净了。"

你碰了一鼻子灰,刚才还光鲜亮丽的房间顿时黯然失色。你的自尊也在批评声中凋零枯萎。

他人的负面评价对你的自尊是致命的打击。他们说出或暗示你在某方面的不足,令你对自己的好感骤然下降。对于自尊不足的人而言,批评是强有力的泄气手段,因为它能够唤醒你内心的病态批评,并为其提供武器装备。内在的批评者感到同盟军已在外面等候多时，于是与对方联手向你发起猛攻。

批评的类型多种多样。某些是有建设性的，因为批评者的动机是想要帮助你，于是指责就披上了好言相劝的外衣。其他时候，批评只是习惯性地对你的不足唠唠叨叨，毫无意义。你的批评者常常摆出一副高高在上的姿态，意欲显得比你更聪明、更能干或更正确。也许你的批评者颐指气使，批评你手头正在做的事，企图让你去做其他事。

无论批评者的动机如何，所有的批评都有一个共同点：招人烦。你不想听到，想方设法地打断它，阻止它侵蚀你的自尊。

事实上，批评与真正的自尊毫不相干。真正的自尊与生俱来、不可否定，独立于任何人的主观想法之外。既不会被批评削减，也不会因表扬提升，你拥有它就是一个不争的事实。对待批评的窍门是不要让它的阴谋诡计得逞，不要忘记自尊。

本章即将用大量笔墨描述批评所具有的主观和扭曲的性质。一旦你了解并且训练出削弱批评的技能，就可以持续有效地对批评做出回应。

现实的欺骗性

你相信自己的感觉：水是湿的，火是热的，人呼吸离不开空气，大地是坚硬的。事实一次次证明你的感觉正确无误，你因此开始完全信赖感觉，对通过它们感知到的世界深信不疑。

你依靠感官形成对静物的直观印象不会出现什么大问题。但是一旦有活生生的人进入到这个画面，事情就复杂了。你预期看到的和你曾经看到过的会影响你对看到的真实内容的想法。比如，你看到一个高个的金发男子抢走一位女士的钱包，然后跳进一辆棕色两门小轿车，飞驰而去。警察来给你做笔录，你一五一十地描述了自己看到的情形。但是丢钱包的女士坚持说那是一个黑头发的矮小男子。另外一名旁观者说车是灰色，不是褐色的。但是还有一个人坚信那是辆1982款的旅行车，不是小轿车。有三个人自称看到了车牌，通过反复核对，警察猜测车牌号可能为LGH399或LGH393，抑或是LCH399。

问题的关键是在情急之下，你不能凭感觉。没人可以。因为我们所有人都会选择、改变或者歪曲我们的真实所见。

每个人的大脑中都有一个电视屏幕

以上例子说明你很少能用百分百的精确度和客观性感知现实。大多数情况下，你会对其进行过滤、编辑，你的眼睛和耳朵仿佛是电视摄像机，你是通过脑海中的屏幕看到现实。有时屏幕模糊不清，有时它会放大某些细节，而删除其他，它时而放大，时而缩小，有时没有颜色或是影像转为黑白，有时当你回忆往事时，屏幕显示出以前的电影片段，你根本无法看到"实况"。

你的屏幕不一定是坏事，它从根本上反映出你的感官和大脑之间的连接方式。如果不具备操纵你大脑屏幕中的形象的能力，你就无法处理从外部世界涌来的信息洪流，无法组织和使用过去的经验，无法学习或记忆。如图所示，你的屏幕是一台神奇的机器，有很多操作按钮和杠杆。

以下是有关大脑中屏幕的重要事项。

1. 每个人都有，它是人类的组装合成方式。
2. 你只能通过屏幕，而非直接看现实。科学家为了能够绝对客观地看待事物而接受严格训练。科学的方法是一种非常精确的方式，旨在确保研究者看到的东西一定是千真万确存在的，并且与他们的想法相符。但是，科学史上不乏兢兢业业的科学家因为被自己的愿望、恐惧和雄心蒙蔽，从而提出虚假理论的案例。他们错把屏幕中的影像当成了现实。

3. 你无法充分了解别人屏幕中展示的内容。你必须成为那个人或具有与他心灵感应的能力。

4. 你无法充分表达出自己屏幕中的内容。影响你屏幕内容的一些因素是无意识的，而且你的屏幕所传达出的信息来去匆匆，你来不及谈论它们。

5. 你不能自然而然地相信屏幕中的内容，心有疑虑是好事，可以鼓励你进一步核实，询问身边的人。你也许能够99%地肯定自己屏幕上的内容，但不可能达到100%。另一方面，你也不应该过分猜忌，完全不相信自己的所见所闻，这会让你走上一意孤行、阴谋论和偏执狂的不归路。

6. 内心独白是对你所看到的屏幕内容的画外音评论。你的自言自语既包含内心病态批评的评论，也包含你对批评者的正当驳斥。画外音解释，也可以扭曲你所看到的内容。有时，你能感觉到画外音的存在，有时却不然。

7. 你的屏幕越扭曲，你越坚信自己看到的内容千真万确。没有人比一个完全蒙在鼓里的人更斩钉截铁。

8. 你可以在任何时候控制一部分你所看到的屏幕内容，只需闭上眼睛或拍一拍手。

9. 你有时可以完全控制所看到的屏幕内容。比如，冥想可以带你进入一个地方，在那里，你的意识只集中在一件事上。催眠可以把你的关注点凝缩到一个想法或是过去的一件事上。但是，除了这些特殊情况，很难做到完全控制。

10. 你无法时时刻刻都控制自己看到的所有内容。

11. 你可以提高屏幕画质，但无法摆脱屏幕。读一本类似本书的自助书籍能够提高你所看到的屏幕内容的准确度，学习物理、静态写生、提出问题、尝试新事物或是去进一步了解某人可以发挥同样作用。尽管你的屏幕质量会提高，但你还是无法摆脱它的束缚，只有死人可以摆脱。

12. 批评者并不是在批评你，他们只是在批评从自己的屏幕上看到的内容。他们也许会声称看你看得很透彻，比你自己还了解你。但他们从未看到真正的你，看到的只是他们屏幕中你的影像。记住，一个批评者越是对自己的观察深信不疑，就说明你在他屏幕中的影像就越是扭曲。
13. 你对现实的感知只是你屏幕的其中一个输入端口。这些感知会带有你的天生能力和特点的强烈色彩。你的感知力会受到你当时生理或情感状态的影响。你对过去类似场景的记忆、你的信仰和你的需求也会扭曲和干扰你对现实的看法。

我们来详细探讨最后一条。事实上，图像可以经过很多端口到达你的屏幕。其中只有五个与现实有关——视觉、听觉、触觉、味觉和嗅觉，而这五种常常被其他输入影响或压倒。

举个例子，你看到一位头发花白、满脸皱纹的老人从轿车下来，走进银行。这是你的感官告诉你的。你的天生特性决定了你对直观印象做出反应的速度和强度。如果你苦苦找不到车位，担心约会迟到，那么就会变得焦躁易怒，看什么都不顺眼。你凭借以往对头发花白、满脸皱纹的人的经验判断出他大约50多岁。你对车的了解告诉你这是一辆价格不菲的梅赛德斯。他严肃的表情让你想起患了溃疡的叔叔马克斯，所以你认为这个人很可能是溃疡患者。你凭借对银行和男人穿着的经验判断他可能很有钱。你的信念和偏见告诉你这个家伙可能是个腰缠万贯、野心勃勃的生意人，他从比他更需要钱的贫苦人手中榨取血汗钱。他极有可能想要炫富，因为他开着昂贵的梅赛德斯。他很有可能总是板着脸，就像你的叔叔马克斯一样。而你对更和善、更高尚和更体贴的需求让你觉得他在这些方面低你一等。你不喜欢他，对他怨气冲天。如果有机会，你会当面批评这个不幸的人。如果他心理脆弱、极易自卑，就会认同你对他草率的判断。那么整场对话都只会是毫无意义的浪费时间，因为它与现实相去甚远，只是你在某个特定时刻，从自己的屏幕中看到的杂糅了表象、感受、记忆、信念和需求的乱象的结果。

屏幕输入

我们会在这一部分探讨一些超越纯粹现实之外的强有力输入，正是它们决定了呈现在你屏幕上的内容。

天生特质

每个人都有某些由基因决定的特质。不仅是头发、眼睛颜色一类，还有从出生起就表现出的某些行为倾向。有些人比其他人更容易激动，他们对于各种刺激的反应更加迅速和强烈。有些人更容易紧张或更安静。一些人似乎难耐寂寞，然而另一些人喜欢独处。有些人更聪明或是反应更快。另一些人则更喜欢凭直觉或是对于细微的意义和感觉更敏感。一些人不费吹灰之力就能适应新事物，而另一些人则躲避变化和创新，更偏向传统和熟悉的方式。有些人是早起的鸟儿，有一些人是夜猫子。一些人几乎可以不用睡觉，另一些人如果每晚不睡够8小时，大脑就无法运转。一些人生性友好，然而有些人却喜欢拉开距离。

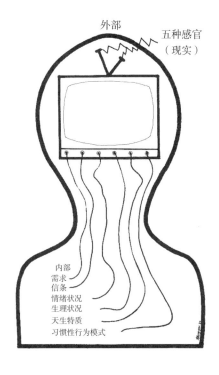

这些先天的个性特征会影响人们在屏幕中看到的内容。夜猫子类型的人在早晨也许会看到一个混沌阴暗的世界，更容易对周围人产生不满，到了晚上则精力充沛，心情好到可以随时跳劲舞。喜欢独处的人视社交活动为洪水猛兽，然而聚会达人不敢想象独自安静在家待一晚。

如果有人批评你性格孤僻、离群索居，也许这个人天生爱热闹，无法了解适合你的处世方式。或者一个常常因为小事而冲你大发雷霆的人可能生性易怒，他发火也许和你犯的为数不多的小错误关系不大或者毫无关联。

人们处理外部刺激的方式截然不同。一些人天生的"稳如泰山"，无论看到或听到什么事，都会不假思索、自然而然地降低兴奋度，仿佛他们屏幕的亮度和声音调节按钮长期都处于低水平。其他人则"虚张声势"，表现出相反的行为。他们的音量和亮度控制键总是被调至高水平，所以每一次低语都成为高喊，鞭炮声升级为火炮声。幸运的是，大多数人都游移于中间地带。极度稳如泰山的人有精神变态的危险，因为刺激强度必须层层升级，才能唤起他们的兴奋点。极度虚张声势的人在一惊一乍、大惊小怪数年之后，会变得神经过敏。

简言之，无论你多么公正、聪明或是洞察力多么强，先天特质造成的行为倾向都会阻止你完全从客观角度出发看待现实。因此，没有人的批评是完全客观的。你只能根据自己屏幕上的内容表达不满，然而那个画面却有失偏颇，总是有点歪曲或不够完整。

心理状态

你在屏幕上看到的内容会因为疲倦、头痛、发烧、胃痛、药物、血糖水平或诸多身体状况之一而受到影响。你也许知道，也许不知道自己的生理状况。即使你知道，你可能也无从知晓它对你的感知产生何种影响。即使你知道它会如何影响你的认知，你仍然无能为力。

比如，一位起初不知道自己患有甲状腺疾病的男士，总是感觉浑身乏力、情绪低落，偶尔还会焦虑不安。他对家人要么不理不睬，要么暴躁易怒。刚开始，他并未察觉自己的感觉或行为出现了反常。屏幕内容已经受到了身体状况的影响，自己却还蒙在鼓里。当他的病情确诊，借助药物稳定情绪后，挑三拣四的行为有所缓解。但如果他忘记吃药，就又变得无精打采或心神不定。这时，他清楚自己的身体状况，也明白它对自己行为的影响，但却无能为力，只能依靠药效。

如果某个人总是对你骂骂咧咧，有可能是患了溃疡或偏头痛，问题根本不在你身上。批评你的人的刻薄态度可能是吃了不卫生的辣味热狗的后果，而不是你没收拾客厅。

情感状态

当你怒不可遏时，通过红色屏幕看世界。当你被浓浓爱意包裹时，屏幕转成玫瑰红色。心情沮丧时，屏幕发蓝，声音也随之变沉闷。如果你吃什么就是什么，那么你感受到什么，就看到听到什么。

你在电视中看到过多少次这样的画面？主人公怒火中烧，最后大发雷霆，当面痛斥盛气凌人的老板或水性杨花的女友，然后夺门而出。这时他办公室的勤杂工或是小狗出现，他会冲着他们大喊："你也不是好东西！"引起哄堂大笑之后切换进入下一个场景。

这在现实生活中也是屡见不鲜，不幸的是，切换进入新场景并没有那么轻松。你经常蒙受不白之冤，莫名其妙就被当成出气筒，承受打击。你和办公室勤杂工或那条狗一样无辜。你唯一的错误就是运气不佳，碰上了还未走出之前阴影的批评者。

有时，从总体来看，批评者的情绪并不稳定。他们总为生活感到紧张、担忧或惆怅。然后你不经意间触犯到他们，抑或是他们故意找茬，会变得暴跳如雷。不稳定的情绪状态以发怒的方式得到释放，他们的紧张情绪就能得到暂时释放。

比如，你的老板不停唠叨你花钱大手大脚。事实上你买的都是办公室必需的用品和家具，并没有铺张浪费，而且你还挑了物美价廉的东西。如果你的自尊很脆弱，可能就会认为自己不会买东西，在这个岗位上很难做出成绩。但是，你也许后来获悉老板当时是因为财政出现问题，所以对削减开支过分关注。你并不是不会买东西，老板发怒的真正原因是他喜怒无常的情绪，你碰巧充当了他的出气筒。

习惯性行为模式

每个人都有自己的应对措施，曾经发挥过作用，将来也很有可能派上用场。无论在什么情况下，这些策略都能被信手拈来。比如，如果一个孩子的家长很暴力，那么这孩子也许会发现不说话、隐藏需求和揣测他人心思，而非直截了当地问出口可以避免激怒对方。这些策略可能会被沿用至成年，但它们却不是形成健康人际关系的良策。

另一个例子是一位女士，她在一个以讽刺挖苦为家常便饭的家庭中长大。然而，走出家庭圈时，她常常令他人退避三舍。她挖苦、奚落周围人的习惯性行为模式在他人眼中是咄咄逼人、惹人讨厌的态度。

有时你觉得自己遭到某个人的训斥和蔑视后才发现此人的朋友都说"他总那样"，这种情况并不罕见。他们的意思是他在某些场合对某些人指手画脚完全是习惯性行为所致，和当时的客观现实无关。

每个人时时刻刻都拖着一个旧行为模式的包裹，硕大无比。人们常常把手伸进他们的魔法袋，试图找出现成的应对方法，懒得对现实情况和你在其中的作用进行全新、准确的评估。他们总是在自己的屏幕中重温过去的录像带，对由感官抓拍的实况置若罔闻。

信条

人们对于现实活动的价值观、偏见、理解、理论和具体结论都会影响他们在屏幕中看到的内容。崇尚衣冠整洁的人会无限扩大他在现实世界中看到的所有衣冠不整的现象。那些歧视黑人、犹太人或南方人的人不会相信他们从自己屏幕中看到的有关他们仇恨的对象的内容。如果一个人崇尚独立，可能会把合作理解为无能。如果一位女士认为所有的药物断奶方法都会导致日后的体重问题，就会通过自己的理论去看待肥胖人士，而不会站在客观现实的角度。如果你和一位保险经纪人谈话时，靠着椅背、双臂交叉放在胸前，他可能会把你的姿势理解为对他的推销言辞的抵触，然后加大劝说力度。他在自己屏幕中看到的你的影像将由这一理解决定，无论对错，但你向后靠的真正原因也许是肌肉僵硬或是为了看清钟表。

信条与过去的生活经历密不可分：生活是什么样的，哪些能发挥作用，哪些会带来伤害，哪些会有所帮助。拒绝你贷款申请的银行职员也许不是因为你人品不行，只是以往的经验告诉她，和你经济状况相符的人有的还清了贷款，有的却没有。同样的，当一位女士拒绝你的邀请，很有可能也是因为依据先验总结出的信条在作祟。她也许认为身材高挑的男士都不适合她，或是她绝对不和双鱼座男士约会，或是绝不能对某一个年龄段的人动情。她拒绝的是她眼中的你，而不是真正的你。真正的你根本无法出现在她的屏幕上。

需求

你所遇到的每一个人都在为满足自己的需求孜孜不倦地努力着，这种迫切的愿望会影响他们看到的屏幕内容。一个饥肠辘辘的男人只可能对餐桌上的食物虎视眈眈，而关注不到壁炉里跳跃的火苗，或是咖啡桌上的杂志。一位冻得瑟瑟发抖的女士一进门可能会直奔壁炉，全然无视桌上的食物或杂志。一个在房间等待时感到百无聊赖的人会立刻拿起桌上的杂志解闷。一个口干舌燥的人可能无法在房间里找到自己的所需，于是对房屋环境做出的评价低于其他三人。

感情需求同样会扭曲屏幕，催生不满情绪，和实际情况无关。一个想取悦约会对象的男士可能会对餐厅菜品和服务百般挑剔，但事实上它们都是一流的。一个不太明显的例子是一个男孩向你求助时口气生硬,实则是因为他有控制一切的强烈欲望,不愿求人。另一个微妙的例子是你认识的某个人常常对别人的外表说三道四,而实际是为了不断肯定自己的美貌。

小题大做的批评者常常怀有不为人知的秘密。他知道如果暴露真实动机,你可能会拒绝做某事,所以怒斥的口气是强迫你接受的妙招。比如,你的老板让你下班后迟点回家或周末来加班,当你拒绝时,他就会骂骂咧咧。你对她的要求和反应完全一头雾水——没有那么多工作非得在下班时间做。真正的情况可能是你的老板只是想通过让下属周末加班给他的老板留下好印象,抑或者他需要你在那儿接听一个非常重要的电话,自己懒得过来亲力亲为。可能还有其他不可告人的想法,但都与你的工作或表现无关。

有时批评者对自己发火的情感需求或阴谋心中有数,有时他们也糊里糊涂。但因为你是被批评的人,他们是否清楚自己的动机于你而言无关紧要,你只需要知道需求会扭曲一个人对现实的认知,因此不要把别人对你的批评太当回事。

练习

从现在或者明天开始把自己的眼睛想象成一架照相机,耳朵是麦克风,自己是一部纪录片导演。有意识地对自己的所见所闻撰写画外音评论,重点关注某个场景的消极或积极方面。当有人和你说话时,假设你们都是肥皂剧中的人物。除了自己正常情况下的反应以外,想出其他几个可能的反应方式。除了你所猜测的对方的动机以外,想出其他几种可能的动机。留意这种距离感练习是如何改变你对现实的认知的。它应该能让你意识到除了常用方法外,还有很多其他看待现实的方式。它还应该指出你平时对世界的感知多么"随心所欲"、有限狭隘。

屏幕可以制造魔鬼

下面的一幅图反映出一次简单、常见的碰面情形。现实情况简单明了、无可指摘：两位男士在一次聚会中相遇。戴眼镜那位问刚进来的一位是做什么工作的，主动搭话缓解气氛。新进来的那位是陪妻子来的，这里都是他妻子的朋友，和他不熟。他更愿意在家看球赛或和弟兄们喝啤酒。他讨厌这种类型的聚会，压根儿不想来。他认为妻子工作上的朋友都是些心高气傲的傻瓜，不懂吃喝玩乐享受人生。所有这些背景和当时的情绪都影响了屏幕中的内容，他因此对于扭曲的图像做出的反应近乎赤裸裸的侮辱。

输入

现实：一位西装革履、戴着眼镜的矮个子男士问："那么，你是做什么的呢？"

+天生特质：警惕性强，初次见面，小心谨慎，假设对方不怀好意。

+生理状况：因为爬楼梯而上气不接下气、满头大汗、心跳加速。

+情绪状况：不平稳。为迟到恼火，埋怨妻子硬拉自己来。

+习惯性行为模式：夺取心理高地。先发制人，从气势上压倒对方。

+信条：又一个戴眼镜、打领带的书呆子。这些自视清高的榆木疙瘩总是在找机会挖苦干体力活的人。

+ **需求**：发泄愤怒和焦虑。表现出势不可挡、勇敢坚强、精明能干的样子。

应对批评的口头禅

听到别人批评你时，你可以问自己："这个人的屏幕上显示了什么？"立刻推测它即使与现实相关，也是模糊、间接的联系。这个推断正确的概率远远超出所有的批评言论都是针对你的不足的推断。

记住，所有人的批评对象只是他们屏幕上的影像，而屏幕并不可信。不要天真地以为每次针对你的批评都以对你准确无误的看法为依据。批评更有可能是对情绪、记忆和行为模式做出的反应，和你几乎没有关系，那么因为这些莫名其妙的批评而贬低自己就大错特错了。这就像是一个头上蒙着床单的小孩突然从灌木丛冒出来，说："嘘！"你刚开始可能会被吓一跳，准备逃跑，可定睛一看便哈哈大笑，心想，"没啥事，小孩闹着玩的"。对待批评的态度也应如此。当受到批评时，先是愕然一怔，然后笑着对自己说："天啊，我真想知道他的屏幕上是怎么显示我的，竟让他对我如此仇深似海。"

回应批评

这一切是否听起来不太现实？你是否会对自己说："等等，有些批评的确是以事实为基础的。有时你不得不承认批评也会一语中的。或者有时你需要为自己辩护，不能只是暗自窃喜、保持沉默！"

如果你能想到这些就对了。在多数情况下，你必须以某种方式回应批评。"他的屏幕上有什么"的口头禅只是对自尊的简短但必要的急救。记住所有的批评都有一个共性：招人烦，你不可能主动邀请任何人向你倾倒他们屏幕中有关你的歪曲内容。你也许认为应该对某些批评做出回应，但绝不能交出自尊。

无效的回应方式

在回应批评时，有三种基本错误：咄咄逼人、被动承受或两者兼具。

咄咄逼人型

对批评咄咄逼人式的回应是指做出反击。妻子批评你抱着电视不放的习惯，你反讽她对于社交网络的迷恋。丈夫嘲笑你的体重，你用他的血压进行反攻。

这就是如何对待批评的"哦，是吗"理论，用不怀好意的"哦，是吗"态度回应每一次批评，只是强度不同而已，从"你竟然敢批评我"到"我是不好，但你也好不到哪去"。

对批评的咄咄逼人式回应有一个优点：你可以立刻终止批评者对你指手画脚，但好景不长，如果你和批评你的人常常抬头不见低头见，他们绝不会放过你，他们会用越来越威猛的火力向你发起一轮接一轮的进攻。他们的攻击和你的反攻最终会升级为全面战争，你有可能是在把具有建设性的批评者转为具有毁灭性的敌人。

即使你咄咄逼人的反击会永远封住某个批评者的嘴巴，你也不一定是赢家。如果有人对你心存怨恨，他可能会暗中放箭报复，而你则成为最后一个知道真相的人。

反复对批评做出挑衅回应是自尊不足的症状。你猛烈抨击批评者是因为其实你和他们一样，在内心深处也对自己的某方面感到不满，所以你坚决抵制任何人揭你的短。你攻击批评者是为了把他们降低到和你一样的级别，为了显示尽管你不是出类拔萃，比起他们还是绰绰有余。

不断对批评者进行反击也是让你陷入自卑的不二做法。攻击、反攻和升级的过程意味着你很快就会被形形色色的批评者包围，每个人都能头头是道地讲出你的不足之处。即使你刚开始还能负隅顽抗，保留一点自尊。假以时日，自尊就会被打压全无。而且，与对你颇有微词的人剑拔弩张的交往方式会妨碍你与他们的进一步交往。

被动承受型

对批评做出的被动承受型回应是指一遇到攻击就表示认同、道歉和投降。妻子抱怨你体型偏胖,你立马迎合:"是的,我知道。我马上就要变成肥猪了,真不敢想象你怎么容忍我。"丈夫说你离前车太近,你连声道歉,同时减速,还保证以后再也不会这样了。

默不作声也是对批评的消极回应方式。如果你对需要回应的批评不做任何回应,批评者会乘胜追击,直到你口头做出表示,这通常是迟到的道歉。

被动承受的批评回应方式有两个潜在的优势。第一,当一些批评者发现无法激怒你,毫无趣味性可言时,会识趣地走开。第二,如果你不做任何反应,也就省去了搜肠刮肚想回答的麻烦。

所有这些优势都是暂时的。从长远来看,你会发现很多批评者喜欢瓮中捉鳖,他们会得寸进尺,三番四次地肆意抨击你,就因为他们知道能从你这里得到歉意或认同。你的反应让他们产生唯我独尊的感觉,有没有娱乐性无所谓。而且,即使你不必思考口头回复,你依然会发现自己需要费尽心思地在脑海中驳斥对方的批评。你不用说出口,但你不得不思考。

被动承受型的真正弊端在于向别人对你的负面看法投降是对自尊的致命打击。

被动承受 – 咄咄逼人复合型

这种对批评的回应方式综合了主动和被动类型最糟糕的方面。当你刚受到批评时,你的反应是被动的道歉或答应改正。后来你又忘记了一些事情,未能像之前承诺的那样做出改变或是暗中进行了其他攻击性行为,从而与批评者打成平手。

比如,一位男士埋怨妻子没有清理过期的杂志和没用的书籍。她保证会收拾装箱、放入慈善二手店的卡车,但说完就忘。被提醒两次之后,她的确给慈善旧货店打了电话,说要捐赠。但同时她又从衣橱挑出一些旧衣服,包括丈夫最喜欢的一件衬衫，一同捐了出去。当他为此事大发雷霆时，妻子再次道歉，说她不知道那件衬衫对他如此重要，还说如果他实在舍不得，可以给慈善二手店打电话，让他下一次自己处理这些事。

在这个案例当中，女人并没有预谋以牙还牙。被动进攻常常是无意而为。你犯的错误可以理解，你的动机无可挑剔，但你却会搞砸某个细节。你特地精心准备晚餐，想给女友赔礼道歉，却忘了她讨厌酱汁。你赴重要约会时迟到或是买的东西大小不合适或是在车身上撞出凹痕。

被动进攻会对你的自尊进行两次打击。第一次因为你认同他人指出的不足。然后当你在神不知鬼不觉的情况下进行反击时，自尊心又会遭受新一轮打击。你不是为暗中报复感到不齿，就是为一时的粗心大意责怪自己成事不足、败事有余。

长期以来形成的主动—被动的复合风格很难改变，因为它是间接的。批评—道歉—进攻的恶性循环是丛林深处进行的潜伏游击战，你很难突破这个圈子进行一次开诚布公的交流。主动—被动兼具的人生怕会有正面冲突，而另一方对他的信任和信心也被三番四次的破坏活动而摧毁。

有效的回应方式

对批评进行回应的有效方法是使用肯定的方式。肯定的批评回应方式不是攻击、投降或伤害批评者，而是要平息他的怒气。当你对批评者做出肯定回应时，是在不牺牲自尊的前提下，澄清误解、承认批评中合理的成分、忽视其他不合理因素，并为不受欢迎的攻击画上句号。

有三种对批评做出肯定回应的方法：承认、含糊与探究。

承认。承认很简单，就是表示认同批评者的观点，目的是立刻终止批评，这种做法屡试不爽。当承认别人的批评时，你对批评者说："是的，我在我的屏幕中也看到了同样的画面，我们在一个频道上。"

当某些人对你的批评准确无误时，只需遵循下列步骤。

1. 说:"你说得对。"
2. 转述批评内容,让批评者明白你正确理解了他想表达的内容。
3. 如果合适,就向批评者表示感谢。
4. 如果合适,做出解释。注意解释不是道歉。当你为提升自尊做出努力时,最佳策略是绝不道歉、尽量不解释。记住批评是不请自来的不速之客,你既无须道歉也无须解释,只需承认它的合理性,到此,大多数批评者就已经心满意足了。

下面是用简单的承认回应批评的例子。

批评:我希望你能长点记性,用完东西记得放回原处。我在湿草地上看到了你的铁锤。

回答:你说得对。我用完应该收好。谢谢你找到它。

需要说的就这么多,不需要解释或道歉或承诺改正。被告承认过失、感谢批评者,然后结案。还有一个简单承认的例子。

批评:今早车在路上差点就没油了。为什么你昨天不加油?我不知道为什么每次都是我加油。

回答:你说得对,我昨天发现快没油了,应该去加一些的,真抱歉。

在这个案例中,作答人给批评者造成了不便,于是真诚道歉。还有一个例子,其中用到了解释。

批评:已经九点半了。半小时前你就应该到了。

回答:你说得对,我迟到了。我今早坐的公车半路上坏了,他们只得再派一辆来接所有乘客。

高明的认错方法能够化敌为友。

批评：办公室乱成这样，你怎么能找到自己的东西呢？

回答：你说得对。我的办公室太乱，永远都找不到需要的东西。怎样才能重新组织文件夹系统，你能给我点建议吗？

练习

在每一个批评之后，写出你的回答，注意使用"你说得对，转述，解释"的公式。

批评：这是我见过最敷衍了事的报告。你都干什么了，睡梦中写的？

回答：

批评：你的狗在我家篱笆下刨了一个大洞，你就不能看管好它吗？

回答：

批评：你打算什么时候把这些书还回图书馆？我都懒得问你了。你都答应两次了，可现在还纹丝不动地摆在桌子上。

回答：

承认错误有几个好处。它总是打压批评者士气快速而有效的方法。你的反抗能助长批评者的嚣张气焰，他们需要借此充分发挥，翻出旧账，一次次列出、重提你曾经犯的错误。当你与批评者站在同一战线时，就像是在练柔道，懂得顺势而为，让攻击力自行消散在虚无缥缈的空气中，批评者也就无话可说了。因为你放弃争辩，他再多说也毫无意义。没几个批评者在你认错后还会继续唠唠叨叨，他们已经得到了被人认可的满足感，也就不指望进一步喋喋不休翻旧账了。

承认错误的一大缺点是：如果承认对你的不实指控，它对保护你的自尊就无能为力了。承认错误只有在你真心认同批评者观点的时候才能发挥作用。当你无法完全苟同时，最好使用含糊的技能。

含糊。含糊是指对批评者象征性地表示同意，适用于既非建设性又失准确性的批评。当你使用含糊的方法应对批评时，你对批评者说"是的，你屏幕上的一部分内容也同样出现在我的屏幕上"，但还要对自己多说一句"另一些则不是"。你通过部分同意、只同意可能性或同意原则"含糊其辞"。

1. 部分同意。部分同意意味着你挑选出批评者的一部分内容，只承认此部分内容。

批评：你太不靠谱了。忘记接孩子，累了一大摞账单，非得害我们变得一贫如洗才甘心，我不敢指望你能派上用场。

回答：上周孩子们游泳课结束时，我的确忘记接他们了，你说得没错。

在这个例子中，"你太不靠谱"的概括性语言过于笼统，无法令人信服。变得一贫如洗的控诉是夸张说法，"我不敢再指望你"也有失偏颇。所以答辩人只选取了忘接孩子的如实陈述，予以承认。还有一个部分同意的含糊例子：

批评：小姐，我从来没喝过这么差劲的咖啡。太稀了，全是水，而且一点不热。我听说这里不错才来的，我希望吃的能比咖啡好点。

回答：哦，您说得对，确实凉了。我帮你换一杯刚从咖啡壶倒出来的。

在这个例子中，服务员找出了自己能够认同的客观事实，忽视了其他指责。

2. 同意可能性。你在同意可能性时会说："你可能是对的。"即使你认为概率只有百万分之一，仍然可以由衷地说一句它是可能的。下面有一些例子。

批评：如果你不用牙线清洁牙齿，就会引起牙龈疾病，会后悔一辈子的。

回答：你也许说得对，我的牙龈可能会出问题。

批评：像你那样踩离合换挡是很可怕的，应该在一半的时间内完成整套动作，及时松开离合。

回答：是的，我可能做得不对。

这些例子显示出含糊的实质。表面上的认同是为了让对方满意。但未说出口、保护自尊的内心想法则是"尽管你有可能是对的，我并不这么认为。我有权控制自己的想法，想怎么做就怎么做"。

3. 同意原则。这项含糊的技能承认批评者的逻辑，但不一定认可他的所有假设，会使用到条件句"如果……那么……"的模式。

批评：你用的工具不合适。这样的凿子容易打滑，毁坏木头。你应该用测量仪。

回答：你说得对。如果凿子打滑，会毁了木头。

作答人只是承认了工具打滑和毁坏作品之间的关系，但不一定认可凿子不适合。还有一个例子。

批评：申请减税，又拿不出收据，你还真是胆大，税务局会严查的。你这是要让别人审计你，没必要为省几个钱让他们像猎犬一样扑向你。

回答：你说得对。如果我申请减税，会惹来更多关注。如果我被审计，也会很麻烦。

这个回答认可批评者的逻辑，但不认同批评者对风险的估算。

练习

在以下三个批评语句后面的空白处,写上你自己的答案。对每个批评依次使用部分同意、同意可能性、同意原则的方法。

批评:你的头发太吓人,又干又卷,肯定是好几个月没剪了。我不希望你这个样子出现在人前,人们会暗地里嘲笑你的。你就这样走向世界,怎么指望别人尊重你?

部分同意:

同意可能性:

同意原则:

批评:你把所有钱都用来讲排场,你的衣服、公寓和车。你只看重事物外表,在人前显得风风光光。如果你不存钱,如何处理紧急情况?假设你生病或失业了怎么办?看到你把你挣来的钱花得一干二净我就头疼。

部分同意:

同意可能性:

同意原则:

批评:这就是你的倾力之作?我要的是深层分析,你只提了几个亮点。报告还应该再长出一倍,涵盖我在备忘录中提到的所有方面。如果我把它交给策划部,肯定会被打回来,你再重写一份,用点脑子。

部分同意:

同意可能性:

同意原则:

无论采用什么形式，含糊的优势是在不牺牲自尊的前提下，让批评者不再发声。批评者听到那句"你说得对"的魔力语言就会心满意足，不会留意到或并不在乎你所说的他们只是部分正确、可能正确或原则上正确。

有时，含糊回答并不能尽如你意。对于该话题经过深思熟虑后，你可能迫不及待地想要说出内心的真正想法，与批评者进行争辩，最终说服他接受你的观点。如果批评者的初衷是为了帮助你，提出的批评是有建设性的，他也有改变观点的可能，那么争辩不失为一种好方法。但大多数你无法苟同的批评其实毫无意义，不值得费时费力去争论。象征性表示同意、含糊其辞，然后转移话题的处理方式对你和你的自尊都有更大好处。

当你第一次尝试含糊方式时可能会心生内疚。如果这种情况发生，记住你不欠批评者任何东西。批评本来就是不请自来的不速之客，是批评者消极悲观、缺乏安全感的表现：他们习惯了怨声载道，而不是享受生活的美好。他们打压你的目的是抬高自己。大多数批评者本身就有极强的操控欲：他们不会直接要求你做某事，而是通过向你表达不满，间接影响你。尤其当你收到的批评不切实际或是毫无建设性时，你完全有权利翻身，变得和批评者一样盛气凌人，把你的自尊放在第一位。

含糊的唯一弊端是你可能不分青红皂白就使用它。如果你在还没完全理解批评者的动机和用意之前就打断对话，可能会错过一些善意的忠告。所以不要急于使用含糊回答，先弄清对方用意，确定批评者是否出于善意。如果你无法辨别对方真实用意，使用探查法。

探究。很多批评都是模糊难辨的，你无法确定对方的真实目标，所以必须通过探究来明晰批评者的意图和意思。当你了解对方的完整意图后，才能判断它是否具有建设性，你是否认可它的全部抑或是一部分，以及采取何种应对方式。

通过探究，你可以对批评者说："你的屏幕我看不清。麻烦你调整焦距，可以吗？"你不断请批评者调整，直到你看清图像为止。然后你可以说，"好了，我的屏幕和你的在同一频道了"或是"嗯，好的，你屏幕上的一些内容也出现在了我的屏幕上（一些没有）"。

探究法的关键词有："究竟""具体来讲""比如"。以下是一些经典的探究方式："我究竟怎么令你失望了？""我洗碗的方式具体哪里你看不惯？""你能否举一个我粗心大意的例子？"

"哦，是吗""拿出真凭实据"和"说谁"不是探究的正面例子。你的语气应该充满疑惑，而不是针锋相对。你需要的是更多的信息，而不是一场唇枪舌剑。

当询问给你找茬的人时，可以不停追问他希望你改变哪些行为。尽量让他把内心的不满化作对你改变行为的要求。引导你的批评者远离抽象的贬义词，比如"懒惰""不体谅别人""粗心大意""脾气不好"等。下面是询问找茬人的例子：

他：你真懒。

她：怎么懒了，说具体点？

他：你整天坐着不动。

她：你想让我做什么？

他：别再当懒虫了。

她：不，说真的，我想知道你希望我做什么？

他：打扫地下室，首先。

她：还有呢？

他：不要整天玩手机。

她：不，那是你不想让我做的。你想让我做哪些具体事情呢？

这个方法会把发牢骚的人强行拉离喋喋不休的谩骂和含糊不清的抱怨，转而提出值得你认真考虑的真正要求。它把焦点从翻旧账转移到看未来，毕竟改变的可能性只存在于未来。

练习

为下列每一项表意不清的批评，写出你的探究式回应。

批评：你没有把你的体重恢复到这儿。

批评：你今晚很冷漠，拒人于千里之外。

批评：为什么你这么固执？为什么你就不能让一点步呢？

探究的优点显而易见。你获得了所需信息，可以判断出如何回应批评。你也许会发现有些乍一听像是批评的言论实则是合理的建议、表达的忧虑或是求助的哭诉。澄清批评者意图的最佳结果是将随口抱怨升级为一次有意义的对话。询问批评者的最次结果是证实你的疑虑，他的确是在对你进行恶意攻击，因此，你要用最娴熟的含糊技巧与对方过招。

探究的唯一坏处在于它只是过渡策略，只能帮你正确理解批评者的意图和意思，你仍然需要在承认错误或是采用某种含糊方式之间进行选择。下一部分的决定树形图有助于你回顾应对措施，以便根据探究结果做出相应选择。

总结

本章的第一部分教你如何在怀疑别人批评埋怨你的一刹那，做出恰当反应：使用自己的口头禅，"屏幕上出现了什么内容"提醒自己，批评者只是对他屏幕上的内容表达不满，而非现实。它和你并无直接关系，防止你内心的病态批评自动迎合。命令自己把自尊从此循环中移出。

一旦你让自尊置身事外，就能够一心关注批评者真正想要表达什么。首先要听清批评者的意图，听出说话口吻，考虑批评者与客观情况和你之间的关系。批评是否有建设性？它是在帮助你还是困扰你？

参照决策树形图。它囊括了所有你可以用来回应批评的恰当、肯定的方式，有助于你维护自尊。

如果你无法辨别批评者是想帮你还是困扰你，需要使用探查法，直到他的意图清晰可辨。明白意图后，你可以问自己信息内容是否准确，你是否认同？

如果你发现批评的出发点是有建设性的，但有失偏颇，你只需要指出批评者的错误就完美结局了。如果建设性的批评千真万确，你只需要承认错误，也就万事大吉了。不具建议性，但碰巧完全切合实际的批评亦是如此：你只需表示认同，毁坏对方的枪支即可。

唯一未谈到的是既无建设性又失准确性的批评。这类批评者不仅是要困扰你，他还捏造事实。这种批评需要含糊的应对方式，部分同意、同意可能性或同意原则，罢战息兵。

练习

从本章或现实生活中找出一些批评的例子，套用决策树形图，看看你会根据建设性和准确性做出何种反应。

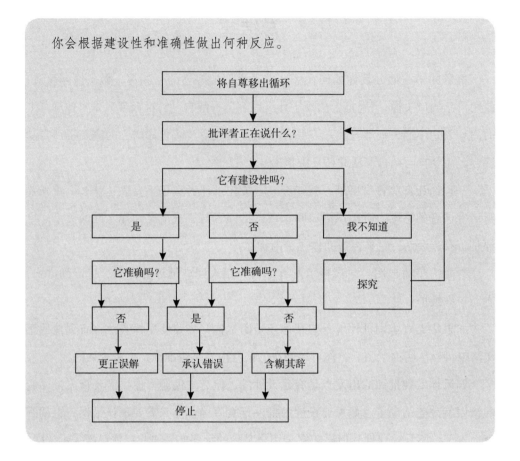

第 12 章

提 出 需 求

无法开口向别人提要求是自尊不足的表现，它根源于你的自卑情结。你认为自己没有资格得到自己的所想，你的需要不正当或不重要。而其他人的需要则比你的更有意义、更为迫切。你乐此不疲地询问别人想要什么，然后想方设法为他们获取。

也许你太害怕被拒绝，也许你已经把自己的需要抛到了九霄云外，竟然意识不到自己想要什么了。你不敢承担有意向别人说出内心所想的风险。

比如，你可能会幻想某种诱人的性爱姿势，但从未切身体验，因为你从不向对方提出要求。事实上，你从未有意识地向自己坦白内心所想，它"只是一个幻想"而已。你不承认自己的需要，因为如果这样做，可能就会提出实际要求。如果你提出要求，就有可能遭遇冷眼，被人当成"变态"。或者你生怕性伴侣把这一需求当作你对性生活不满的暗示。

本章会列举和解释你的合理需要，探讨需求和需要之间的区别，教会你如何提高对需要的意识，提供分析和精确定义你的需要的练习，并且对你表达内心需要的能力进行培训和练习。

你的合理需求

下面是一张合理需求清单——有益于身心健康的环境条件、活动和经历。这张列表旨在激发你对人类需求的重要性和多样性的思考。你可能会认为这些需求并不适合你，其中有一些纯属多余，有一些没列出来，或是分类不够恰当。这都正常。事实上，你可以随意添加、删减、合并或是重组这里罗列出的需求，这样做反而是稳妥地迈出了认真思考个人需求的第一步。

生理需求。从你呱呱坠地的那一刻起，你就必需干净的空气用以呼吸。没有纯净的饮用水或健康食物，你会很快活不下去。除此以外，你可以加上对适合居住环境的某种衣着和住所的需求。其他明显的生理需求包括规律作息。你还得锻炼肌肉，否则它们会萎缩。最后，只有安全得到一定程度的保障，才能存活。

情感需求。虽不如生理需求明显，但重要程度几乎相当的是情感需求：爱与被爱、有人做伴、感到受人尊重，也尊重他人。他人对你的同情和怜悯不可或缺，你也必须向他人表达你的同情和怜悯。当你表现出色时，需要别人的认可、赏识和庆祝。当你表现不够好时，需要别人的原谅和理解。你需要为你的性冲动找到发泄途径，这个需求从激素角度来看属于心理层面，从对亲密行为和归属感的追求来看属于情感层面。

知识需求。你的大脑需要信息、刺激以及解决问题的挑战。了解和理解周围的人和事是你与生俱来的需求。你必须丰富生活和休闲娱乐。你强烈渴望有所成就。你必须成长和改变。你有对自由表达真实想法的需求,也有对别人持续向你做出真心回应的需求。

社交需求。你必须与他人交往,有时也必须独处,不和任何人说话。你必须有一份有用的工作,帮助你定义自我身份、为他人做出某种积极贡献的社会角色。你需要归属感,属于某个组织。另一方面,你也需要自主,自主决定,做出自己的选择。

精神、道德和伦理需求。你有寻找生命意义的需求。你想知道宇宙缘何存在以及为什么有人类生存。你有用某种方式为自己的生命赋予价值的需求。你苦苦探索自己可以遵循的行为标准。

需求对比需要

需求和需要之间的差异在于程度不同。序列表的一端为生死攸关的需求,比如对于食物和水的需求。如果这些需求得不到满足,你就无法生存。序列表的另一端则是最微不足道、反复无常的需要,它们是令你舒适惬意的奢侈品,而非维持生命的必需品。你也许对淋上焦糖酱的开心果冰激凌垂涎三尺,但你吃不到也不至于活不下去。

需求和需要的分界线处于序列表中间的某个地方,正是在这个中间地带,自尊不足的人会陷入困境。

如果你自尊不足,在满足基本生存需求时都会畏首畏尾,更别说略显次要的需求和需要了,它们更是会受到轻视,尤其与其他人的需要产生冲突时。而且,你往往把必要需求当作纯粹的需要,不把满足它们放在眼里。你认为自己正在磨炼意志，把舒适让给别人。但事实上，你只是献身自卑心理的糊涂殉教士。你何止感到不适，你根本就是在牺牲自己重要的情感、社交、知识或精神需求，生怕伤害或冒犯别人。

例如，你可能会选择每晚都待在家，而不去报名上夜校，因为你认为自己晚上不在家会令家人担心。尽管你急需拿到学位，但你还是认为自己没有资格耗费家人的时间和精力，所以你从没开口征求过他们的意见。与此同时，你又为自己原地踏步、被人超越而感到越来越强烈的恐慌。这其实是一个强烈、真实而合理的对于学习、改变和成长的需求。你把自己的真正需求错误地看作是可有可无的放纵挥霍，这是在置自己于死地，让自己陷入水深火热当中。

需求和需要之间的分界线因人而异。有时必须得找到一个能谈心的人，谈谈迷惑不解的个人问题。然而，在其他时间，同样的问题却显得没那么棘手，你只是需要解决，但可以推迟。

同样，你的"需求门槛"可能在某些方面较低。比如，你的情感需求可能非常强烈，但对知识的渴求可能较弱。你也许迫切地需要有很多支持你的亲戚和朋友在身边，但对工作得过且过，或相反。

你是唯一能够判断自己需求和需要强度的人。如果你认为自己想要的某物很重要，那么它就肯定重要，你有权利争取，不要顾及这个世界上其他任何一个人的看法，他们是否把你的需要看作奢侈品与你无关。对于你而言，这是一个紧急需求，不去争取得到它时你一直都会郁郁寡欢。

考虑到本章的宗旨和提升你自尊的目的，从现在开始，我们会把所有的需求和需要统称为"需要"并且假设它们都不可或缺、合情合理。如果你听到自己说，"好吧，我确实想要，但我并不是真正需要它"时，提醒自己两件事：（1）无论你确实需要还是仅仅想要，你都有权提出；（2）作为一个自尊不足的受害者，即使饱受强烈欲望的折磨，你也有可能浑然不觉。

需要汇总

这张汇总表旨在提高你对自己需求的意识。完成下面的问卷，在 A 栏中，在符合自己的项目后画钩。在 B 栏中，对画钩的项目用 1～3 评级：

1. 轻度不适
2. 中度不适
3. 极度不适

	A. 如果适用你，请在这栏画钩	B. 用 1～3 标出不适程度
内容（What）		
我不好意思请求……		
＿＿＿＿＿＿的同意		
批准我做＿＿＿＿＿		
（别人）帮我做一些事		
更多关注或与伴侣共处的时间		
某些人听我说，理解我		
关注我所说的话		
与吸引我的人约会		
工作面试		
晋职或加薪		
销售员或侍应生的服务		
尊重		
独处的时间		
满足性体验		
娱乐消遣的时间		
多样性，新的、不同的东西		
休息时间		
原谅		
恼人问题的答案		
陪伴		
允许自己做选择		
别人对我的接受		
接受我的错误		
其他：＿＿＿＿＿		

(续)

	A. 如果适用你，请在这栏画钩	B. 用 1～3 标出不适程度
人物（Who）		
我不好意思向……提出要求		
我的父母		
同事		
同学		
学生或老师		
客户		
牧师、宗教权威		
我的配偶或伴侣		
陌生人		
朋友		
认识的人		
公职人员		
单位的老板或上司		
亲戚		
员工		
孩子		
年长的人		
营业员和店员		
爱人		
权威人士		
成员超过三人的组织		
异性		
同性		
其他：_____		
时间（When）		
当……时，我不好意思说出所需		
我需要帮助		
需要服务		
请求约会		
预约		
询问信息		
我想表述观点		
我感到愧疚		
我觉得很自私		
请求合作		

（续）

	A. 如果适用你，请在这栏画钩	B. 用 1～3 标出不适程度
处于下风时，与人谈判		
很多人在听		
别人在气头上		
我心烦意乱		
我害怕出糗		
我害怕答案会是否定的		
我也许看起来软弱无力		
其他：_____		

评价。回顾你的总表，找出你最想要的东西，你想通过哪些人获取，以及在何种情况下你的需求最强烈。你很有可能会发现某种固定模式——某些请求你不会向任何人提出，你不可能向某些人开口求助，即使是举手之劳，或是某些问题情况下，你的自尊和自信完完全全弃你而去。

将需求说出口

提出所需最重要的技能是写出语气坚定的请求。如果你对提出要求难于启齿，最好事先做好准备，不要临场发挥，想到什么说什么。提前准备请求首先要陈列事实，然后将其凝练成对你所需的清晰表述。以下是你需要的事实。

来自：_____

写出能够满足你需求的人名。如果你想从不同的人那里得到同样的东西，写出因人而异的请求。

我想：_____

写出你想让对方做什么。切忌类似"尊重"或"诚实"的抽象表达。不要要求对方改变态度或喜好。应该详述确切行为："我想在选择护工时有平等的发言权",或是"我想让乔说出推迟我们婚期的真正理由和他四处挥霍的钱是哪里来的"。

何时：_____

为满足心愿设定期限，也就是你想要求某人做某事的具体时间，或是你需要某物的频率——任何与时间有关的能够帮你具体化、精细化请求的内容。比如，也许你每周打扫房间时都需要帮助，那么具体写出，"每周六早晨—吃完早饭"。

地点：_____

写出你需要某物的地点——任何与地点有关的、能够帮助你明确定义自己所需的内容。如果你待在自己房间时不想被打扰，明确规定该处为你独处的特殊地点。

和谁：_____

清晰明确地说出其他与你的请求有关的人。比如，如果你想让丈夫停止在亲戚面前戏谑你的健忘，说出亲戚的名字。

这个提纲能够帮助你确切表示出自己的请求——你所期望的行为、时间、地点和情形。当你提前理清这些事实后，你的请求就会具体明了，便于协商，降低争执的可能。

霍利希望阿尔帮助她修改关于疼痛管理的文章，所以时不时会在晚餐后漫不经心地提两句她在组织材料时遇到的困难。阿尔边听边浏览 Netfix[①]的电影目录，所以总是听不出她的暗示。以下是霍利列出的与她的请求相关的事实。

来自：阿尔

[①] 美国的一家在线影片租赁提供商，成立于1997年。——译者注

我想：帮助修改我的文章，检查每一页的内容和框架。

何时：周二吃完晚饭，用3小时。如果没结束，就周六早晨继续。

地点：书房，我所有的资料都在那里，远离电视机。

和谁：只有阿尔。

兰迪不想再忍受他哥哥讥讽式的幽默，准备了自己的请求。吉姆总是嘲讽兰迪的着装、工作和一见到女人就害羞等。这令兰迪在全家人聚会，尤其父亲在场时颜面尽失，下面是兰迪的事实提纲。

来自：吉姆

我想：不再拿我的着装、工作或社交开玩笑，进行关于生活近况的真正交谈。

何时：经常在晚饭时间。

地点：在父母家聚会时。

和谁：尤其是父亲。

现在轮到你列出自己的需求提纲了。从你的愿望总表中挑出需要向三个不同的人请求的三件事，只选被评为轻度或中度不适的项目，把较为复杂、令你心慌意乱的项目留到晚些时候再处理。为每一个需求写出你的请求提纲，填入事实。

来自：

我想：

何时：

地点：

和谁：

凝练坚定的请求

现在该从你的三份提纲中提炼事实，形成对你的期许的简要陈述，生成坚定的请求了。霍利最终生成的坚定请求如下：

> 阿尔，我确实需要你帮助我修改疼痛控制那篇文章。我想和你一页页整体过一遍，看看内容和组织有何不妥。周四吃完晚饭，我们能一起在书房校对三个小时吗？如果弄不完，周六早晨继续润色可以吗？

兰迪的坚定请求如下：

> 吉姆，如果你不再嘲讽我的着装和社交等，我会对你心存感激。当我们全家人一起吃晚餐、父亲在场时，我尤其觉得下不来台。如果我们能够推心置腹地聊聊，谈谈我们各自的近况，最近都发生了什么，我会感觉更好。

留意霍利和兰迪的请求具体到什么程度。请求中的每一条重要事实都没被遗漏，没有留给对方任何猜测、遐想的空间。因为他们的清晰表达，对方接受或商讨折中方案的可能性就会增加。在继续下一部分之前，写出你自己的坚定请求。

完整信息

有时，仅仅说出你的所需还不够，人们需要知道更多的背景信息。他们需要知道你看问题的立场或对问题的理解，让他们知道你的感受可能也许同样有用——某个情况或问题在情感方面对你的影响。当你说出自己的想法（你如何看待当时情况），你的感受和需求时，就传递了"完整信息"。

完整信息能够促进情感交流和相互接受。当人们了解你在某种情况下的感受和立场时，就不太可能忽视你的需求。如果直截了当地对朋友说"我想走"会显得很突兀，而且极有可能惹恼对方，所以最好能传达完整信息，像这样："这个聚会挤得水泄不通，我有点幽闭恐惧。可以先离开吗？"对方可能就会站在你的立场，给出答复。

如果你把当时的亲身经历或感受从请求中略去，对方不知道真实的原因，会认为你是在向他们施加压力，有可能会争辩或毫不留情地拒绝你和你的请求。所以说，告诉对方你的需求缘何而来很重要，尤其在亲密关系当中，为他们有始有终地了解你的感受开启一扇窗。

你的想法

想法是你对某个特定情况的感知和理解，你需要解释自己对正在发生的事情的感受和解读方式。霍利和兰迪的例子能够说明想法是如何为请求提供背景的。

霍利的想法：当我在你浏览电影时征求你的意见，不知道你是否愿意帮助我，或者是否会打扰你的雅兴。

兰迪的想法：你的笑话总是让我显得很愚蠢，我会认为自己在你眼中就是那种形象。

你的感受

说出你的感受有助于听话者同情你在某种情况下的遭遇。表达感受的最佳方式是采取"我信息"的形式。在"我信息"当中，你为自己的情绪负责。你说：

我感到难过。

我有点生气。

我感觉受到排挤。

我感到心痛。

我感到失望。

我觉得很混乱。

这和指责埋怨的"你信息"截然相反,后者是把引起你情绪波动的所有责任推到对方身上:

你伤害了我。

你激怒了我。

你排挤我。

你做的事让我很郁闷。

你令我失望。

你把我搞糊涂了。

注意"你信息"往往会让对方产生戒心和敌意,然而"我信息"却少了一些火药味儿,容易引起对方关注。

霍利如是向阿尔表达了她的感受:"当你心不在焉时,我感到难过。"兰迪这样向他哥哥表达感受:"我在父亲面前感到颜面尽失,难免会有点生气。"

总结

完整信息很有说服力。现在轮到生成你自己的完整信息,补全三个坚定请求了。模板很简单:

我想(我的理解、感知和解读)。

我感到（只用"我信息"）。

我想（从你的需求提纲中凝练而来）。

这是霍利的完整信息：

  当我征求你对文章的建议时，你正在浏览电影列表，我不知道你是否愿意帮助我。然后我感到难过。我的确需要你帮我修改文章。我想和你一页页整体过一遍，看看内容和组织有何不妥。周四吃完晚饭，我们能一起在书房校对3小时吗？如果弄不完，周六早晨继续润色可以吗？

这是兰迪的完整信息：

  你在全家人吃饭时对我着装或约会的嘲笑令我显得很愚蠢，我会认为自己在你眼中就是那种形象。我觉得自己在父亲面前颜面无存，难免会有点生气。如果你不再嘲讽我的着装和社交等，我会对你心存感激。当我们全家人一起吃晚餐、父亲在场时，我尤其觉得下不来台。如果我们能够推心置腹地聊聊，谈谈我们各自的近况，最近都发生了什么，我会感觉更好。

下面有更多用完整信息形式表达诉求的例子：

- 我认为我做的远远超出了自己的分内事。当我忙这忙那时，你们不是在读书看报，就是在看电视，我心里很不平衡。我想你们在饭前收拾桌子，在吃完饭后洗碗。
- 我认为乔治和我有很多共同之处，我喜欢和他约会，对他的好感逐渐增加。我下周想邀请他来吃晚餐，烦请你帮我做一些烤宽面条。
- 我认为你的堂兄修车技术不行。因为他是自己人，我总觉得应该找他修车，但他第一次没能解决问题，我真的很生气。离合器又打滑了，这次我想把车送去市区的修理店。

- 我认为《卡萨布兰卡》是博加特最出色的一部电影，一直以来都被他对鲍曼若即若离、不可思议的爱情所深深折服。我们今晚一起去看吧。

- 当我向你诉说带一天孩子有多苦多累时，你常常说你白天工作也很辛苦。有时我感觉你并没有认真听我说，难免会生气，因为你把我的诉苦当耳旁风。当我向你抱怨我忙碌的一天时，真心希望你能用心听一会儿，然后让我知道你理解我的艰辛。

- 你给我的案子很重要，但我手头已经有三个准备即将上庭的案子了。坦白说，我感到力不从心，无法再承受更多压力。你能不能把这个安排给别人呢？

请求规则

润色你的三个请求，尽量使其清晰明了、口吻缓和。然后找到能够满足你需求的人进行验证。下面一些规则有助于你完善自己的请求：

1. 如果可能，征求对方意见，看在何时何地谈话比较方便。
2. 请求范围要小，以免引发大规模抵触。
3. 请求要简单，仅仅要求一两个具体行为，便于对方理解和记住。
4. 不要指责或攻击对方。使用"我的信息"，这样才不会偏离自己的想法和感受。尽量客观，用事实说话，保持语气缓和。
5. 具体。阐述需求时给出确切数字和时间。不要模棱两可，不要列出很多条件。描述你所期望的行为，而非要求对方改变态度。
6. 使用坚定、自信的肢体语言：保持目光交流，保持直立的坐姿或站姿，不要交叉双臂，也不要交叉双腿，确保你显得平易近人。说话时吐字清晰、声音洪亮、语气坚定，不要夹杂任何抱怨或歉意。在镜子面前练习诉说你的请求，注意改正肢体语言的问题。你也可以听自己提出请求时的录音，判断自己的语音语调是否合适。

7. 有时提一提满足你需求的积极影响也会增色不少。

你也可以提及拒绝你的请求的不良后果,但积极方式还是作用更大。毕竟,甜言蜜语更能俘获人心。

当你完善并且在镜子前演习自己的请求之后,就大胆地将它们运用于真实生活。迈出这一步并不容易,但收获颇丰。从最好说话的人开始。当你提出所有准备好的请求之后,回顾自己的清单,再挑出一些进行准备,还是把最难的留到最后。

提出要求绝对是一项熟能生巧、循序渐进的能力。当你为提出清单中所有需求做好准备时,就会发现你没必要为了某个愿望是否合情合理与自己一争高下,只需要事先练习如何提出诉求即可,后者更加省时省力。逐渐地,你会更加清楚地看到自己的所想所需,而且能够当场直接提出诉求。

你会惊讶地发现人们常常会不假思索地答应一个清晰、客观的请求,而你则是一箭双雕,即能满足心愿,又能增强自信。

第 13 章

设定目标和计划

歌德曾说:"无论你能做什么,或者梦想能做什么,动手去做吧。"本章即将探讨如何为实现改变而设计路线——梦想然后实践。

人类的痛楚没有几种能够超越停滞不前或是原地踏步的,自尊受到的强烈打击主要源于只做梦,不行动。强大的自我概念不仅基于你的自我"观念",更需要你的身体力行。你可以让病态批评无言以对,你可以用更温和、更支持的口吻改写自卑的想法,但如果你在做出改变的梦想和需求面前一筹莫展,那么你可能永远无法真正接受自己。

强大的自尊取决于两件事。第一件是本书的主要关注对象:学会以健康的方式看待自己。第二件是实践的能力,认清自己的所需,然后勇往直前，创造自己的生活。

感到无能为力或孤立无援会让你对生活感到不满、失去信心，以行动和目标为导向的改变能够让你感到自己拥有强大的控制力。

你想要什么

探寻自己的内心所需是制定目标的第一步，以下是你清晰探究自己的所需所想之前需要考量的 8 种主要类型。

1. 物质目标：想要一辆新车或后院的露天阳台。
2. 家人和朋友：增进感情或有更多高质量相处时间。
3. 教育、知识和职业目标：拿到学位或是完成工作项目。
4. 健康：锻炼身体或是降低胆固醇。
5. 休闲：花更多时间露营或散步。
6. 精神目标：学会冥想或实践自己的价值观。
7. 创造性目标：练习水彩画或种植花园。
8. 情感和心理成长：意欲控制怒火或锻炼胆量和魄力。

在了解这些类型后，就可以回答以下四个关键问题了。

问题 1：什么会令你不满意或不顺心

将以上每一项都与你的现实生活相联系，问自己是否想改变与这几项相关的任何悲伤情绪或艰难情形？一个便利店收银员列出了以下清单来回答这个问题：

1. 和布莱恩打闹（4 岁的儿子）

2. 简陋的公寓

3. 周末大部分时间都在陪母亲（阿尔茨海默病患者）

4. 手腕的肌腱炎

5. 工作时间太长

6. 晚上感到孤单

在空白处列一份自己的清单吧。在左栏内写出你能够想到的每件事，定义为"不顺心"。

不顺心	相应目标
1.	1.
2.	2.
3.	3.
4.	4.
5.	5.
6.	6.

任务已经完成了一半，现在把负面情绪转变为积极目标。想出至少一件能让你改变左侧每项的具体行为，确保它现实可行，并且包含一个你能够实施的策略或发起的行动。以下是便利店收银员完成的练习：

不顺心	相应目标
1. 和布莱恩打闹	1. 使用休战策略
2. 简陋的公寓	2. 买窗帘和装饰画
3. 周末大部分时间都在陪母亲	3. 把探访时间保持在一小时之内
4. 手腕的肌腱炎	4. 到医务部买腕带
5. 工作时间太长	5. 用退的税搬家
6. 晚上感到孤单	6. 在布莱恩睡着后给朋友打电话

问题 2：你渴望什么

这又需要回顾前面提到的 8 项内容，认真思考你内心向往的东西。什么会为你的生活质量和总体幸福带来变化？一名酒店经理列出了自己对这个问题的回答：

1. 更多陪伴孩子的时间

2. 听更多音乐的机会

3. 更多户外时间

4. 计划好的独处时段

5. 与埃伦更为和谐的性关系

在以下空白处列出你渴望的事情

1.
2.
3.
4.
5.
6.

问题 3：你的梦想是什么

再一次回顾 8 种类别，参照它们列出所有你总是想做、改变或成为的内容，不用担心某些梦想是否符合实际或是超出你的能力范围。现在写出所有你能想到的内容。一位按摩治疗师的清单如下：

1. 成为内科治疗师

2. 写一部剧本

3. 打造一个日式花园

4. 找个终身伴侣

5. 搬回田纳西州

6. 运营一个有机农场

在以下空白处列出你的梦想——长期以来令你魂牵梦萦的事情。

1.
2.
3.
4.
5.
6.

问题 4：什么是你的小确幸

最后一次回顾八种类型，找出能让你的生活更舒适、惬意或轻松的小确幸。这份列表可能会很长，开动脑筋，越多越好，至少 30 个。一些可能价格不菲，但大多数应该很便宜，或不需要花钱。以下内容出自于一位数学教授的清单：

1. 一把舒服的阅读椅
2. 电影流媒体服务
3. 一个 iPad
4. 一部好的小说
5. 《劳动者之死》(*Working Man's Dead*) 专辑
6. 把我的桌子移到窗边
7. 卧室有一台不错的加热器
8. 亮堂的厨房，油漆的橱柜门

在下方写出你自己的清单。30 项的任务看似繁重，但功夫不负有心人，今后你会驾轻就熟地为生活添加小确幸。

1.	16.
2.	17.
3.	18.
4.	19.
5.	20.
6.	21.
7.	22.
8.	23.
9.	24.
10.	25.
11.	26.
12.	27.
13.	28.
14.	29.
15.	30.

选择奋斗目标：第一轮筛选

现在对你愿意为之奋斗的目标做一个初步选择。无论何时，你都应该至少在为一个长期、中期和即期目标同时奋斗（你能在数小时或更少的时间内完成）。你已对每个问题都进行了回答，现在浏览四个问题的答题清单，选择四个长期目标（可能需要数月或数年完成）。然后选出四个中期目标——你可能需要数周或数月完成的事情。最后，选择四个即期目标，将它们写在下方的空白处：

长期目标

1.

2.

3.

4.

中期目标

1.

2.

3.

4.

即期目标

1.

2.

3.

4.

选择奋斗目标：评估

现在你该对选出的 12 个目标进行评估了，看看哪些最适合此刻着手。有三种工具可以用来评估目标。首先，用 1～10 为你对每个目标的渴望强度进行评级。1 说明你对此目标不屑一顾，10 则说明你愿意全情投入。在每一项目标后面用数字标明评级。

现在该评估追求每一项目标需要付出的代价了。在为某个特定目标奋斗的过程中，需要付出多少时间、努力、金钱或是承受多少压力？用 1～5 对每项目标的潜在成本进行评级。1 说明成本最低，5 则说明完成目标需要投入大量时间、汗水或金钱等。在每个目标后面用不同颜色的笔写出成本评级。

现在来看阻碍因素，它们是横亘在奋斗道路中巨大的绊脚石。比如，对于更多教育或特殊培训的需求，起到阻挠作用的恐慌、反对、人或机构等。使用 1～5 为每个目标的阻碍因素进行评级。和之前一样，1 代表最小的阻力，5 则意味着障碍重重。

回顾你的 12 个目标，每一个现在应该都有三个评级：渴望强度、成本和阻碍因素。评估目标的一个良策是从渴望强度的评级中减去成本和阻碍因素评级的总和。例如，假设你想打造一个日式花园，你的渴望强度为 6，但是成本为 4，阻碍因素也是 4。总体评级为 −2，那么建花园的想法很有可能泡汤：只要成本和阻碍因素超过你的渴望，就无法实现。尝试使用这个公式分析你的每一个目标。任何得出正数结果的目标都有实现的可能。很明显，数字越大，实现概率越高。比如，之前提到的那位数学教授，对自己拥有电影流媒体服务的愿望进行了分析：渴望强度 =7，成本 =2，阻碍因素 =1，成本和阻碍因素相加只有 3，所以该目标的最终总体评级为正 4。

评估过程完成后，从长期、中期和即期列表中各圈出一个目标，为此全力以赴，为改变生活勇往直前。

具体化你的目标

现在该为你选择的目标明确内容、时间、地点和任务了。有些很容易。比如，就即期目标而言，你只需要在日历上写出即将着手的具体日期和时间。比如，"周二，8月23日，早晨9点，订购电影流媒体服务"或"周四，6月10日，下午6点，到书店买小说"。你应该尝试每周至少完成一个即期目标，因为简单、短期的目标能够振奋精神，激励你朝着更宏大的目标奋进。

中期和长期目标需要更多精心策划，以下联系能够为你制订计划提供一种最佳方式。

在脑海中播放自己的电影

这个方法能够让你看到自己已经达到目标的场景，然后回顾所有你需要采取的具体措施。

1. 保持舒服的姿势，使用你最喜欢的放松练习让身体和意识都平静下来。至少，深呼吸几次，使用横膈膜呼吸法。感受每次呼气时，整个身体都会随之放松。
2. 闭起双眼，让你的意识处于被动接受状态。
3. 想象一个电视屏幕。看到自己的图像出现在屏幕中，上演大功告成的视频片段。观看和倾听自己享受成功喜悦的过程。
4. 将这段视频倒退大约10秒。看到和听到你为完成目标做了什么。如果你倒退10秒后没有看到清晰的图像，再次深呼吸，放松，回到你的视频结尾。再次回放10秒。不停重复这个步骤，直到你能够看到、听到自己为满足心愿采取行动的生动画面。
5. 问自己："我做这些事可能达到目标吗？"如果你确实想要实现自己的目标，可能得另辟蹊径，尝试一些非同寻常的想法。如果你能看到必要的步骤，就继续。如果不能，重返空白屏幕，播放另一段视频。
6. 现在进入视频，直播带来成功的每一个场景。想象你正在实施、说出和经历自己即将采取的措施。

7. 逐渐回到现实状态，感到精神焕发、信心满满，斗志昂扬地迈出第一步。睁开双眼。

列出步骤

现在你已经使用了意象法，看到自己完成目标，那么该在纸上写出步骤了。首先，写出你的目标的具体要素，然后为完成每一项目标列出具体步骤和时间表。我们以"更多陪伴孩子的时间"的目标为例，列出具体的实施方式。

我想用周六的大部分时间，加上周一、周三和周五晚下班后的时间，7:30～9:00，来陪孩子。还有，每个月抽两次周六的时间安排特殊的外出活动（博物馆等）。

步骤（包括时间表）：

1. 放弃周六早晨的培训工作（两周）。
2. 上网获取孩子们的活动安排表（每周）。
3. 晚上 7:30～9:00 的家庭时间召开家庭会议。强调晚上 7:30 以后不得看电视的规定，作业必须在 7:30 之前完成。本周三晚召集大家。
4. 安排特殊游戏之夜

一些目标需要更多措施才能顺利起步，以下是"成为内科治疗师"第一个月的安排。

1. 找出本地区所有能够拿到内科治疗师资格证或学位的项目。
2. 了解内科治疗师入学要求。
3. 获取贷款信息。
4. 找老板问问兼职的可能性。

5. 和父母谈谈帮忙出点学费的可能性。

6. 下载应用。

7. 找三个人写推荐信。

注意措施必须明确、具体，并且是一种能够做出的行为，为如何着手制定出确切步骤。在一张空白纸上写出你的中期和长期目标的实现措施。

做出承诺

向某个朋友或家人做出有关你的中期和长期目标的承诺。告诉此人你为达到目标计划采取的措施，并附上每一阶段的时间表。然后汇报每周进度。如果你愿意，也可以将即期目标囊括进入进度报告当中。如果没有主动做，请你的朋友或家人提出检查要求，每周至少一次。

完成目标的阻碍

有时自尊不足的人能够设定目标，但完成目标却不够积极。你憧憬更加美好的未来，但前进的路途中必然会有绊脚石，阻挡你迈向战利品的脚步。

以下列出了6种完成目标过程中常见的绊脚石。仔细阅读，找到最适用于你的几种，直接跳到该部分，查阅如何战胜最令你心烦的阻力。

不周全的计划。最常见的绊脚石是敷衍了事的计划：没有把宏大的目标细分、具体到每一步。一蹴而就地完成重大生活目标的野心无异于一口吞下整条面包，那是不可能的。你必须将它切成片，一口一口吃，否则就会窒息。

不充足的知识。这也是一个很常见的绊脚石，当你缺乏展开行动的必要信息时，它就横空出世，阻止你迈出哪怕是最小的第一步。一无所知的情况下去追寻目标,就像是随便跳进一辆地铁,就指望能从曼哈顿到布鲁克林。你需要一张地图和时间表——到达目的地的必备信息。

不恰当的时间管理。忙得晕头转向的人常常先制定理性目标,再细化到合理的每一步,却似乎找不到时间迈出第一步。如果抛出的杂耍球已经超出了你能从容抛接的数量,那么即使只多抛一个,也会招致满盘皆输。增添新的目标亦是如此,你必须成为技艺精湛的时间杂耍师,或者做出取舍。

不现实的目标。这是自我摧残的一种形式,也是自尊不足的人惯用的思维和行为模式。设定无望完成、不切实际的目标,就注定你会失败,饱受自卑折磨。追寻虚无缥缈的梦想无异于把选择月亮当掷石块的靶子。

对失败的恐惧。每个人都害怕失败,但对于自信不足的人而言,这种恐惧就是不折不扣的路障。你也许能够制定现实的目标,筹划可行的步骤,但失败焦虑或冒险恐惧会造成极大干扰,令你无法全心全意为自己的目标打拼。这就像你给车加满油后只在路边晃悠,不敢一脚油门驶入车流。

对成功的恐惧。一种比较罕见,但阻力更大的绊脚石,它其实是对迟到的失败的恐惧。你害怕成功完成目标后,等待你的将是日后惨痛的失败。如果你获得了重大职务晋升,或是与自己的白马王子步入了结婚殿堂,会变得更加耀眼夺目。人们都会敬仰而且依靠你。然后你最终会令所有人大失所望,延迟的失败一旦来临,后果更加不堪设想。害怕失败的人的座右铭是"爬得越高,摔得越惨"。这就像你不敢驶入车流的原因是惧怕到达某个令人仰望的目的地,比如说悬崖的顶端,结局就是坠落身亡。

不周全的计划

吉赛尔是一位45岁的兼职室内设计师和古董商,想进军利润丰厚的公司装潢

领域——设计酒店大厅、高管办公场所和高端接待区,但也知道自己需要新的技能、装备和经验,并写出了以下一系列步骤:

新买一台速度更快的计算机,内存大、作图功能多。

注册一家有限责任公司,买下所有相关网址。

去欧洲参观装潢设计样板间,了解最新风格和颜色。

与当地最大公司的决策者见面。

但吉赛尔似乎很难起步,她在计算机商店看花了眼,越来越迷茫。看了看账户余额,又为去欧洲的钱不够而灰心丧气。

她的步骤太笼统,计划并不充分,从长远来看,每项目标都合情合理,但她还是无从知晓此时此刻该从什么做起。

分解工作表

这项练习通过询问一系列精心设计的问题将目标"分解为"各个零件,有助于你将宏大目标分解为一个个更加具体详细的小目标。

总目标:

为了完成这一目标……

1. 我需要什么信息?
2. 我每天或每周需要为此投入多长时间?
3. 我需要多少钱?
4. 我需要谁的帮助?

> 5. 我需要什么资源或服务？
>
> 6. 什么是说明我开始完成目标的最早迹象？（朝目标奋进的第一步）
>
> 7. 我怎么知道自己在为目标奋斗的路途中进展顺利？（朝目标奋进的中间步骤）
>
> 8. 什么时候我才能知道自己已经彻底完成了目标？（完成朝目标奋进的最后一步）
>
> 注意，并不是你的每个宏大目标都能够用到全部八个问题。

当吉赛尔将这八个问题用于自己买台更新、更快的电脑的目标时，写下了她的中肯回答：

信息：买什么类型的电脑？室内设计最好的作图软件是什么？你如何学会使用它？

钱：我有4000美元存款，还可以再借一些，但我必须精打细算，买到物美价廉的东西。

帮助：我需要专家的建议。

最早的迹象：我看到自己在买任何东西前，开始学习使用软件。

进展顺利：我看到自己在挑选和购买电脑和软件，身边有一位值得信赖的专家出谋划策。

信息：我需要一个咨询师，报个班，或买本好书。

钱：咨询师可能每小时收200美元。书便宜，但过时快、难理解。报班费用比较低，还可以问问题。老师可以培训我，而且告诉我买什么，买软件时还能享受学生折扣。

信息：我需要查查哪里办了电脑作图培训班，社区大学还是网上？

最早的迹象：我在大学网页上找到了课程表。

注意，当吉赛尔坚定地迈出第一步之后，又凭直觉再一次问了"信息"问题。这是她周二晚制定的目标，周三晚就打了电话咨询，到下一个季度时，她已经在作图培训班学习了。

不充足的知识

24岁的杰克刚从美术学院毕业，想当一名画家。他从学校学到了很多关于油画和水彩画的历史和技巧，但对职业艺术家的现实生活了解甚少。只是有个模糊印象：将一幅幅画作运往纽约和芝加哥的画廊，换回大额支票。信息的匮乏令他无法设定清晰、实际的目标，并为实现目标制定每一步方案。

为了获取必需知识，你可以尝试以下这些资源：

书本：去图书馆、书店或上网做一些调查研究。杰克找到几本关于通过画廊卖画、艺术家的营销原则的书，还有记录职业艺术生涯起起落落的著名艺术家传记。

因特网：尝试随意搜索感兴趣的关键词。杰克发现了大量在线艺术画廊、职业艺术家的实践研讨会列表、聊天室、必需品一览表、艺术作品交易网站等。

导师：找资深人士取经。大多数成功人士很乐意向真诚的新手分享成功经验。杰克发现有一个他最喜欢的油画家就住在20千米开外的地方。他去她工作室喝咖啡的同时，进行了好几次长谈，探讨作为一名艺术家，既要养家糊口，又要保持创造力和坚持己见所面临的挑战。

培训：如果你的目标需要你通过培训班、上课、研讨班、讨论会获得特定技能——果断报名。杰克认为他已经无须再接受艺术教育，但发现一个名为"艺术家的营销"的研讨会后，认为自己仍需补充这方面知识。

糟糕的时间管理

罗萨莉娅是一位 28 岁的母亲,有两个孩子,每周有 5 个晚上都在给外国人上英语课,丈夫白天在一家餐厅的供货仓工作。他们的 7 岁女儿上二年级,功课有点跟不上,5 岁的儿子到了上幼儿园的年龄。罗萨莉娅并不看好当地的公共学校,加上她对学前教育、家庭价值和自身的西班牙文化传统有独到见解,所以一心想让孩子接受家庭教育。

罗萨莉娅给女儿办了退学,尝试给两个孩子在家上课。但是刚开始时也是手忙脚乱,不能面面俱到——她的定期教学工作,需要交给学区的自己孩子的课程资料、测试和报告,家务活,保养车,照顾狗,抽空陪丈夫,挤时间看场电影或周末出去旅行。她为此疲惫不堪、灰心丧气。

1. 分清轻重缓急

写出你在生活中的所有角色,包括你的目标暗含的未来新角色。然后排列它们的等级,从最重要的开始,标为 1,接下来是第二重要的,标为 2,以此类推。下面是罗萨莉娅的列表:

1. 母亲
2. 妻子
3. 家庭学校老师
4. 英语老师
5. 女儿
6. 天主教徒
7. 读者
8. 奇卡诺人[⊖]
9. 旅行者
10. 网球运动员
11. 钢琴家
12. 红十字会志愿者
13. 女仆
14. 修理女工

⊖ 墨西哥籍美国女孩或妇女。——译者注

现在进入棘手环节——划掉你为了完成重要角色的任务，即将不得不放弃的或忽视的角色。罗萨莉娅意识到她可能得减少教会和红十字会的工作，少打网球、少旅游几次，还有少弹一会儿钢琴。同时，她还需要降低自己对房间卫生和修理的标准，或是找其他人（比如她的丈夫）来整理。对于浪费时间的一些习惯，比如做白日梦、和妹妹煲数个小时的电话粥或是看电视脱口秀——索性丢弃。

2. 列出待办事项清单

"待办事项"清单是高效时间管理者的必备模板。你的日常清单事项应该按照轻重缓急分为上、中、下层三类。上层事项是你当天必须做的事，比如在约定时间去看医生或是在 4 月 15 日邮寄出你的纳税申报单。中层事项没那么重要，但也必须在今天完成，或者最迟可以拖到明天，比如完成简历或是写小说。下层是最不重要的，比如说给冰箱除霜或是给狗洗澡。它们是迟早都得做的事，但推迟做也无妨。

罗萨莉娅要确保每天至少有一或两个上层事项要完成。比如，在每次家庭教学的当天，给孩子们设计一个寓教于乐的游戏或是比赛。除此以外，她要确保自己的时间表要留出和丈夫一起吃晚饭和偶尔探望母亲的时间。像洗牙、修理后廊顶这类的中层事项被拖后了好几个月。像秋天种植球茎植物或是给钢琴调音这样的下层事项压根没有发生。虽然她为这些小事略感遗憾，但总体而言，提高了自尊，因为她实施家庭教学和促进家庭和睦的伟大目标正在顺利展开。

3. 说"不"

大多数时间管理计划最终会因他人占用你时间的要求遭到破坏。仅仅因为其他人想要你放下手头的一切去响应他们的召唤，你满口答应的冲动必须加以遏制。这并不意味着你必须拒人于千里之外，让所有人对你怀恨在心，只是意味着你得问自己：

- 这个请求合理吗？
- 这个对我重要吗？
- 我能够只同意一部分，少做一点或者用更少的时间来满足这个人的请求吗？

罗萨莉娅发现当妹妹邀请自己去观看小狗表演时，她不得不说不。当红十字协调员请求她多奉献几小时，她不得不说不。当图书俱乐想让她多主持几场会议时，她不得不说不。

脱离实际的目标

58岁的赫布是一家托儿所的老板，已经离异18年，目前没有女友，感到寂寞孤单。他为自己设定了找个伴侣共同生活的目标，他理想中的女人应该在45～55岁之间，身材苗条、较小、黑头发、高贵优雅、气质脱俗，喜欢植物、自然和音乐，烧一手好菜，能够容忍粗糙的单身生活方式。赫布喜欢凌晨三四点起床，煮一壶浓浓的咖啡，读读报纸，在电脑上做做园林设计，直到太阳升起。然后去幼儿园和花房工作到10:30，吃完午餐后，睡两个小时午觉。到一两点钟的时候，再回去工作几个小时，然后随便吃点晚餐，晚上8点钟看着电视入睡。

赫布做事井井有条，所以当他把自己的目标分解为可行步骤后就开始行动。他请所有的朋友和熟人帮忙介绍单身女性，还在一个相亲网站注册了账户，约了几位给回复他的女士喝咖啡。尽管有些派对他不想参加，但还是接受邀请，希望能遇到合适的人。但他的所有约会都以失败告终，赴约的女人都太老、太胖、太刁钻，或者他看上的人看不上他。

赫布的问题是目标脱离实际。尽管他待人热情、创造力强、幽默风趣，但他太矮、太胖、太沧桑、太不修边幅，很难吸引比他年轻和苗条的女人。他的生活方式和作息时间稀奇古怪又难以变通，普通女人很难接受。

赫布一无所获，直到逐条核对了下列标准，再次制定合理目标：

胜算有多大

把人性、你的个性、世界的运作方式、概率都考虑在内，你达到目标的胜算有多大？

____1000 比 1

____100 比 1

____10 比 1

____2 比 1

____相等

____比相等好

你实现目标的概率必须超过一半，否则就是好高骛远。如果你的机会是一半一半，或是更糟，那么失败不可避免。赫布最后意识到不改变他对女人的要求，很可能得见 200 多个"申请者"，才会找到一个般配的对象，这意味着不计其数的网上聊天和咖啡。所以不得不采取一些措施来增加胜算，否则他的肾脏就得遭殃。

我是否具有（或我能否获得）前提条件？很多目标都有你可能缺少的前提条件。你想成为职业篮球运动员也许身高不够，想上医学院也许年龄不够，想做大生意也许不够"心狠手辣"，想做某个工作也许经验不足。

赫布意识到他倒是拥有一些吸引符合自己标准的女性的前提条件，但并非全部。他可以减肥、剪头发、买点更光鲜的衣服，遵循更正常的作息时间。但是他无法变得更年轻或更高。

这是我的目标还是其他人的？ 这个问题包含两个层面。首先，这个目标是源于自己内心还是外部强加？比如，你也许想成为一名医生或律师或工程师，因为你的父亲或母亲是，而且他们也希望你能够走上同样的职业道路。这不是你选择多上几年学、做出个人牺牲的充足理由，它应该同时也是你内心深处向往的目标。

这个问题的第二个层面涉及由谁来完成这个目标。如果你的目标是让丈夫戒酒，那么这是他的目标，不是你的。如果你的目标是儿子高中毕业，考上大学，那么这是他的目标，不是你的。你设定目标时应该切实考虑自己能做什么，你必须是动作的发出者，不要让自己的目标受制于他人的行为。如果你的丈夫继续不醉不归，你可以计划参加匿名戒酒者协会并且搬出去住，这些是你能采取的措施。你可以计划给孩子请家教，为他提供安静的房间做作业，不在他上学期间安排家庭出游，这些都是你能做到的，但你不能替儿子高中毕业。

赫布意识到他挫败和不满的一部分原因是他理所应当地认为某位理想中的女子"应该"与他相恋，他有权利找个伴，她不出现在他的生命中就是渎职。他制定了受制于他人行为的目标——在这种情况下，甚至是他压根不认识的人。

赫布最后放宽了他对"理想女性"的要求，将和他年龄相仿、同样粗糙和不够完美的女性也纳入选择范围之内，自己必须接受和适应。现在，他和达拉已经结婚好多年了。

对失败的恐惧

杰瑞是一名医疗技术人员，在一家大型健康维护组织的血液、尿液检测室已工作12余年。她想在组织内部晋升，获得一份更好的工作，去放射科或是超声诊断科。但是，每当有更好的职位公布时，她最终的决定都是不申请。她会对自己说"我真的不够资格"，或"责任太大"，或"我没法给那个女人效力"。

这几年来，杰瑞完全可以胜任一些更好的职位，但是对于失败的恐惧阻止了她前进的步伐，她担心自己无法处理新的工作任务和人际关系，害怕搞得一塌糊涂。

战胜失败恐惧的方法是系统分析失败的实际风险。下列表格有助于你对最坏的情况做出判断，分析可能的损失和应对策略，把对失败的恐惧感降低到合理水平。

风险分析

描述你所畏惧的失败：＿＿＿＿＿＿＿＿＿＿＿＿＿＿＿＿＿＿＿＿

你如何看待这件增强你恐惧感的事？＿＿＿＿＿＿＿＿＿＿＿＿＿

用1～10为你的恐惧强度评级，10为最强：＿＿＿＿＿＿＿＿＿＿

用百分比表示失败的概率：＿＿＿＿＿＿＿＿＿＿＿＿＿＿＿＿

假设最坏的情况发生，

预测可能发生的最糟糕后果：＿＿＿＿＿＿＿＿＿＿＿＿＿＿＿

可能的应对想法：＿＿＿＿＿＿＿＿＿＿＿＿＿＿＿＿＿＿＿＿

可能的应对行为：＿＿＿＿＿＿＿＿＿＿＿＿＿＿＿＿＿＿＿＿

修改后的结果预测：＿＿＿＿＿＿＿＿＿＿＿＿＿＿＿＿＿＿＿

重新用1～10对恐惧评级＿＿＿＿＿＿＿＿＿＿＿＿＿＿＿＿＿

什么证据能够显示最坏的结果不会发生？＿＿＿＿＿＿＿＿＿＿＿

还有哪些不同结果？＿＿＿＿＿＿＿＿＿＿＿＿＿＿＿＿＿＿＿

重新用1～10对恐惧评级：＿＿＿＿＿＿＿＿＿＿＿＿＿＿＿＿

重新用百分比表示你所惧怕的失败的概率：＿＿＿＿＿＿＿＿＿＿

这是杰瑞填写的风险分析表格：

风险分析

描述你所畏惧的失败：无法胜任新工作

你如何看待这件增强你恐惧感的事？太难了，我肯定会搞砸，最好还是别试了。

用1～10为你的恐惧强度评级，10为最强：9

用百分比表示失败的概率：75%

假设最坏的情况发生，

预测可能发生的最糟糕后果：我对新工作的申请通过，然后表现太差，害患者丧命，被医院解雇，找不到工作，最后饿死。

可能的应对想法：还没有人在我手中丧命。他们总会有培训期、有顾问、有试用期评价，所以你不会出太大差错。

可能的应对行为：找到我以前的主管，要回以前的工作。告诉新主管我很紧张，如果有可能，需要额外的培训。

修改后的结果预测：我可能做得不错，保住新工作，即使失去了，也可以做回以前的工作。

重新用1～10对恐惧评级：5

什么证据能够显示最坏的结果不会发生？大家都在更换工作部门，并没有因为酿出大祸而被解雇的先例。

还有哪些不同结果？我可能得不到申请的第一份工作，这也无所谓。我也许会表现不俗，得到更好的工作。我也许无法胜任，不得不回到已经驾轻就熟的工作。我也许得去另一家医院找份工作。

重新用1～10对恐惧评级：3

重新用百分比表示你所惧怕的失败的概率：10%

杰瑞积极申请，得到了放射科的工作，表现突出，很快就被提拔，心情舒畅。

对成功的恐惧

玛戈是一位 63 岁的邮局退休员工。她的丈夫于五年前去世，孩子也已经长大成人，她想在临终前看看大千世界，长长见识。她有充足的时间和金钱，身体也相当硬朗，但退休三年了，还没能迈出家门，只是通过旅游杂志了解陌生的城市和国家。她这个年龄的女人，要么随教会团体一同飞往拉斯维加斯，要么乘车去黄石国家公园考察地质，甚至可以徒步环游英国湖区。她想象自己在旅馆、酒吧和墓区之间游走，通过双目望远镜观察夜莺，吃牧羊人派，和几个来自印第安纳州的精神矍铄的男士一起制作拓印品。但她知道时间一长必然会出问题。她会想家，或扭伤脚踝，或违反旧世界的英国风俗，一看就是十足的洋基乡巴佬。精神矍铄的中西部男士可能会频频向她示好，令她不知所措。或者他们开始了一段恋情，然后他发现她其实很普通，将她抛弃在英国的某个臭水沟里。她最好还是不要胆大妄为，那属于其他人，不适合她。

每个人都向往成功，怎么会有人害怕成功？这似乎不可思议，但羞耻感深埋于许多自尊不足的人的内心深处，导致他们在寻求成功的时候却又害怕成功。他们渴望得到生活中的美好事物，又觉得自己不配拥有。如果他们获得一些成功，又生怕这只会让他们日后摔得更惨。他们会成为他人嫉妒的重点对象，或者其他人要来找他们帮忙，最终被巨大的责任压垮。

如果你已经制定了合理目标，并将它们化整为零，无畏失败，也已经具有了必需的知识和时间管理技能，简言之，已经完满地设定了目标，但依然裹足不前，那么就该考虑这是否出于你对成功的惧怕。

究其原因，你的病态批评者仍然躲在黑暗的角落，低声念叨令你羞愧难当的咒语："你不能这么做，你不配。你以为你是谁？这个险冒得不值，不要自取其辱。"

你需要回到前几章探讨的病态批评的性质、打压他和顶嘴的方法。玛戈写出并且练习了几个让病态批评偃旗息鼓的口头禅后,终于报名参加了下一年的湖区旅游。

> 我有资格享受生活中的美好事物。
> 我是一个活力充沛、精明能干的女人。
> 我能想去哪儿就去哪儿,想干什么就干什么。
> 我能处变不惊,解决常见问题。
> 犹豫不决的时候,出发!

SELF-ESTEEM

第 14 章

意　　象

　　意象是一个改善自我形象、在生活中做出重大改变的方法，其强大效用已得到证实。它包括放松身体、清除脑海中的杂念和想象积极场景。

　　你是否相信意象的有效性。与一个"不相信的人"相比，深信不疑也许能帮助你更快地达到目的，但确信不是该过程的必要条件。无论你是否相信，大脑的构成方式决定了意象法能够奏效。怀疑可能会令你不屑于尝试意象法，但只要你肯迈出第一步，它不会完全禁止这个方法发挥作用。

　　本章即将教你基本的意象方法，提供在脑海中形成生动影像的练习，并能引导你创造出独特的提高自尊的意象练习。

意象法提升自尊的方式有三种：改善自我形象，改变你与他人的相处方式，以及帮助你达到特定目标。

改善自我形象是最重要的第一步。如果你现在看到的自己脆弱而无助，可以练习看到自己坚强且资源丰富。如果你常常认为自己一文不值、微不足道，可以创造出你建立丰功伟业的光辉形象。如果你认为自己体弱多病、事故不断、情绪低落，你可以用自己身体健康、仔细谨慎、乐观开朗的形象反驳这一看法。

第二步是使用意象法改变你和他人的交往方式。你可以想象自己外向、有主见、友好等。你看到自己和家人、伴侣、朋友和同事关系和谐融洽。你想象自己结交了有趣、乐观的新朋友，他们也认为你有趣、乐观。

第三步是你能够使用意象法达到特定目标。你想象自己涨工资、最终拿到了那个重要学位、搬进了那个心仪的街区、在自己最喜欢的体育项目中表现出色、为世界做出了突出贡献。简言之，成为你想象中的样子，去做你想做的事，拥有你所期待的一切。

为什么意象法能够奏效

回应批评的一章中曾提到一个比喻，它能够解释意象法发挥作用的原因。这个比喻是说人们间接地经历现实，仿佛是在脑海中观看电视屏幕，而不是按照现实的原样去感知世界——他们只能看到自己屏幕上的内容。屏幕显示的内容在很大程度上又取决于想象力。这意味着你的意识和身体对于想象经历和现实经历的反应方式相差无几，具体而言，你的下意识似乎无法区分"真实"的感官经历和你在意象练习中构想出的生动画面。

比如，如果你想象自己轻松自如地融入一个派对，自信心的提升会不亚于你在现实生活中参加派对时和周围的人相谈甚欢。相比之下，想象会更加轻松，因为你能够完全掌控，降低焦虑。

你在意象中加入的认定性语句是对病态批评负面评论的有意且积极的更正。它们是意象的"画外音"部分，仿佛你正在观看一部纪录片，听到解说员对画面内容进行解释。

练就意象的技能并不难，就是学会有意识地去实践你已经在下意识中完成的行为。你是创造、编辑和解读屏幕中内容的唯一人士。如果你自尊不足，可能就会创造出自己举步维艰的画面，剪掉所有受到的赞扬，并且将看到的大部分内容解读为你不足的证明。

你可以想象出自己成为盖世英雄、技压群雄、受到应有的追捧。在学习形成生动的脑海画面时，你会提高自己准确感知现实和以更加超脱和客观的目光看待自己的能力。

还有一种有助于理解意象为什么能够如此有效地改变行为和自我形象的方式，那就是把意象当作调整你做简单决定方式的方法。每时每刻你都会面临各种细微的选择，大多数都不易察觉。你应该向右还是向左转？吃吐司还是玛芬蛋糕？现在就给简打电话还是迟点打？再吃一块派还是不吃？系安全带还是不系？闯黄灯还是停下？是加入冷水器旁的一队还是咖啡机旁的一队？

意象能够调整你的想法，令你认识到两者当中较为积极的做法，并选择这么做。假以时日，成千上万个细微的积极选择汇聚到一起就能够提升自尊和幸福感。

这种对无意识决定过程的塑造并非新鲜事，你肯定这样做过，但如果自尊不足，则是在背道而驰，意象之后选择消极的做法。你看到自己一事无成，所以预计会遭遇并且选择失败、遭拒、失望、消沉、焦虑，或被疑虑和恐慌折磨。你会选择再吃一块派，即使你已经很胖。你生自己的气，所以不系安全带，尝试藐视黄灯。你倾向于选择消沉的人，痛苦的情形。

意象法能够将这一切统统改变。你能够用它来有意识地触碰无意识、下意识和消极的过程，提醒它变得积极。你能够调整自己的决定机制，让自己选择成功、被接受、实现预期目标、积极向上、放松、有希望和信心的支撑。你能够通过加强积极倾向来拒绝会令你增肥的派。你会足够珍视自己，系上安全带，停止愚蠢行为。你倾向于选择积极的人和有利于情感健康的环境，只有在这样的环境下，你才会获得成长和成功的机会。

想象一群鱼，上下左右地乱冲乱撞。所有鱼都消耗了相同的精力，却还是没能到达目的地。如果你是一条意识被加以塑造的鱼，就会用和之前同样的精力，直奔自己想去的地方。

意象练习

意象的第一步是放松。当你的大脑产生阿尔法波时，意象的效果最为显著，而这只有在你进入深度放松状态时才会发生。放松的阿尔法状态下，意识和接受性都得到加强。

每天进行两次意象练习。最佳时间是晚上临睡前和早晨清醒时。在这些时候，你相当放松，容易接受外部事物。

第一阶段

坐进一把可以靠头的椅子，或者平躺在一个不会被打扰的安静地方。确保周围环境温度适宜。闭上双眼。

深呼吸，让空气逐渐填满肺部，胸和腹都得到扩张。让空气缓慢地完全流出。继续像这样呼吸，缓慢而深沉。

集中注意力于双脚。当你吸气时，留意脚部的所有紧张状态，当你呼气时，想象紧张随之流逝。你的脚感到温暖和放松。

现在关注你的小腿、胫骨和膝盖。当你缓慢吸气时，留意这些部位的紧张状态。当你缓慢呼气时，让紧张渐渐退去。

将注意力上移至大腿。吸气，并关注到腿上部大肌肉的紧张。呼气，让紧张随之流出。

现在当你吸气时，注意臀部或骨盆区域的紧张。呼气时，缓解并消除这种紧张状态。

现在吸气时，留意你的腹部肌肉或背部下方是否感到紧张。当你缓慢呼气时，放松所有的紧张。

缓慢吸气，留意胸部或后背上方的任何紧张。缓慢、彻底地吐气，感受到胸部和背部的紧张得到缓解、流出体外。

现在向外移动注意力至手部。吸气，感受指头、手掌或手腕的紧张，让它在缓缓呼气的过程中排出。

接下来上移至你的前臂，吸气时关注任何的紧张状态。然后呼气，使紧张消失。

缓慢吸气，意识到上臂的紧张。当你呼气时，让你的二头肌和其他上臂肌肉放松、下沉。

现在注意你的肩膀是否感到紧张。吸气，关注紧张。呼气，让气流把紧张带离你的肩膀。耸耸肩，如果还有紧张残留，可以再进行一次呼吸，这里往往比较紧张。

上移至颈部，当你吸气时感受所有的紧张。呼气，让紧张流出你的颈部。如果脖子仍感紧张，转动头部，再次进行完全的深呼吸，让脖子彻底放松。

吸气时，张开下巴，注意你可能双唇紧闭。活动下巴，当你缓慢、完全呼气时，让它放松。保持下巴微张，确保它处于放松状态。

现在吸气时关注面部肌肉：你的舌头、嘴巴、面颊、前额和眼周。呼气时，赶走所有斜眼和蹙眉的感觉。

最后，扫描你的全身。找出仍残留紧张的所有区域，让它们随着你缓慢、深沉的呼吸，彻底放松。在进行意象的任何时候，你都可以返回到放松阶段，再次放松所有感到紧张的部位。

刚开始尝试意象时，你会发现有很多乱七八糟的想法涌入脑海，这很正常。只需要知道这些想法或形象是什么，然后让它们离开就可以了。抵制一连串奇思妙想的诱惑，重新把关注点放在你打算想象的事物中。

1. 在这项第一个练习中，你一次只需关注一个感觉，想象简单的图形和颜色。它和密宗瑜伽练习者的冥想相似。

首先，你要练习内视觉。闭上双眼，想象白色的背景当中有一个黑色的圆圈。让这个圆圈非常圆，非常黑。尽量让背景又白又亮。围绕这个圈移动你的内视觉，看到它非常圆，看到白与黑之间清晰的分界线。

现在把圆圈转换成黄色，使黄色非常明亮，是能想象到的最清晰、最鲜嫩的原色黄。保持背景为明亮的白色。

现在让黄圈渐渐退去，代之以一个绿色的正方形。根据你的喜好，让它成为鲜绿或是暗绿。保持正方形四方四正，不是长方形或平行四边形，而是一个不折不扣的正方形。

现在擦除正方形，想象一个蓝色的三角形。使它成为不含任何杂质的原蓝色，就像是你一年级教室的墙上挂着的、教你辨认颜色的蓝色。让三角形成为一个三边长度相等的等边三角形。

现在擦除三角形，想象一条红色的细线。令它成为和消防车一样的鲜红色。检查你的背景，确保它仍然是白色。

现在放飞你的想象，想象一系列不断变化的、不同颜色的形状。不仅改变前景，也可以改变背景。在保证图像不失真、保持完整和完美的状态下，尝试加速变化。

2. 练习的下一部分会关注声音。闭起你大脑中的眼睛，让形状盒颜色统统消失。可以想象周围浓雾弥漫，你什么都看不到。"竖起耳朵"认真听。

首先，听到铃声，让它一遍遍响起。是什么铃声或钟声呢？它是教堂的钟、门铃、晚餐铃、船上的汽笛、前台领班的铃、母牛的颈铃，还是其他什么？

现在听到从远处传来的警报声，就像半英里（约 0.8 千米）以外的消防车的警报声。让它逐渐靠近，声音越来越大，直到你几乎不得不用手捂住大脑中的耳朵才行。听到它从你身边呼啸而过。听到多普勒效应，当消防车靠近时，声音越来越高，当它远离时，声音越来越低。听到它的声音渐行渐远，直至听不见。

现在听到海浪拍打岩石耸立的海滩，听到海浪奔涌时发出的撞击声，听到白色水沫在岩石边堆积而起的隆隆声，听到海浪铺散在岸边细沙和碎石散上的嘶嘶声，再加入海鸥凄厉的叫声。（如果你的一生都在内陆地区度过，那么可以想象随着春雨涨水的小溪，呼啸着向前奔腾，在崎岖不平的河床上翻滚而过。）

现在听到汽车的引擎声。发动、加速、开着它上陡坡，听到它费力的声音。听燃油即将耗尽时它发出的喘息和噼啪声。

现在仔细听，听到母亲说你的名字。听到爱意浓浓的语气，然后是火冒三丈的语气。尝试气急败坏、幸福甜蜜、伤心难过的语气。用同样的几种方式听听爸爸的声音、爱人的声音，和你生命中其他人的声音。

3. 接下来的部分处理触觉问题。想象你脑海中的大雾变得更加浓厚，你什么也看不到。耳朵里塞了棉花，什么都听不到，只能通过触觉来感知。想象你坐在一张坚硬的木头椅上，感受靠背和底部对你的挤压。想象前方有一个坚硬的木头桌面，你伸手触摸坚硬的方形边缘和平坦的表面。

现在想象桌面上放着一些物体。伸手摸到第一件，它是一小张粗糙的砂纸，边长约 3 英寸（约 7.6 厘米）的正方形，感受粗糙和光滑的两面，用手指轻轻滑过表面，感受一面的砂粒和另一面光滑的纸张。用手折叠这张砂纸，感受弯曲它时受到的阻力。继续折叠，直到将它对折。

放下砂纸，拿起一块同样大小的厚丝绒布，感受它摸上去有多柔软和舒服。拿近脸庞，擦拭你紧闭的双眼，然后向下到脸颊，再到嘴唇。将丝绒布卷起，然后展开，平整地放在桌上。

现在忘掉丝绒布，拿起一块鸡蛋大小的石头，感受它又多坚硬、光滑、冰凉和分量有多重。

现在伸出你的手，手掌朝上，想象有人往你的手心挤了一些护手霜。想象你在搓手，将它抹匀。先感受到它的柔滑和清凉，然后温暖和舒适。

继续探索你的触觉。尝试把手伸进流动的热水。想象水变得更热，然后更凉。想象碰触温暖的皮肤，尝试抚摸一只猫或一条狗，想象你最喜欢的工具或厨具的感觉。

4. 下一部分练习聚焦于味觉。想象你仍然什么也看不到、听不到，现在连触觉也消失了。你只能用口尝。想象舌头上有一些盐粒，让盐的味道涌入嘴里，令你分泌唾液，然后吞咽。

现在把盐换成几滴柠檬汁，关注酸的感觉，感到你的整张嘴都噘在一起。

现在用一个非常辣的红辣椒碰你的舌尖，感到它强烈的热辣灼烧你的舌头。

现在吃一口香草冰激凌缓解烧辣：甜腻、冰凉、柔滑，真正品尝到它。

继续尝一些你喜欢的食物。吃一顿想象的大餐，从汤到坚果。

5. 现在关注你的嗅觉。关闭你的其他所有感官通道，想象感恩节烤鸡的香味。再次感受走进厨房或是打开烤箱门、闻到浓浓节日香味的愉悦。

现在对你最喜欢的香水、古龙水或花香重复同样的过程。想象香味扑鼻而来。

继续闻你喜欢的其他味道，甚至你不喜欢的味道：比萨、红酒、新鲜面包、大海的味道、刚割的干草、湿漉漉的油漆、热焦油模型胶、腐坏的鸡蛋等。

现在这么多就足够了。回忆你所处的环境——房间、家具等。准备好后睁开双眼，起身之前调整自己。如果这个过程对你而言比较漫长或是非常逼真，你可能会感到有点眩晕。

分析你的感受。是否某一种感觉比其他感觉来得更容易？大多数人的视觉意象最强烈，听觉次之。哪种感官更容易产生丰富的联想并不重要。即使"意象"一词暗含视觉的意思，任何你能在意象中形成的感官印象都可以奏效。充分发挥你的优势，重点关注哪种感觉最容易获取。

所有人都能够提高形成感官意象的能力。多做在脑海中形成感官印象的练习，就能越做越好。形象、声音和感受会越来越强烈和逼真，你能够加入越来越精致的细节。

某种感官形式的能力提高了，其他感官形式的能力也会随之提高。如果刚开始，你只能看到模糊的画面，听不到任何声音，那么持续练习视觉意象。你看到画面的能力会有所提高并得到扩展，最终听到声音、触摸、品尝和闻到的东西也会变得更加真实清晰。

你是否发现每次很难只聚焦于一种感官？也许构造出蓝色三角形时，脑海中会闪现出你一年级教室里的景象、声音和气味。也许当你想象消防车的鲜红时，脑海中出现了一辆完整的消防车的画面。或者当你想象大海的声音时，也许还能闻到或尝出空气中弥漫的咸味，感觉到赤脚下的沙粒。这种迹象很好，说明你有用细节充实各种感觉的本领，能够娴熟整合来自于一个以上的感官系统的内容。

在接下来的几天，留意你的感官是如何共同构成感受的。在餐厅用餐时特别留意各种感官印象的复杂交织：食物的外形、餐具和其他顾客发出的声音、食物的味道和气味、它在你嘴里的感觉和吞咽时的感觉。你在现实世界中留心越多，想象的世界就越栩栩如生、趣味盎然。留意感官印象在你意识清醒、四处行走状态下的整合方式也是一项绝佳的训练，它能够帮助你整合想象中的感官印象，形成逼真、有效的意象。

第二阶段

在这项练习中，你要做的是创造综合了所有五种感官印象的完整、逼真的体验。首先，使用第一阶段学到的放松步骤进入平静、放松状态。

现在开始构建一个美味可口的红苹果的完整体验。先看到红色，然后将红色塑造出苹果的轮廓——基本是圆形，底部稍窄，顶部有点突出。现在看到它的立体形象，并在脑海中旋转，以便你看到最下面的小结，最顶端凹口处的苹果把儿，等等。如果你还没有准备好做到这一步，可以丰富它的色彩——从一边的鲜红到另一边的暗红。给整个红色的美味苹果添加小小的白色斑点。看到它光彩夺目。让你的苹果下方出现一个盛放它的盘子的形象。

现在加入一些声音。让苹果上升1英寸（约2.5厘米）然后"砰"地落入盘子，在木头桌上拉盘子，现在在桌布上拉，听到咬苹果的咔嚓声。

现在加入触觉。把苹果拿到手中感受它的清凉、光滑和分量。慢慢咬一口苹果，感受你的门牙咬破苹果皮时的阻力。

现在品尝到第一股甜中带酸的苹果汁，闻到甜甜的清新气味。

继续留意每一种感官：看到白色的果肉；咀嚼时果肉的口感；果皮和果肉的味道；清甜的香味；凉爽、湿润的感觉；你吃它时，它重量和形状的改变。继续进行，直到你吃完把果核返回盘子，然后用餐巾擦嘴和手。

第三阶段

本阶段的第一部分是睁开眼、随时都可以做的练习。在一面全身镜或很大的镜子中，观察你的面部：头发颜色和样式、前额、眉毛、眼睛、鼻子、面颊、笑容和笑纹、嘴巴、痣、斑痕、汗毛、毛孔、不同的颜色、耳朵等。练习微笑和绷脸，成为你的面部专家。你会为自己在面部的很多新发现惊诧不已。

在身体的其余部位也重复相同的步骤。从上到下，仔细研究脖子、肩膀、胳膊和手。观察你的胸部和腹部，你的臀部和腿。转身，尽量看到自己的背部影像，越多越好。注意你的姿势。站直，然后慢慢下沉。摆动胳膊、原地踏步。如果有，你可以看看自己以前的照片，对比你和他人的区别。开始下一步前，你需要对自己的外貌有一个清晰、自觉的认识。

注意，这绝不是一个评判环节，不是你清算所有不满意之处、打算做出改变的时候。

当你成为自己的外貌专家后,可以继续向下进行该练习的第二部分。这一部分需要早晨醒来,还没起床时做。闭上双眼,确保你处于完全放松的状态。

想象自己早晨醒来,感受被窝的温暖,看到你眼皮内部的暗处。听到闹铃,当你摸索着关掉它时,触摸到硬硬的塑料按钮。又重新躺回床上,叹息、抱怨,然后一骨碌爬起来。

你光着脚,地板是冰冷的。四周看看,观察你的房屋:家具、物品、门还有窗户。拿起衣服穿上它们,一次穿一件,当衣服滑过你的身体时,感受它们的质地,看到它们的颜色。

进行日常的洗漱、梳头、刷牙等。注意牙膏、化妆品或是所有那里的气味。留意所有你常常起身活动后身体的疼痛和不适,尽量让场景显得生动逼真。

现在提醒自己你还依然躺在床上。睁开眼睛起床,采取所有你刚才想象的行动。尤其注意将现实中的感受与想象中的进行比较,仔细记录它们之间的区别,你遗漏或做错了哪些。

每天早晨都做这项练习,坚持一周,每次为自己的意象加入前一天遗漏的细节。你正在提高想象的能力,就像电影导演学着在开拍前就想象出某个场景的屏幕效果。

进行一周这样的系统训练能够极大提升你创造的想象场景的复杂性和强度,这种类型的演练能够为你创造出提高自尊的场景做准备。

下面的准则对你形成有效的自尊意象也会有所帮助。

创造有效自尊意象的准则

1. 看到自己每天都朝着目标迈出坚定的几小步,既有过程也有结果。如果你不想再当壁花,可以想象自己在指挥乐队,或是在大型派对上表演脱口秀。

这确实不错,但你应该包含更容易的步骤。听到自己问一个似曾相识的陌生人你们曾经在哪见过。看到自己径直走向某人,邀请他(她)跳一支舞。看到自己主动请求当派对的传菜员,以便见到更多人,与他们搭讪。

2. 想象行为。找出自己采取的形象,不要只是做做样子、具有某些抽象的特质或是拥有某些东西。不断问自己,"从行为层面看,更高的自尊对我而言意味着什么?如果我拥有,应该会如何做?我的行为看上去、听起来、感觉像是什么样的?"比如,如果你想创造对自己的能力感到自豪的形象,你不仅需要自己微笑的形象——该形象可以代表任何事情。相反,看到和听到自己主动请愿完成一项难度很大但回报颇丰的任务。听到有人赞扬你出色完成任务,听到自己当之无愧地接受夸赞。

3. 包含更高自尊的积极结果。看到自己工作顺利,人际关系和谐融洽,达到目标。

4. 包含坚定自信的肢体语言:直立姿势,向前方的人微倾,面带笑容,不要抱臂胸前,也不要交叉双腿,接近别人,不要距离太远,其他人说话时点头表示赞同,在恰当的时刻,触摸对方。

5. 看到自己刚开始举步维艰,然后逐渐摸清门道,这个方法比一开始就看到自己大功告成更有效。

6. 看到自己越来越喜欢自己,不仅仅是其他人越来越喜欢你。先有前者,再有后者,不能颠倒。

7. 看到自己不仅有"更光明"的未来,更是要看到自己现在也不错。

8. 把自尊想象成你所拥有,但拿不到的东西。看到自己像发现失而复得的宝物一样发现自尊。看到乌云散去,阳光依然灿烂。当你调到爱自己的频道时,听到美妙的音乐平稳传出。当你穿上之前放错地方、刚刚找到的克木人羊毛衫时,感受它的温暖和柔软。

9. 将意象与认定语句结合很有帮助。在每次意象场景中和结束时说一句简短的认定语句。认定语句的功能和催眠时的提示语一样，是直达潜意识的语言信息，能够加强你的视觉、听觉和触觉信息。

认定语句是一个强烈、肯定、感情饱满、已然如此的陈述。

"强烈"意味着认定语句必须简短、绝对。

"肯定"意味着它不应该包含否定词，防止你的潜意识误解。你的潜意识往往会舍弃反义词，所以"我不会活在过去"会被误听成"我会活在过去"。

"感情饱满"意味着认定语句必须有真情实感，不能是抽象的语句或理论。说"我爱自己"，不要说"我承认我的内在价值"。

"陈述"意味着认定语句是一个陈述句，不是问题、命令或感叹。

"已然如此"意味着认定语句应该是现在时态，因为你的潜意识只能明白现在时。你的无意识没有时间概念，无法区分过去、现在和未来——统统是现在。

下面是认定语句的几个例子。

- 我爱自己。
- 我很自信。
- 我很成功。
- 我全力以赴。
- 我热爱生活。
- 我对自己很满意。

最佳的认定语句是你根据自己的个性特征、实际情况和奋斗目标编撰而成的。你在其他章节的练习中编写的认定语句进行改编后也可以用于意象。

10. 如果你有虔诚的宗教信仰或关于宇宙的深厚理论体系，可以将它们带入到你的意象中。大胆地想象上帝或佛祖或普世之爱的象征。你可以看到你尊重自己、关爱自己，折射出上帝对所有人的爱。你可以看到一种普世的爱意或能量在宇宙中流淌，看到自尊提升起到了拉开屏障，让能量也环绕你周围的作用。用一种有创意的方式让你的信仰发挥作用。

总而言之，应该把宇宙看作是能够为每一个人提供充足的情感、生理，和精神养料的地方——对每个人都有益处的充满爱的世界。在这样的世界里，所有人都能改变、进步，都值得被爱，都有憧憬的根基。

自尊阶段

下面的范例阶段只是起到抛砖引玉的作用，你要根据自己的特殊情况，形成个性化的版本，其中包含具体感官细节和认定语句，能为你发挥最大作用。它们可能会启发你形成自己的版本。

自我形象阶段

这是你应该为自己创造的第一种类型的自尊意象，它是更正你看待自己的方式的总体目标阶段。

你在自己创造的情景当中的行为能够显示你价值不菲，而非一文不值，自信满满而非迟疑不决，"高枕无忧"而非忐忑不安，心情舒畅而非情绪压抑，自怜自爱而非自怨自艾，豁达开朗而非羞涩胆怯，魅力四射而非百拙千丑，精明能干而非孤立无援，德高望重而非声名狼藉，无比自豪而非心生愧疚，接受自己而非批评自己。

找一个安静的地方，按照惯例进入放松状态，为本阶段做好准备。闭上双眼，深沉、缓慢地呼吸，想象第一个场景：

你正在洗澡。看到热气蒸腾。感到热水击打背部，并流向全身。听到哗哗的流水声。闻到香皂和洗发水的气味。

你感觉心旷神怡:活力充沛、温暖、放松。沐浴在纯粹的快感当中。告诉自己,"我有权利享受这个。"享受洗净全身的感受,神清气爽。

现在你冲完澡,擦干,穿上自己最喜欢的衣服,看到衣服的颜色。当你一件件把衣服穿在干净、温暖的身体上,感受它们的质地,告诉自己:"我值得拥有美好事物。我有资格感觉良好。"

来到镜子前欣赏自己的衣服,看你穿上它们后多么气质脱俗。站直,感到你衣服下的肌肤焕然一新,抬头挺胸时肌肉强劲而富有弹性,惊喜地发现常常出现的伤痛此时已无影无踪,告诉自己:"我看上去精神抖擞。"

把头发整理成你喜欢的样式。调整衣领,对着镜子中的自己露出微笑,切实感到面部肌肉形成了笑容。仔细观察自己面带笑容,留意自己微笑时有多么平易近人、平和放松。当你看到平时不喜欢的那部分外貌时,感到它们不再那么明显、那么重要。如果冒出自我批评的想法,耸耸肩,表现出不屑,告诉自己:"我其实挺好的。"

现在走进厨房。看到厨房的细节:火炉、柜橱、水槽,和平时看到的一样。走到冰箱前打开它,看里面塞满了营养丰富、令人垂涎欲滴的食物:新鲜的水果和蔬菜、牛奶和果汁、瘦肉——只要是你喜欢的健康食品就行。看到柜橱里有营养丰富的全麦和豆子,有益健康的各种配料,你可以用来烹饪自己喜欢的食物,告诉自己:"我拥有所需的一切。"

为自己准备简单的饭菜,营养美味。它可能是一道沙拉、一碗汤,或一份有营养的三明治。不慌不忙地享受拿出原材料,切开面包或蔬菜,把汤加热,使用诱人的摆盘方式,告诉自己:"我有资格吃好。"

看到颜色,感受到温度和质感,闻到诱人的香味。欣赏你为自己准备好的饭菜,告诉自己:"我很擅长这个。"

吃这道菜,静静地坐在桌旁慢慢吃。回味每一口,真正品尝和享受每一口你为自己准备的精美食物。吃完时，感受到自己吃饱喝足，吸收到营养，从容应对生活。让慵懒的满足感和幸福感彻底将你裹挟，告诉自己："我爱我自己，我能照顾好自己。"

自己收拾清理。当你收拾时，掉落一个杯子或盘子，它摔碎了，告诉自己："哦，没什么大不了。"如果有像"愚蠢"或"笨手笨脚"或"糟糕"这类贬损的标签闯入你的脑海，立即铲除，并耸耸肩说："我允许自己出错。我其实挺好的，犯点错误并无大碍。"

现在准备出门，出去散散步。走出门，沿着街道漫步，阳光明媚、温暖惬意。享受肌肉移动的感觉，你的肺在呼吸清新的空气，温暖的阳光洒在肩上。留意你以往的疼痛如何在此刻消失得无影无踪。注意每样东西看上去都明亮、清脆、干净。听到小鸟的叫声，远处有条狗在狂吠，车来车往，不知哪里传出的音乐声。告诉自己："我能享受生活中简单美好的事物。"

看到有人迎面走来，可能是陌生人或你认识但不太熟的邻居。看到陌生人看着你的眼睛向你微笑。你点头，并迅速向下移动目光，避免目光交流，感觉到因为心跳加速而引起的胸口轻微震颤、局促不安或常常感受到的羞涩和拘谨。

现在看到另一个陌生人向你走来，他再一次迎合你的目光并微笑。这一次，保持目光交流，并且也向他（她）微笑，告诉自己："我愿意承担风险。"

再一次看到另一个陌生人接近你，并冲你微笑。这一次保持目光交流，露出灿烂的笑容，大声清楚地问候："嗨，你好吗？"继续沿着人行道向下走，奖励自己一个微笑，告诉自己："我豁达开朗、自信满满。"

现在结束这一阶段，回忆你身处的环境。在做好准备时，睁眼起身。当你投入到日常生活中时，回想这个意象并且对自己重复认定语句："我值得拥有美好事物。我有资格感觉良好。我看上去精神抖擞。我其实挺好的。我拥有所需的一切。我有资格吃好。我擅长做很多事。我爱我自己。我能照顾好自己。我允许自己出错。我其实挺不错，犯点错误也不受影响。我能够享受生活中简单美好的事物。我愿意承担风险。我豁达开朗、自信满满。"

这里有一些对创造自我形象场景的更进一步的建议：与医生预约一次身体检查；优雅地接受称赞；逛街买新衣服或家具；买维生素、化妆品或运动器械；享受锻炼身体或文化活动；享受惬意的独处时光；在体育活动中获得成功；享受你最心仪的消遣方式。选择这些或其他你对自己很苛刻的场景，或是如果你有所行动，就能够明显提高自尊的场景。

确保自己遵循关于意象外显行为的准则，包括积极的肢体语言，首先强调自我接受，然后看到自己目前还不错。

关系阶段

这一系列场景的关注点是你处理人际交往时的感受，重点是在他人面前轻松自如，充分表达自己，提出请求，回应批评。总而言之，感到自己在与他人的交往中不卑不亢，是一个平等、有价值的参与者。

下列意象只是一个指南，为你设计因人而异、因地制宜的场景提供参考。

找一个安静的地方，用充足时间完全放松。当你进入状态，做好准备开始时，想象以下场景：

你正在一家高档餐厅和喜欢的人用餐。对方可以是你此刻很了解的人，可以是你希望加深了解的人，也可以是你刚认识不久的人。看到烛光，闻到食物的味道，品尝你口中的食物，听到隐隐约约餐具碰撞的声音和谈话声。你看到桌子对面的朋友，桌子不大，拉近了彼此之间的距离。面带笑容，听到对方的妙语时会心一笑，听到朋友和你一起笑，对朋友说："太搞笑了，我喜欢和你在一起。"你的朋友回答："谢谢，听你这么说，我很高兴。和你在一起我也很开心。"对自己说："我喜欢和朋友们在一起，朋友们也喜欢和我在一起。"

现在想象你在家和另一个人说话。你们已经决定晚上一起活动，对方建议去一家新开的匈牙利餐厅吃饭，然后去另一个城镇看一部国外影片。清楚地看到对方，听到他（她）劝说你时的语气。

想象对方是一个你想取悦的人，常常都是他说了算。但是这一次，注意你感到疲惫，不想再受他摆布。你只想点份比萨外卖，在家看电视。

看到自己挺起腰板，深呼吸，然后说："我今晚很累，我只想点一份比萨外卖，哪儿也不想去。我们可以看看电视，放松放松。我不想开那么长时间的车，很晚才回来。"

认真听朋友表达对你的体谅并同意和你待在家，告诉自己："我可以提出请求。"

现在想象你在教室、在参加商务会谈、在参加委员会议或是某个小组讨论。看到房屋，听到其他人的声音，注意到你的穿着、房屋的装饰、墙上的钟表，慢慢让场景变得更加逼真。

当你聆听讨论时，发现那个小组正在尝试统一意见，但他们永远不可能达成一致。你想出一个让所有人投票表决、采取多数人决定的主意。

看到自己坐起身，听到自己清清喉咙，深吸一口气，打断争吵开始说："我认为就算今晚讨论一整晚，也不可能得出结论。我建议投票选举，采取少数服从多数的原则。我们还有其他更重要的事情亟待解决。"

看到其他人微笑着点头。当小组负责人向你表示感谢，并且组织投票时，认真聆听，告诉自己："我能够提出弥足珍贵的建议，敢于在一群人中发声。"

关于下一个场景，想象你正在与母亲、父亲或其他非常了解你、能够对你的生活提出重大建议的人说话。扫视此人的面部特征，当你听到对方的不满评论，"我不知道你为什么还不搬出这个街区，它就快成贫民窟了。你应该做得更好"时，留意他的语气。

当批评的矛头针对你时，留意你是如何不经意间躲闪攻击的。注意你的姿势如何变得更加具有防范性——也许你抱臂胸前或是把头转开。

然后看到自己使出浑身解数坚定地回应批评。真切感到你放开胳膊、提起头、迎合批评者的目光。听到自己以镇定自若、不卑不亢的口吻回答："是的，你也许是对的。这个街区的确很破败。"注意，你并没有道歉、辩解或争执，告诉自己："我能承认批评，同时不失自尊。"

现在准备结束意象，让意识回到你的周围环境，慢慢睁开双眼重新调整自己。当你在日常生活中与人打交道时，回想你对人际交往的意象，用恰当的认定语句提醒自己："我喜欢和朋友们在一起，朋友们也喜欢和我在一起。我可以提出请求。我能够提出弥足珍贵的建议，敢于在一群人中发声。我能承认批评，同时不失自尊。"

下面是一些其他你可以尝试的情景：邀请对方，与新人打成一片，成功地处理一次投诉或是社交尴尬，退回不想要的商品，赞扬某人时说"我爱你"，要求加薪，申请工作或是不想答应别人的请求时勇敢说不。选出你常常感到恐慌和沮丧的场景。

当你创造人际交往的场景时，需要谨记在心的重要原则是它们必须涉及一定的初期思想斗争、坚定的肢体语言和积极结果，同时强调自我接受先于他人接受的原则。

目标阶段

设定并达到目标能够极大地提高自尊心，意象是明晰你的目标、创造成功期许的最有效的方式之一。

从微小、简单的短期目标开始，挑选你想督促自己完成的日常目标：按时工作，每周进行一定量的锻炼，完成学校作业，回复重要电子邮件，看牙医，等等。当你刚开始使用意象时就想象自己功成名就或20年后腰缠万贯，那么可能收效甚微。

下列意象是如何想象简单目标的具体范例，你可以参照它们创造出你渴望实现的自我形象。

坐在或躺在安静的地方，进行你最喜欢的放松练习。当你完全放松，意识处于接收状态，想象下列场景：

首先，想象自己按时去工作或学校。听到闹铃，看到自己醒来关掉闹钟，起床。接着和往常一样冲澡、穿衣、吃饭，然后出门，留出宽裕的时间，保证能够按时到达目的地。添加以前使用过的多感官细节，令你的意象栩栩如生。

在整个场景中，加入能够显示你镇定自若、不慌不忙、雷厉风行的细节。你在前一晚放置钥匙和文件的原处迅速找到它们，提前准备好公交车费或是加满私家车的汽油或是找好备选保姆，凡是能够显示你未雨绸缪、不耽误事的场景都可以，对自己说："我有条不紊，相当准时。"

设置一些障碍，比如听到电话铃声或发现车的电瓶电力不足。看到自己从容地接电话，长话短说或是借邻居车的电启动，告诉自己："我能够镇定自若，严守时间。"

想象准时到达的好处。你可以不紧不慢、胸有成竹地开始新的一天。你的老板、老师或其他人都对你感到满意，这就有了一个好的开始，对自己说："我能管理好自己的时间。"

在离开这个场景之前，对自己说："今晚吃完饭，开电视之前，我一定要准备好明早要用的东西。"

现在想象另一个场景，你推迟了写论文、填税单或是写一份必须要完成的申请。最后期限迫在眉睫。看到自己走进办公室或图书馆，拿出所有需要的材料：纸、笔、文件、书本和收据。留意自己是如何镇定自如地将所有工作合理地分解成每一步的，对自己说："不积跬步，无以至千里。"

加入一些困难。感到自己筋疲力尽、焦躁不安和灰心丧气。你的眼睛酸痛、胃里反酸、大脑不听使唤。站起来伸伸胳膊、抖抖腿，在房间走走，然后回到原位。看到自己恢复元气，解决困惑，对自己说："我能完成。"

看到、听到和感受到自己打出论文最后一页、在税单最下方签名，或点击申请下方的"提交"按钮。对自己说："我不慌不忙地完成了任务。"

看到在截止日期前结束任务的益处：当你递交写好的论文时，主席露出的满意笑容；你用退回的税买的新 iPad；你收到了申请通过的通知。告诉自己："这是我应得的奖励。"

在离开这个场景之前，告诉自己："我会把早晨需要的所有东西归纳到一起。"

现在进入下一个场景。想象你一直以来都想进行更多的户外活动，锻炼身体，为自己种植一些食物。想象你即将采取的每一个步骤，并且添加感官细节。

看到自己获得了房东的许可，允许你种植蔬菜园。想象去苗圃采摘番茄、萝卜、生菜种子、黄瓜和洋葱的情景、声音和味道。告诉自己："一步一个脚印，就能步履轻盈。"

切实感受到手掌中的泥土、借来的铁锹的坚硬木柄、当你为自己的苗圃翻土耙地时肩头炎炎烈日的烘烤。告诉自己："我擅长这个。"

想象自己精心播种、排列成行、浇水、吐芽、除草和观看。最后，看到自己收获蔬菜，清洗之后做了一大盘种类丰富的沙拉，告诉自己："我能像料理花园那样照顾自己。"

包含积极影响：晒成棕褐色的皮肤、更有张力的肌肉、美丽且多产的后院。看到自己和几个朋友一起吃饭，告诉他们："沙拉里的每样东西都产自我的花园。"告诉自己："我能照顾好自己。"

在离开这个场景之前，告诉自己："我先迈出第一步，明天下班后找房东谈。"

现在准备离开这个场景。回忆你身处何方，然后做好准备时睁开眼睛。回想意象当中自己关于何时迈出第一步的最终认定语句，再一次下定完成它的决心。

当你创造自己的意象时，一次紧盯一个目标，不要像范例那样制定三个不同目标。记住，刚开始时，设置一些短期的简单目标。从完成小目标中获取的自尊提升有利于你增强自信，这对日后设定并完成更宏大、历时更久的目标不可或缺。

形成有效目标意象的最重要的原则是将它们分解为具体步骤，注重具体行为，看到自己起步时的艰辛，包括完成目标后的积极结果，最后以说出第一步以及何时迈出的认定语句结尾。

特别注意事项

如果某个意象阶段进行不顺利，暂时搁置，过段时间再做。有效的意象轻松愉悦，它以放松、接受的状态为基础。如果你太紧张或太忧虑，最好先做其他事，等到心情平静时再进行意象练习。

有些结果会立竿见影，有些结果不太稳定或是需要很长时间才会显现，还有一些结果则出人意料。坦然接受你的结果，不要急躁、不要气馁。你的下意识可能正在发生巨变，然而意识思维，尤其是你的病态批评会不停告诉你什么都没有发生，你所做的一切都是在浪费时间。深信不疑地将这个练习坚持一周再做出放弃或者尝试其他方法的决定。

最好的结果往往发生在不经意间，或是期望不太高的时候，这是一个悖论：欲擒故纵。将你的意象本身看作愉悦放松的练习，无论它们最终是否"发挥作用"。

第15章

我仍然感觉不好

希拉是一名29岁的服务员,一直以来,她都在努力控制自己的批评者。但是她明白自尊不足和自己总感到一无是处有很大关系,而非内在的批评之声。她对治疗师如是说:

这是一种觉得自己差劲,干什么都一团糟的感觉,就是一种直觉。比如说,我一无是处……不值得拥有所有的美好事物。批评者的声音就来源于这种感觉,当我抨击自己时,只是在把已有的感觉用文字表达出来。即使我掐死批评者,彻底铲除他,我确定这种自我仇视的感觉会依然存在,就像是挥之不去的柏油娃娃。

希拉说得没错，她提及的"差劲"的感觉与酗酒成性的母亲有关，她总是要求希拉照顾她。希拉只有三岁的时候，就已经知道她必须"对妈妈好，否则就要遭殃。"对她好意味着夸她漂亮、给她梳头发、聆听她的抱怨，然后上床睡觉时给她讲故事。如果希拉想出去玩，无法听从母亲差遣，或是想发两句牢骚或得到支持，母亲就会大发雷霆，骂希拉自私，从不为他人考虑。或更有甚者，母亲索性不和她说话。一整天，母亲都是彬彬有礼，甚至笑容可掬，可就是不说一句话。可以说，希拉差劲的感觉就是成千上万次这种痛苦的交流日积月累的结果，其中很多类似的经历在她还不太会说话之前就发生了，深深地在意识层面埋下了自己"不好"的种子，她对此深信不疑，就像她知道柠檬有苦味、夜晚是漆黑的一样。

对于像希拉这样的人而言，一无是处的感觉已经根深蒂固，过分活跃的批评者只是问题的一部分，他的背后是无穷无尽的伤痛和负罪感。（还有愤怒、仇恨和复仇，但它们不属于本书的讨论范畴。）

自我感觉不好的成因有很多，下面列举出一些例子。

1. 主要监护人常常不在身边，或是无法让孩子衣食无忧。孩子会把这种匮乏当作没人关心，因而从某种程度上认为自己不值得别人的疼爱。情感逻辑为："如果她爱我，就不会离开我，那么如果她不爱我，就说明我不可爱。"
2. 孩子在经历一定的剥夺和虐待之后，会对父母怀恨在心。但负罪感却随之而来。情感逻辑为："我应该爱我的父母，如果我恨他们，就是在犯错。"
3. 父母离异之后，孩子会失去与非监护一方的联系。情感逻辑为："我把他气跑了，他因为恨我才会离开我们，我太差劲了。"
4. 孩子遭受性虐待。情感逻辑："我暗地里做了见不得人的坏事，肯定是糟糕透顶了。"
5. 孩子遭受了极端或者各种各样的惩罚。情感逻辑为："我一定是闯了滔天大祸，他们才这样伤害我。"

6. 孩子因为一系列行为或外表的很多方面受到严厉指责。"爸爸总说我太胖，我一定很丑。""妈妈说我懒。懒人没有出息。"
7. 孩子被迫照顾一个极度抑郁或自恋的家长。孩子为满足自己需求或发挥自主性做的任何事都会遭到对方的极度排斥。孩子明白了："我不该要这要那，我觉得自己很自私。"

早期催生负罪感的罪魁祸首是被遗弃的感觉。孩子收到这种信息的方式多种多样，但一经获取，就会对自我意识产生毁灭性的后果。遗弃（无论是生理还是情感层面）都会让孩子觉得有生命危险，令他们不寒而栗。肯定哪里出了问题，才会有如此悲惨的事情发生，但没有几个孩子能够认识到错不在自己，因此遗弃在孩子眼中就是对无法言说的罪行的残忍惩罚。

特殊软肋

在以上家庭环境中长大的人有一个特殊软肋，那些早期经历产生的影响久久挥之不去，成为加剧当前伤痛的利器。之前不好的感觉有扩充功能，能把小小的创伤演变为一场灾难。比如，如果有人冲你发脾气，你的第一反应就是自己又犯了滔天大罪，自我价值感瞬间跌入谷底。你不得不通过否定自己或者生闷气来排解低落的情绪。几乎所有的痛苦经历都能够触发"我不好"的感觉：感情破裂、受到指责或是觉得受人排挤或忽视。一个小小的错误或失败都能够瞬间膨胀成为珠穆朗玛峰。有时觉得被控制或轻视的感觉与"我很差"的信条紧密相连。孤单，甚至是再常见不过的无聊情绪都是对有错在身的基本看法的加强。在某种程度上，你可能会认为自己罪有应得，受惩罚说明你罪大恶极。

仿佛你背负着一个见不得人的秘密：隐藏在你社交面具之下的是一个心理严

重畸形的人，惨不忍睹。所以一直以来，你都是诚惶诚恐，生怕别人看到真实的你，通过你的错误或不够娴熟的表现，瞥见你毫无价值的内在。如果有人生气、批评或者排挤你，你会以为那是因为他看到了内在的你，因而产生排斥。新伤因为旧伤的存在而疼痛加倍，无论眼前的创口多小，都会勾起你对儿时遭人排斥或遗弃的回忆，然后确信自己是元凶。

抵御伤痛

错在自己的基本感觉会让你长期置身于痛苦不堪的危险当中，无论是苛刻的言语、一次冷眼还是一个明显的错误，都能产生同样的效果，你需要保护。问题是类似置之不理或与批评者顶嘴这类微弱防御并不一定总能奏效，只因痛感过于强烈。你想方设法为自己辩解，告诉自己这是小事一桩，每个人都会遇到烦心事。但理智的声音终会被罪恶感淹没，所有的一切背后都是让你感到一无是处的空虚、孤独之地，你生怕陷入其中。恐慌触发了你不惜一切拯救自己、保护自己的强烈需求。强烈的疼痛需要强劲的防御：心理马其诺防线。以下是三种常见的防御形势。

1. 逃脱。这种防御方式包括吸毒和酗酒以及各种形式的逃避和情感隔离。
2. 攻击他人。你通过向外发泄怒气，阻隔不良感觉。
3. 攻击自己。你通过向自己发火，遏制不良感觉。

前两种防御形势不言自明，但最后一种却显得不可思议。攻击自己怎么能遏制妄自菲薄的感觉？答案是你攻击自己的目的是达到完美，一个内在的信条是如果你对自己进行了一定量的痛斥，最后就能够改正缺点、赎清罪过。整个自我攻击就是一个否认行为，否认萦绕你对自己一无是处的恐惧感。当你冲自己发火时，是在留存某种无所不能的幻想，认为你对自己的所有不满之处都能够得到改正，当你把自己调教得像模像样时，负罪感最终会消失殆尽。

这种自我鞭笞实际上可以缓解疼痛，因为你的所有目光都集中在寻找缺点上，热衷于调教自己洗心革面，暂时无暇顾及来自于内心深处的不良感觉。

对自我防御上瘾

像有些人嗜酒成性一样，你会对心理防御方式欲罢不能。刚一开始，防御有助于你对内心深处的焦虑和伤痛变得麻木，因为它发挥了一定作用。你开始依赖它，不断地重施故技。逐渐地，你对焦虑或伤痛的容忍限度越来越低，动辄就诉诸防御手段。就像酒鬼动辄借酒消愁一样，你只要察觉到一点点自责倾向，就开始逃脱、攻击他人或自己。

本章的剩余部分会重点关注自我攻击的防御手段，因为比起逃跑或攻击他人，自我攻击会直接毒害自尊。尽管逃脱和攻击他人会损害你与家人、朋友和同事的关系，但自我攻击会损害你对自我的基本认同。

人类最基本的问题之一是不愿直面某种类型的痛苦，这情有可原。但结果证明，自我防范带来的痛苦远大于你急于逃脱的原始感觉。上瘾需要付出沉痛的代价，缓解疼痛的一时之计创造出的是暗中破坏你人际关系和自尊的模式。痛饮之后，嗜酒成性的人会感到心情舒畅，但工作效率却有所下降。他没精力照顾孩子，妻子对他一次次的酩酊大醉也已忍无可忍。自我攻击也是如此。尽管听上去不可思议，但当不良自我感觉引起的剧烈疼痛因为搜查自身缺点而得到缓解时，你的心情会有所好转。但是假以时日，你会进一步摧毁自尊。当你无法变得更加完美，当毛毛虫无法蜕变成蝴蝶，它似乎能够验证所有你对自己的负面看法。

瘾君子面对现实

如果不面对现实，你无法戒除不良癖好。在戒酒互助会中，所有人，不论男女都会起身发言，比如，他们一开始就先承认："我有酒瘾。"你对自我防御有瘾，你对自我攻击有瘾，在做出任何改变之前，你必须承认这一点。

希望或是期望改正错误是你的否定系统中的一部分。每次你想把自己调节得更好时，都是在逃离现实。你假装可以达到自己的完美标准，你正在做把自己刻画成理想状态的白日梦，仿佛你的心是一块毫无生气的木头，你正在努力用凿子雕刻精美的木雕。或更恶劣的是，你把自己当作一个任性的孩子，必须棍棒相加，才能引上正路。

这种癖好通过两种方式否定现实。第一种否定现实的方式是你坚持认为完美是可能甚至是可以达到的，从而否定了人类自身的局限性。你忘记了自己的需求、饥饿和对事物的渴求。你忘记了得不到时的失落感，尽管做出尝试，有些梦想依然遥不可及，最终不得不以一种部分满足的策略取代。你的心理和身体生存都取决于这种基本的斗争。尽管赌注很高，你总输，但只要有一线满足需求的希望，你都不得不继续尝试，不惜采取痛苦或毁灭性的方式，这就是人之所以为人的意义所在，这就是人类形成的方式——不停找寻滋养。指望完美是忽视这种基本人类斗争的企图。

第二种否定现实的方式是认为你能够大刀阔斧地修剪自己，做到功大于过。当你痛斥自己时，就是在助力摧毁有所改进的第一大要素——自我价值感。当你对自己满意时，就会积极进取而非消极低沉，感到自己更加光芒四射、社交能力有所增强，而且感到自己有足够的勇气迎难而上、尝试新事物。

看到后果

和酗酒的人一样，你必须面对自我防御让你付出的代价。在第3章"解除批评者的武力"当中，你已探究了听从批评者言论所付出的代价，这里也需要你回顾自我攻击的负面影响。

当你严苛地评判自己时，生活当中的方方面面几乎都会变得寸步难行。下面有一些例子：

- 你认为其他人能看到你的缺点，并和你一样对此深恶痛绝。所以你必须时时刻刻都保持警惕，随时做好遭人排挤的准备。
- 你很难向他人敞开心扉、畅所欲言，因为你怕他们会排斥"真实的你"。
- 受到批评时，你愤愤不平或者心情沮丧。
- 你避免可能会出现批评或者排挤的社交场合。你不敢冒险，不愿认识新朋友，宁可忍受孤单寂寞，也不愿主动与人交往。
- 你害怕犯错，所以不喜欢尝试新事物。你不愿学习任何新技能，因为不可避免的错误会令你心灰意冷。你为了不让别人对你指指点点，不得不使出浑身解数，力求做到万无一失。
- 你不愿迎接挑战，因为你害怕失败。
- 你不敢管教孩子，因为你怕他们生气。
- 在与他人交往的过程中，你很难拒绝或是设定限制，因为如果对方不高兴，你觉得难辞其咎。
- 你不敢提出请求，因为对方的拒绝意味着你一文不值。
- 你只敢选择满身缺点的性伴侣，认为这样的人才能忍受你，没有勇气去追求真正心仪的对象，因为你猜测魅力四射的人绝不会想和你这样的人在一起。
- 你一味地奉献，时常被人利用，因为除此以外，你无法想象出别人愿意和你交往的任何理由。
- 你对缺点的关注程度常常令你情绪低落或是仇视自己。你的所作所为大多数都是错误、愚蠢或者低劣的。
- 你对崇拜或真心喜欢你的人退避三舍，认为他们要么是虚情假意，要么还不如你。

你不一定具有全部上述情况，但任何一种情形都会降低你的生活质量。满足自己的需求、做能让自己欣喜若狂的事或与真正有用的人交往变得难上加难。

你也许在一个常常让你产生负罪感、得不到爱的家庭长大，这些负面感觉的确难以承受。但是你必须明白这一点：批评自己的防范手段只能是雪上加霜，只能让你变得更加不堪一击。最终，你的自我攻击会比原始的伤害更具毁灭性。

学会节制

对于不折不扣的酒鬼而言，只有一种答案：节制。沉迷自我防御的每个人亦是如此，你必须摒除所有形式的病态判断。

病态判断植根于所有事物的本质非好即坏的信条。你用好与坏、对与错来评价自己和别人。相反，合理判断的基础是你认识到某些事物在你眼中更好或更糟，或是它对你的影响取决于你的感觉好坏。简言之，病态评价会说某物不好，合理评价会说我觉得它不好（意思是令你不悦）。下面是一些你必须远离的具体判断种类。

1. 用好或坏判断所有人的行为。尽管听上去很难实施，但你必须戒除动辄就对他人行为进行道德判断的习惯。逐渐树立考虑到他们当时的觉悟水平和需求，那已经是最佳选择的意识。切记即使你看不惯他们的行为，也不代表它不好。

2. 对你在书中读到、电视中或是在街上看到的事物进行好坏或正误的判断，这包括袭击、恐怖爆炸、政治腐败等。

3. 在每一方面都将不同人进行比较，哪个更好，哪个更差，这包括猜测谁更聪明、更慷慨、能力更强等。

4. 使用负面的总标签（"愚蠢""自私""疯狂""难看""肥胖""虚伪""神经"等，诸如此类）。

5. 指望他人能够改头换面。接受别人，理解他们的所作所为也是迫于无奈

（考虑到他们当时的需求和觉悟水平）。他们的处事方式可能会令你不悦或难过，但你必须接受他们的行为纯属当时的无奈之举。

6. 责怪给你带来伤痛的每一个人。伤痛依然存在，但是责怪他人就是说他们必须有所改变。

7. 在方方面面评判自己的是非对错，这包括你的想法、感受、动机、希望、期许、幻想或行为。

你的评判是毒药，就像是给肝硬化患者的大容量威士忌，或是给糖尿病患者的糖果。你无力承担对自己或任何人进行评判所付出的代价。每次你对其他人进行一次价值判断，就是在为你的批评者"摩拳擦掌"，让他轻而易举地对你进行同样的评判。你用在朋友、爱人或书中人物的每一个"应该"总是会再回来骚扰你。奇怪的是尽管你给别人制定的清规戒律很少影响他们，但它们总是会影响你，让你变得更加渺小。

从精神层面来看，评判有收缩的效果，它在你的内心建起了藩篱和限制，应该这样感觉而非那样、应该这样说而非那样，应该想要这个而非那个。你的内心生活变成了障碍赛训练场，你必须不停躲闪错误、不好以及毫无价值的想法、感觉和冲动，从而无法随心所欲、敞开心扉。你痛恨自己不能每时每刻都遵守所有规则。评判夺走了生命中色彩斑斓的欢乐场景，你因为害怕被评判而变得畏首畏尾，无力应对低落情绪。

一个对自我攻击上瘾的人如何才能停止评判？这需要强大的意志力和坚定的决心，需要长期对微弱的声音保持警惕，因为这种声音总是想说："他是个傻瓜……她很懒……她很堕落……我很自私……那些邻居都是些笨蛋……"那个微弱的声音总是在喷洒毒药，你不得不想方设法让它安静下来，戒除的理念这时凸显其重要性。就像酒鬼要做到滴酒不沾一样，你也必须远离评判，哪怕只是一个小小的评判。没有任何事情值得评判，无所谓好也无所谓坏。事情接连不断地发生，它们也许令人笑逐颜开，也许令人痛不欲生，也许根本波澜不惊。你也许后悔做了一些事，也许还想重复另一些事，就像你躲避某些人而希望和另一些人套近乎。这其中没有对错是非。

戒除评判并不是强迫你与自己不喜欢的人交往或是让你忍辱负重或是被人利用。你仍然可以随意做出你认为能够滋养和保护自己的最佳选择。爱憎分明无可指摘，喜欢巴迪·霍利而非约翰内斯·勃拉姆斯并无大碍。但这些选择取决于你的特定需求和品味，而非道德层面的对错之分。你可以选择对配偶从一而终，但不应该对那些没有做到的人指手画脚。你可以躲避暴力，但你也应该认识到暴力分子做出了最佳选择（考虑到他们当时的需求和觉悟水平）。

切记：一个评判会导致另一个评判。即使是一个小小的疏忽，比如心想某人的穿着怎么如此没有品位，也会让你对有关自己装束的评价变得更加不堪一击。会议筹办不当的想法会让你下次自己负责组织活动时寸步难行。不经意间，就会倒退回到助长评判的世界观。

1. 你看到人们选择做"恶"，就认为他们完全可以不那么做，但就是"图方便"。你看到人们互相伤害，就认为他们选择了不让对方好过，因为他们已经屈从于"诱惑"，自甘堕落。
2. 你看到人们做"蠢"事，害己害人，就认为他们有意选择了那条蠢路。
3. 你认为人们向自身的弱点"屈服"、作恶多端，选择不关爱或照顾他人，允许自己变得自私、堕落、贪婪等。
4. 你认为自己的个人准则放之四海而皆准，应该适用于每一个人。

如此看问题在某些情况下能够振奋人心，会让人觉得正义感和优越感飙升。当你把选手分为好与坏的两队，整个世界似乎变得更好理解。当你认为其他人有罪或有错，你的愤怒就显得理所应当。当你感到自己故意选择做错事或蠢事时，就更容易排斥自己。

世界上有很多让人痛不欲生的事情，给它们贴上罪恶的标签并加以诽谤可以缓解疼痛。当你把痛苦的事情转换成错误的事情，就是在与其划清界限、保护自己，这无可厚非。但是这种评判方式来自于人们完全能够为所欲为的错误观念。当他们犯下错误、害人害己时，只有一种原因，那就是他们太懒惰或者太自私，不愿做正确的事。

你如何摆脱这种世界观？你可以通过形成每个人都会选择最高善的意识来摆脱。柏拉图是提出这一理念的第一人：人们总是会选择最高善。问题的症结在于你的最高善取决于当时你的哪个需求占上风。如果你产生了性冲动，最高善也许是发生性行为——除非与之竞争的、保护自己免受情感伤害的需求更为强烈（当你迷恋的人并非配偶，你深知这样做会伤害或激怒对方）。另一个争先恐后的需求也许是保护你的自尊（"如果第一次约会就发生性关系，肯定会被他轻视"或"我太紧张了，可能会表现不好"）。

来看这个例子。假设当你正在看电视时，女儿进来请你帮忙看家庭作业，你就有了几个相互竞争的需求。

1. 继续欣赏电视节目。
2. 帮她检查作业。

除此以外，你有某种想法或意识。

1. 你的女儿常常请求你做她自己完全能做的题。
2. 你认为她应该更加自立，解决一些自己的问题。
3. 你还认为家长应该总是义不容辞地帮助孩子。

你的至高善取决于在这些需求当中，哪一个能拔得头筹。最后，你欣赏电视节目的需要和女儿应该更自立的信条显得更为强大。你的信条和意识是对是错以及你的决定会对女儿产生何种长远影响都无关紧要，你只能依据当时占优势的需求和意识行事。三个月后,当你的女儿拿回惨不忍睹的成绩单,你可能会后悔当时没有伸出援手。但是当你做决定时,无从知晓日后会发生的事情。

还有一个例子。假设你和一个朋友去参加派对,当中几乎没有你认识的人,所以你需要朋友更多的支持和关注。但你有一个毛病,不敢直接提出要求。你的家庭崇尚非常含蓄的交流风格,可以说,你不知道该如何表达自己的诉求。你需要关注,所以开始在自己的所有策略当中挑选能够帮你获得关注的方法。再重复一次,你的决定完全取决于你当时的觉悟水平。参加6个月的自信课程之后,当你可能会有不同举动。但是此时此刻,你只能根据当前的觉悟水平做出决定。

人们选择最高善意味着什么?它是指你在任何特定时刻都能全力以赴,它是指人们总是根据自己占优势的意识、需求和价值观行事。即使放置炸弹伤害无辜百姓的恐怖分子也是出于自己的最高善决定。这就是说你不能因为别人的所作所为而指责他们,也不能指责自己。无论一个人的意识有多么扭曲和错误,他都是无辜无罪的。因为没有人的行为能够突破他目前的觉悟水平限制,只有觉悟水平发生改变,行为才能发生相应变化。

练习

以下练习能够帮助你将中立的态度融入日常生活。

1. 练习看新闻时不对报道中的任何一种行为做出单一判断。采取(即使你并不是充分相信)每一个人都是根据自己当前的觉悟水平选择最高善的立场。
2. 当你看到有人危险驾驶或者未遵守高速路上的行为准则,不加任何判断地接受该行为。超速的青少年需要向她的女朋友炫耀车技或是发泄内心的怒气或是展现男人气概,这些都比安全驾驶的需求强烈。当他对展现自己的血气方刚失去兴趣,意识到危险和死亡的可怕,就会改变驾驶行为。当他的意识发生改变,行为才会有所变化。

3. 当你看不惯别人的衣服或发型,或者外表不对你胃口,练习这个口头禅:他们为创造自己的形象做出的任何选择都无可指责。

4. 想出一个你最讨厌的上司,想象他(她)做出让你嗤之以鼻的事。现在采取以下立场:考虑到他(她)的当前觉悟水平和雄心抱负,他(她)的信条、价值观和行为都只是唯一,别无选择。

5. 在脑海中勾勒出你最不喜欢的人物形象,看到那个人坐在你面前的一把椅子上,想象每一个细节:听到对方的说话语气、注意言谈举止、观察面部表情。回忆一个此人惹怒你的场景,现在尝试使用不加评判的态度,提醒自己他(她)并不是有意选择做坏事,只是受制于自己的需求和觉悟水平,只能那么做。你发现这个女人的行为令你痛苦不堪,但是她不应该为此受到指责。和其他所有人一样,她当时是在通过寻求自己的最高善而保证生存。这个人不可能发生任何改变,除非他(她)的觉悟水平发生变化

6. 和你最不喜欢的人聊会儿天。注意到他(她)恼人的言谈举止、风格、想法等,但不要做出任何评判。采取这样的立场:此人是独特的一系列客观条件塑造和调整出的产物,他(她)已经做出了最好的决定。

7. 给你不喜欢的一个家人打电话。在整个交谈过程中,练习你不偏不倚的态度。不要用是非对错去判断他说的每一句话。

8. 这个练习需要花时间回忆过去。回想一些要么你对他人不满,要么感到他人对你不满,从而责怪自己的场景。一步步重现这些场景,看到行为展开。但此时,不加任何评判地经历此事件。提醒自己每个人都

> 会选择最高善，每个人都会在现有的选择中挑选最佳方案。尝试理解此人的需求和意识塑造他（她）的选择的方式。尽量站在同情的角度看待自己的需求和选择。
>
> 9. 当朋友们说别人的闲话或大加评论时，抵制加入的诱惑。心平气和地说一句"某某某没那么差劲吧"，然后找借口离开。

直面痛楚

当你戒除评判时，会注意到一些重要的情感变化，你会对"有错"的基本感觉有更加深入的了解。评判是你对落入恐惧感的陷阱采取的防御措施——内心的空虚无用之地。没有评判，你就无法利用对自己或他人的愤怒来缓解恐惧。

就像酒鬼不得不学着改掉这一用来逃避现实的习惯一样，你也要学着不再借评判的方式逃避负罪感，但这意味着直面痛苦。毫无疑问，说起来容易做起来难。但是除了直面痛苦以外的唯一选择就是躲避，这一策略已经让你付出了沉重的代价。

直面痛苦是一项技能，如果你了解痛苦的运作方式，并知道如何应对，与之交锋时就不会毫无招架之力。当你被伤痛包围，无论是牙疼还是虚无缥缈的感觉，它都会占据你所有的注意力，成为当务之急，很难让你回想起不被疼痛缠身的时刻，也很难想象痊愈的样子。疼痛仿佛抹去了过去，也抹去了未来。你只关注现在，因为此刻你备受煎熬。

疼痛占据你所有注意力的特性掩盖了其真实属性。疼痛从不会静止不动或是连续不断，而是一波波来袭。

能够对疼痛摇摆不定的特性做出最佳诠释的是悲伤。强烈的失落感涌上心头，令人无法想象它的结束。但接下来会有麻木到访，这是疼痛有所缓解的平静期。不久，麻木会被新一波失落感取代。就这样周而复始：失落感来袭，平静，失落感，平静。

这是疼痛的自然循环过程，一旦进入超负荷状态，情感的闸门就会关闭，让你休息片刻。这些波浪还会继续来袭，但力度会逐渐变小，休息时间也会增长，直到悲伤最终消失。

身体对于生理疼痛的反应亦是如此。一个手被严重烧伤的男士如是描述他的反应"疼得我想大叫。但过了一会儿，我注意到一个奇怪的现象，疼痛会时不时停止，持续10～20秒，然后又接着疼。它很有规律，所以我满心期待疼痛停止的时刻，在那时得到休息。我发现自己能够忍受疼痛，因为我知道疼痛是有间歇的。"

你的身体和意识都具有缓解疼痛的自然机制，为了给你喘口气的机会。

了解疼痛意味着你能够盼望间歇期，指望利用它们与疼痛分离片刻。

你不良的感觉和其他类型的疼痛一模一样，都是时有时无。它来势如此凶猛，以至于你把所有的关注点都放在如何逃避上。但如果你面对疼痛，就会很快察觉到它会像波浪一样平息。在下一波来袭之前，你可以提醒自己用来对抗的口头禅。你能够记起自己曾经有过相同的感觉，最终还是消失殆尽了。你不必攻击自己或其他人，因为不久最糟糕的情况就会过去。

重要的是不要被疼痛的迅猛之势蒙蔽双眼，不要陷入这样的想法：

- 它会永远持续。
- 我无法忍受。

应该用这种想法对抗：

- 它会过去的。
- 我知道我在等这一波浪潮过去。

- 这种感觉来自早期的疼痛，与我的真正价值无关。

漂离伤痛

直面疼痛意味着放弃使用评判的手段进行自我防卫，但这并不意味着你无法使用其他方式保护自己。除了接受浪潮、盼望间歇期之外，防御疼痛的最佳方法是避而远之。拉开你与疼痛之间的距离（使用图像或文字皆可），然后漂离疼痛。

想象你乘坐的船在某座小岛周围缓缓行驶，各种各样的场景映入眼帘。一个是印第安人遭到杀戮的场景，小木屋燃起熊熊烈焰，带头反抗的一家人惨遭毒手，面目狰狞地横尸院落。一切都静止不动。慢慢地，小船在海湾处转向，死亡的场景离开你的视线。

这就是你可以用来漂离疼痛的方法，你知道它不久就会结束，只需要等它过去就好。逐渐地，你就能不知不觉远离伤痛和负罪感。下面的一些方法有助于你在漂过时，与伤痛拉开距离。

为疼痛赋予意象，让它具有形状和颜色，奇丑无比，要多怪异有多怪异。进行几次深呼吸，每次呼吸时，都能看到它远离一点。你正在漂过，它在你身后，越来越远。当疼痛逐渐消失时，关注你的呼吸。

在你的想象中，从自己的身体当中走出，当一个局外人。你能够看到自己的情绪低落，看到自己与伤痛做斗争，看清你的脸，看清你的姿势。把伤痛想象成笼罩在你身体之上的红光，过一会儿就会渐渐褪去。当你看着红光逐渐变淡时，保持深呼吸。想象伤痛随红光逐渐消失。当你做好准备时，再回到自身、做回自己。

深呼吸，关注你的呼吸、它的节奏，感受到新鲜空气进入你的肺部，留意此时此刻你身体的感受。感知依然处于紧张状态的所有身体部位，并放松。不要听信可能由负面情绪引起的负面想法，只关注放松、呼吸，直到痛楚的感觉消失殆尽。

在脑海中勾勒出自己几天或几年后的形象，那时伤痛已经过去很久，看到自己满怀信心、心情舒缓。

你对自己说："这都是以前的感觉，只要有类似情形发生，它们就会来袭。我能够战胜它们，我会继续向前漂动，直到把它远远甩到身后为止。"

与美好时光建立心锚

正如你已经发现的那样，反驳根深蒂固的不良感觉并非易事，这是因为它已与你的痛苦记忆形成了心锚，这些记忆来自于你与父母以及生活中其他重要人士的无数次不愉快交流。当你尝试反驳感觉时，这场斗争归根结底表现为言语对抗形象。然而在这场博弈中，胜出的往往是形象。解决方案是巧妙利用心锚为自己服务，通过使用帮助你重现信心十足、自我感觉良好的时刻的方法，击败不良感觉。

"设定心锚"一词来自于神经语言程序学，它是由理查德·班德勒、约翰·格林德、莱斯莉·卡梅伦·班德勒、朱迪思·德洛齐耶等人提出的交流模型。他们认为心锚是每次都能触发同样反应的所有刺激物。如果每次你看到一件夏威夷衬衫就想到阿尔伯特叔叔，那么夏威夷衬衫就是你的心锚。衬衫是刺激物，想起叔叔是恒定不变的反应。

大多数心锚都是在不知不觉中设立的，是你在日常生活中自动形成的感官链接。但你可以主动设立心锚，有意识建立能够用来提高自尊的链接。使用心锚提升加强自尊的关键在于选择一个简单的刺激物和强烈的反应。在以下设定心锚的练习中，刺激物是碰触手腕，你可以随时随地完成的举动。反应是来自于某个回忆或幻想的自信满满、自我接受的感觉。现在来尝试这个简单可行，但是威力无穷的练习。

1. 找个没人打扰的地方，采取舒适的坐姿，把手放在膝盖上，但双手稍稍分开。闭上双眼，花一些时间放松身体。从头到脚检测全身，有意识放松察觉出的紧张部位。

2. 保持双眼紧闭，回到过去。脑海中浮现你曾经获得成就感或极度自信的某个场景——你对自己感到非常满意。当你看到该场景时，深呼吸。留意当时的每个细节：景物、声音、味道、气味和感觉。看到你的样子和其他人的样子。听到你声音中流露出的自信，听到他人的赞扬。让自己感受到信心和自我接受。

如果你很难找出极度自信的回忆，可以创造假想的、具有相同效果的场景。看到自己在未来的某个时刻感到并且表现得自信满满、价值无限。不要担心幻想是否不太可能或不切实际，重点在于自信的感觉。

3. 当你脑海中的形象清晰可辨，让你充满自信时，坚定地用右手碰触左手腕上的某个易记的特定点。这就是在设立自信的感觉与碰触手腕之间的心锚，日后你应该也能够精确地重复同样的动作。

4. 再找出其他四个回忆或幻想场景，重复这一系列环节。当你脑海中的情景创造出强烈自我价值感时，以分毫不差的方式碰触手腕。

有一个名叫杰克的理发师利用建立心锚的方式，击败了自卑感。他从记忆中搜索令他感到自信和价值满满的美好时刻，想起五年级时，有一位老师将他关于沙漠场景的绘画作品挂在黑板上方，给其他同学做优秀画作示范。他的意识集中于教室的情景、声音和气味，直到他感到胸中放射出温暖的光芒，感到自豪和满足，与他11岁时的感觉无异。在那时，他碰触了左手腕的内侧以建立与该回忆的心锚。

接下来杰克想起自己第一次从海军部队回家，探望高中女友的情形。当时他身穿笔挺的军装，皮肤因为基础训练而晒成健康色。女友对他滔滔不绝的称赞让他顿感自己已长成一个坚强的男子汉。当这些感受膨胀到极致时，他又一次碰触了左手腕内侧以建立心锚。

杰克的下一个回忆场景为自己建造宪法号护卫舰的经历，那是一个他 16 岁暑假时制作的昂贵而又复杂的模型。他记起有一天他边给船体上色，力图模仿失去光泽的铜盘色，边用妈妈的唱机播放自己收藏的百老汇音乐剧。妈妈去了医生那里，弟弟在营地，爸爸在上班。他独享了整栋房屋，完全沉浸在喜悦当中。杰克想起自己当时认为自己心灵手巧，没有什么做不出或学不会的东西。他随着唱片哼唱，为自己浑厚的嗓音和能够熟记歌词所深深折服。当这种满足感和自我欣赏的感觉变得非常强烈时，杰克碰触了左手腕以期与这一美好时刻建立心锚。

杰克无法再想出另一个记忆深刻的场景，于是选择了想象场景。他看到自己开了一家店：一家位于繁华商业区的美发店。他看到自己成为首席发型师，其他五名工作人员排名都在他之后，听从他的领导，以他的审美风格和经营理念为准。他看到自己每天打烊时数钱，分发小费，然后自己拿出 50 美元，当作员工福利。他从其他发型师的面部表情中看到了敬仰和感激，听到了他们表达的谢意。当成功和能干的感觉飙升到最高时，他碰触了手腕，与这一感觉建立心锚。

第二天，当杰克坐公车去上班时，他熟悉的"一无是处"的感觉再次蔓延心头。但他想起此刻已与很多资源之间建立起了心锚，能够用作有力的反击武器。在公交车上，他碰触了手腕，欣喜若狂地发现不良情绪投降撤退。他并没有费时费力地从头到尾回顾所有场景，只是在脑海中闪现出蜡笔、旧海军制服、一小罐古铜色油漆，以及电动剪发器的咔嚓声。更重要的是，他与自豪、强大、能干和成功的感觉恢复了联系。

你与自己的美好时刻建立心锚之后，无论何时需要对抗不良情绪，都可以碰触自己的手腕。你的积极回忆或幻想是在任何需要的时候都可以调用的资源。你只需用右手碰触左手腕来缓解不良感受。现在你不仅可以借助语言，还能通过碰触，建立与积极情绪和意象的心锚来抗击负面情绪和意象。

选择治疗

有时,顽固的负面情绪极其难以驱散。如果你已经尝试了许多本书中的方法,负面情绪依然挥之不去,不要认为自己已经无可救药。自助类书籍不一定适用于每一个人。很多人需要有资质的心理治疗师的帮助,来摒除这些长久以来挥之不去的负面情绪。

研究证明心理治疗对于自尊问题极其有效。找一个能看出你的优势并且接受你不够完美的特性的治疗师,并在那里接受长期治疗,一定会发生翻天覆地的变化。无所畏惧地寻求帮助。有时,一个关心你、有能力指引你走出困惑的人的支持也至关重要。

第 16 章

核 心 信 条

自尊的基石是你的核心信条:你对自身在世界中的价值的看法。核心信条决定了你对自己的价值、安全、能力、权力、自主以及被爱程度的认知。它们还能建立你的归属感,了解别人眼中的你。

负面的核心信条形成了你日常参照的准则,它们会说"因为我很笨,所以不该在会议中发言",或是"我永远都开不了手动挡的车,因为我很没用"。积极的核心信条认定你能够学好几何,因为你聪明伶俐而且学习力强,或者能够要求老板加薪,因为那是你应得的。

你的核心信条会对内心独白产生深远影响("不要修那个插头,有可能会触电")。你的内心独白反过来又会加强和强化核心信条。如果你总是对自己说你很笨，就是在说服自己这是真的。以此类推，如果你的自我陈述是对智力的基本看法的反映，这一核心信条就能得到确认和强化。

核心信条是自尊的基础：它们在很大程度上决定了你能做和不能做的事情（表现为你的各种准则）以及你如何解读周围事件（表现为你的内心独白）。

核心信条因为早期的创伤和剥夺而频频发生扭曲。为了对抗伤痛和排斥，你也许看到自己满身缺点或一无是处。因为没人能反射出你的价值，你无从看到。

改变你的核心价值需要时间和精力，但改变它们能彻底更换你对自己和周围环境的看法。以客观现实为导向，调整负面信条就像是用正常的镜子替换哈哈镜。你不会再看到一个只有3英尺（约0.9米）高的小矮人，而是正常、比例协调的自我形象。

有助于识别、检测和调整负面核心信念的方法可参考我们的另一本书《信条的囚禁者》(*Prisoners of Belief*，麦凯、范宁，1991）。如果你的情况危急，是儿童虐待的受害者，或者缺乏斗志，可以在一名心理健康专业人士的指导下，落实这些做法。

识别核心信条

意识到负面核心信条是改变它们的第一步。就像是房屋的壁骨和楼板梁一样，核心信条并不明显，但其他所有的一切都以它们为依托。如果你常常觉得自己愚蠢、无能、丑陋、一无是处或是情绪低落，也许不能马上明白是什么信条引发了这些感受。但其实你所做、所想和所感的大部分都是信条的直接结果，它们潜在的影响会触及你生活的方方面面。

为了提高你对自己核心信条的意识，你需要开始写独白日记。这样的日记能够为你创造记录内心独白的机会（你的自我陈述），在你感到心烦、生气、沮丧、内疚等时。

万事开头难。可能刚开始很难抓到你产生负面想法的现行,因为它们已深深植根于你的内心,不花费一定心思,很难将之从其他"背景噪声"中分离出来。很多人都不能轻而易举地区分想法和感受。你会在本部分后面的例子中看到,感觉常常可以归纳为一个或两个词("无能""信心不足""挫败"),然而想法更为复杂,就像是你偷听到他人说话时,听到的只言片语。总而言之,想法构成了你的内心独白,它们会加强和肯定你的基本核心信条。

按照本部分提供的模板,写为时一周的独白日记。通过察觉自尊心极低的状态(你感到自己无趣、丑陋、没用、不好、失败、愚蠢、无能、存在严重缺陷等),用日记来探究你的核心信条。随身携带日记,这样你就能够在记忆还很清晰时,随时记录这些场景、想法和感受。

独白日记:示范

乔治是一位离异的父亲,精密工具制造师。
开始日期:周五,10月2日
结束日期:周四,10月8日

场景	自我陈述	感受
我用的模具被卡住,报废了	"白痴……总把事情搞糟……"	无能,无用
比利学骑自行车时,擦伤了胳膊,血肉模糊	"为什么你不能看好孩子?什么事情都做不好。这些孩子没你可能会更好。"	无力
向老板汇报模具毁坏的事	"他知道是我搞砸的,不会给我加薪了。蠢货……说话不带脑子。"	挫败、生气
夜不能寐、思前想后:工作、孩子们、萨拉	"你照顾他们不够用心。我笨嘴拙舌……总惹麻烦……不知道在女人面前如何表现(粗枝大叶),难怪萨拉会离开我!"	无望
在超市,排在我身后的女士问我能否让她先付账,然后她的丈夫推着整整一购物车的东西出现了	"天下一字号大傻瓜!人们就看你好欺负,你干脆身上贴个标识,写上:'来欺负我!'"	生气

独白日记

开始日期：
结束日期：

场景	自我陈述	感受

空白的独白日记至少打印 15 份再开始，还可以在笔记本上划出三列，你可以用同一个笔记本做接下来的练习——在本章中列出的。注意你的开始和结束日期，确保你能够坚持写一整周日记。

梯次追问和主旨分析

无论何时，只要脑海中闪现出内心独白的只言片语，就使用意象法回忆当时的具体细节（见第 14 章）。意象能够唤起你的记忆，帮助你写出对感觉和自我陈述的准确说明。

坚持记录自己的内心独白一周之后，你就能够通过分析它，挖掘出背后的核心信条。要完成这一任务，你可以使用梯次追问和主旨分析的方法。

梯次追问通过质疑独白日记中的个人陈述揭露核心信条。一步步追问是系统搜索支撑自我陈述的信条的方法。

在使用梯次追问之前，首先从你的内心独白中选一句话。（例如乔治的："天下一字号大傻瓜！"）拿出一张白纸，写出一个将你的陈述推入逻辑极端的问题。然后再提出另一个问题，从它对你的个人意义角度分析第一个问题的答案。关于第一个问题，使用："如果_____，会怎样"的形式。第二个问题应该这样陈述：

"那对我又意味着什么呢?"

现在进入回答问题阶段,每一回合的结尾都重复:"那对我又意味着什么呢?"就像梯子的横档一样,这个重复过程会引领你走入核心信条的深处,它深藏于每一个自我陈述的背后。以下是乔治展开这一过程的例子:

如果我是一个傻瓜,会怎样?那对我意味着什么?它意味着人们总是利用我。
如果人们总是利用我,会怎样?那对我意味着什么?它意味着我总是会吃亏。
如果我总是吃亏,会怎样?那对我意味着什么?它意味着我是一个受害者。
如果我是一个受害者,会怎样?它意味着我做任何事都不会成功。

乔治可以到此为止了:他已经到达了无意中听到的想法"天下一字号大傻瓜"的核心信条。

在梯次追问过程中避免用感觉回答问题("它意味着我会感到诚惶诚恐、心神不宁"),这样的做法只能是徒劳,无法让你深入信条。应该把答案限制为表达结论、猜测和想法的陈述。

另外一个揭示核心信条的方法是主旨分析,这个过程是指搜索你的问题场景中反复出现的主题。乔治看到贯穿很多令他感到不适的场景的主题是无能或愚蠢(弄坏的模具……儿子受伤……受老板责骂)。

苏茜是一位兼职护士,令她焦虑或沮丧的问题场景如下:

买一辆二手车。
无法成功挑逗菲尔。
尝试要求加薪。
尝试处理其他人对女儿在校行为不良表现的投诉。
质疑医生的医嘱是否对患者有利。

当苏茜浏览这份清单时,她发现一个基本信条:她软弱无能,无法解决问题、满足自己的需求以及迎难而上。

她相应的内心独白肯定了这一软弱无能的核心信条（"一个区区弱女子……这样做不对……他不会再听你说……把你说的话当耳旁风"）。

用这种方式分析你的日记，你就能发现核心信条。搜索贯穿在所有问题场景中的主题，并把它们写下来。

了解你的准则

以下练习会帮助你看清自己制定的不成文准则，保证你的感觉和行为与核心信条达成一致。如果你在上一个练习中发现自己不只是仅有一个信条，那么只需关注对你的自尊消极影响最大的那一个。比如，这个信条是否让你认为自己一事无成、丑陋、无能、没用？现在是时候为改变这个信条而努力了。

不幸的是，核心信条太过主观，你无法直接检测它，但你可以检测由它衍生出的准则。每一个核心信条都能衍生出一张关于你该如何生活、如何躲避伤痛和灾难的部署。比如，如果你认为自己是个失败者，你的准则可能包含下述内容：绝不尝试棘手的事情，绝不问问题，绝不指望出类拔萃，绝不参加体育队，绝不辞职，绝不挑战其他人的观点。如果你认为自己毫无价值，生存法则也许包含以下内容：绝不要求任何事，总是卖命工作，绝不推辞任何事，总是力争完美，从不承认缺点或错误，从不主动联系你觉得有魅力的人。

完成以下练习，你就能够"对号入座"，识别哪些准则源自于哪个核心信条。

练习

第1步：在一张纸的顶部写出你的核心信条。

第2步：阅读下列《基本准则对照表》。针对表中列举出的每一项，

> 问自己:"如果我对核心信条识别无误,那么我的相应准则是什么?我应该做什么或不应该做什么?"不要有所隐瞒。问自己:"这一信条促使了我的哪些行为?在这种情况下,我如何保护自己远离伤痛和灾难?我是在逃避哪些感受或行为?我该如何采取行动?我会受到哪些限制?"你的答案是对基本生活准则的定义。想到什么就写什么,不要有所顾虑。你也许还需要几份空白的对照表,这样你就可以用它多探索几种核心信条。

基本准则参照表

(Adapted from Prisoners of Belief, by Matthew McKay and Patrick Fanning, New Harbinger Publications, Inc.; 1991.)

对待其他人的……

- 愤怒
- 需求、愿望和请求
- 失望和悲伤
- 躲避
- 表扬和支持
- 批评
- 对待错误

对待压力、问题和失去

冒险、尝试新事物和迎接挑战

交谈

表达你的…

- 需求
- 感受
- 意见
- 愤怒
- 伤痛
- 希望、愿望和梦想
- 能力有限、向对方说不

请求支持和帮助

当……时

- 独处
- 与陌生人在一起
- 与朋友在一起
- 与家人在一起

相信他人

结交朋友……

- 结交什么样的朋友
- 如何表现

找性伴侣

- 找什么样的
- 如何表现

当前的恋爱关系

性

工作和职业

对待孩子

健康和疾病

休闲娱乐活动

旅游

维护你的环境和自我护理

苏茜,前文提到的护士,在基本准则参照表的指引下,找出了自己的生存法则:

对待其他人的愤怒

为了不发生争执,当菲尔生气时,同意他的看法。

表达你的需求

不要强迫朱莉清扫她的房间。

不要寻求菲尔或朱莉的帮助。

表达你的意见

不要拆同科室人的台。

表达你的愤怒

不要报告医生的不恰当行为。

表达你的缺陷

不要在朱莉的学校与老师针锋相对。

对待压力、问题和失去

不要做出任何决定或尝试独自解决问题。

性

当菲尔不主动时,不要尝试挑逗他。

苏茜写完准则清单后，继续列出了对违反每一条准则带来的惨重后果的预期，它们能起到强化准则的作用：

准则	惨重后果预期
同意菲尔的看法	他会夺门而出，离开我
不要强迫朱莉	她会转身不理我，或者索性躲开
不要拆同科室人的台	他们会嫌弃我惹麻烦，缩短我的工作时间
不要报告医生的不当行为	他们会炒了我，医生会很生气
不要与朱莉的老师针锋相对	她会把气出在朱莉身上
不要寻求帮助	他们会心怀不满、极不情愿
不要做决定	我会做错事，火上浇油
不要尝试主动要求性行为	我会无地自容，菲尔会拒绝我

你坚信只要违反准则，必然会有不好的事情发生，从而承认了所有准则的合理性。这些可怕的预测让你不敢挑战自己的准则，尤其在无法自立或是处于危险当中时——比如童年时期或者遭受虐待时，这些推测更显得有理有据。但事实上，它们也许已不再是合理的假设。

它们需要接受检测，看看是否符合当前情况，如果已经失去效用，就必须重新制定更客观、积极的准则和信条。

检测你的准则

列出与每一条准则相对应的惨重后果预期后，按照下列五条指导原则，选出一个准则进行检测。

1. 选择容易设置检测场景的准则。对于苏茜而言，质疑"不要强迫朱莉清扫房间"的准则比较容易，只需一个坚定的要求即可。"不要报告医生的不恰当行为"会比较难，因为她不得不被动地等待特定的情形出现。
2. 选择能让你直接检测核心信条的准则。"不要拆同科室人的台"不容易检测。即使苏茜指出不足并且未受指责，也就是说，没有和同事发生不愉快的事，这段经历与她软弱无能的信条也关系不大。"不要自己做决定"更适合检测，因为成功的决策正是软弱无能的反面。

3. 准则必须包含明确的行为反应预测（你和其他人的），不仅仅是主观感受。"不要尝试主动要求性行为"适合苏茜进行检测，因为菲尔是否拒绝她可以一目了然。"不要寻求帮助"不太适合检测，因为苏茜的惨重结果预测包含了"读心"，揣测他人的感受。

4. 结果应该较快显现。不要检验需要数周或数月才能得出结论的准则。

5. 选择一个引起较少恐慌的准则，或者能够由易到难进行检测的准则，从有点危险到极其危险。与朱莉的老师针锋相对可能风险较高，尤其在开始尝试时。做决定风险较小，而且可以从相对微不足道的选择开始。随着自信心的增长，苏茜能够向更重要的决定进军。

以下指南有助于你为选出检测的准则设计最佳场合。

初步检测时，找出风险较低的场合。苏茜决定检测的准则是"为了息事宁人，当菲尔生气时，同意他的看法"。因为菲尔从没有用暴力或残酷手段对待过苏茜，她知道提出异议并不意味着重大威胁。

开始记录预测。在笔记本上写出对违反准则的惨重后果的具体行为预测。以下是苏茜检测同意菲尔准则的计划："当菲尔因为我花钱生气时，我和他约好晚些时候再谈这个问题，那时他已经冷静下来。"苏茜的惨重后果预测是菲尔会夺门而出离开家。尽管在预测中也可以提到菲尔和苏茜的感受，但苏茜意识到外显的结果更易描述。

与自己订立必须违反准则的契约。承诺在一个特定的时间、地点和场合来实施，如果有可能，找一个人来支持你，告诉对方你的承诺。过段时间之后，你可以让他（她）知道测试结果。

草拟自己的新行为。想象你即将做的事。与支持者练习假想的检测，或是记录模拟练习。检查你的语气和肢体语言流露出的负面迹象，它们有可能促成或是造成你意图避免的结果。语气或表情冷漠、责怪、防范或摇摆不定都会产生自我实现预言。

检测你的新行为和收集数据。在你的预测记录中，写出测试结果。你的哪些预测成了现实？哪些没有？为了对你观察到的现象进行确认，可以向相关人士发问，帮助你判断他们对你的反应。

- 你感觉如何？
- 你对我所说的话有什么看法？
- 我无法确定当我谈论_____时，你的感受。
- 我感觉你也许感到_____，当我说_____时。
- 如果我_____，你不会不舒服吧？

在你的记录中写出答案，还有其他你注意到的事情。比如，在检测过程中，别人看上去如何？具体说了哪些话？对方的肢体语言告诉你什么？

为检测你的准则选择其他场景，每一个都重复第二至五步。按照风险程度逐次升高的原则选择场景。通过从违反准则当中收获越来越多的积极结果，你的核心信条最终会得到修改。

苏茜不断检测"为了息事宁人，当菲尔生气时，同意他的看法"的准则，发现菲尔坚定的看法依然能够震慑她，但没有想象中那么激烈。（在第一次检测中，他离开家一小时，但她猜测的抛妻弃子却从未发生过。）她也开始检测"不要寻求菲尔或朱莉的帮助"的准则。有时他们看上去不耐烦，有点抵触情绪，但苏茜惨重结果的预测却从未应验。她还发现，大概有四分之三的时候，她的请求能够得到满足。

当苏茜进一步探查自己的准则的效用时，她的检测越来越随意和危险，直面菲尔的愤怒的频率也越来越高。当自尊提高时，她毫不留情地修改了自己的核心信条。

坚持检测你的信条。沿途会有很多绊脚石,但预测记录会让你更加客观、慎重地看待违反原则招致的风险。使用这种有理有据的观点去对抗恐惧,才不会令你误入歧途。

新的核心信条

在你挑战足够的准则,并在记录预测结果后,就该改写你正在检测的核心信条了。标注所有完全错误的预测以及"平衡的现实"——你对自己的新发现,它们能够改变或缓和陈旧消极信条。如果某个信条总体上无可指摘,那么标注例外情况。

还记得乔治吧?他认为自己愚蠢无能。因为儿子骑自行车时发生事故而埋怨自己粗心大意。乔治的准则曾是:"不带比利出去,因为你看不好他。他可能会走丢或受伤。"因为乔治和比利的妈妈离婚了,这条准则就意味着他和比利基本没什么接触,严重影响到他们之间的关系。乔治大胆带他外出了几次,检测自己的准则,后来改写了核心信条。"如果我小心谨慎,完全可以成为一个有责任心的父亲。我照顾比利时没出过大错。在 15 个周六当中,他出了一些常规问题。但我从未和他走失,也从未发生过恶性事件。"

苏茜也重新改写了她的其中一个核心信条。"我能够解决问题,做出决定,我能够表述自己的需求,尤其是向菲尔和朱莉。一些真正的难题(比如在医院处理严重问题)依然令我胆战心惊,但我处理愤怒(尤其是菲尔的)以及冲突的能力越来越强了。"

参考这些例子,学习苏茜和乔治的方法修改一个根深蒂固的核心信条。你的检测和尝试可能需要花费数周时间,所以要耐心等待。最终结果会证明你的努力付诸东流。

新的信条意味着新的准则

既然你已经修改了一个核心信条,就需要改变衍生于此的准则。用自我认定的语句表达新准则,以第一人称写出这样的语句("我能够应付冲突"而非"你能够应付冲突")确保你的认定语句简短、积极和简单。务必使用一般现在时("我做出好的决定"而非"我即将做出好的决定")。

这些认定语句——你的新准则,可能刚开始会带来不适。这很正常,因为它们和你长期持有的对自己和世界的看法格格不入。但是如果你使用它们,不停提醒自己已经有了新信条,这些认定语句会支持和加强正在发生的改变。

以下内容是苏茜对旧准则和新认定语句之间做出的对比:

旧准则	新准则
1. 同意菲尔的看法	1. 我能够应付冲突
2. 不要强迫朱莉	2. 我希望朱莉去做要求并不过分的事情
3. 不要拆同科室人的台	3. 我说的事情很重要
4. 不要检举不当行为	4. 我冒险追求正义
5. 不要顶撞朱莉的老师	5. 我说的事情很重要
6. 不要寻求帮助	6. 我能够提出请求
7. 不要做决定	7. 我有良好的判断力
8. 不要主动要求性行为	8. 当我有需求时,可以主动要求性行为

当写出自己的新准则后,你可能觉得它们属于另外一个人,这个人比你眼中的自己更加积极乐观。毋庸置疑,在核心信条方面下功夫能够令你发生翻天覆地的变化,你也许会因此觉得新准则不够可靠,那么可以通过证据记录的方法建立对它的信任。和前面讲述的预测记录一样,证据记录是帮助你相信自己已发生改变的真实性的工具。只需要笔记本中的几张空白页和平日的仔细观察即可,由证据记录提供的证明会增强你对新信条和准则的信心。

证据记录

使用证据记录记载能够支持和确定你的新准则和信条的交流、事件或谈话。

在纸的左侧，写上日期，然后是标题，"发生的事情"。在纸的右侧，写上另一个标题，"它的含义"。

例如，这里是苏茜为她新形成的核心信念"我是一个有些缺点的坚强女人"填写的证据记录。

日期	发生的事情	它的含义
10/8	重新装修厨房时做了几个重大决定	有点畏首畏尾却又信心十足。以前从没有独自完成过这样的壮举！我能够和承包商交涉、制订计划以及严守预算。我完成了一项重大任务
10/14	报告了麻醉师在手术过程中还处于酒醉状态	我担心会失去工作，但我维护了正义：保护了患者
10/15	请求同事帮助一名困难的患者	我从同事那里得到了更多支持。他们无怨无悔地帮助我让我感到更加自信

通过检测准则和在证据记录表中记录真实结果来加强你的新核心信条。坚持认定自己的新准则，但刚一开始，尽量选择安全的检测场合。比如，检测准则时与一位大力支持的朋友合作，在低风险的环境中（不是在单位），或是在你安全感十足的地方或情境下。过段时间等你的信心和自尊都有所提升后，可以扩大测试范围，将不太安全或有利的场合纳入行动范围。

当你已经牢固树立一个新的核心信条时，可以把目光转向修改下一个信条。遵循本章中列出的步骤，挑战并且检测该信条的准则。修改核心信条能够大幅度提升你的自尊。

第 17 章

建立孩子的自尊

朱迪斯·麦凯（Judith McKay），RN

你想给孩子最好的，想让他们成为好人，将来能够功成名就、幸福美满，成为栋梁之材。你想让他们广结善缘，使用聪明才智让生活变得更美好。

帮助孩子树立强大的自尊是为人父母最重要的任务。自尊充足的孩子成人之后最有可能走上幸福和成功之路。自尊是保护孩子免受生活中洪水猛兽侵害的铠甲：毒品、酒精、不正常的关系和犯罪。

家长的权力

无论你是谁,你的父母(或是养育你的人)都是生命中最重要的人,因为他们对你的自我感觉产生的影响最强。你为达到良好自尊状态所付出的艰辛已经显示出你内在的指责、评判之声有多少是在童年时期听到的。你今天努力克服的恐惧、缺点和无助感从很小的时候就已经伴你左右了。

引领你看到自己强大或是无能、愚蠢或是聪明、高效或是无助、无用或是可爱的是你的父母。你千方百计想要讨好的是你的父母,得到他们认同的需求如此强烈,以至于对父母认可的向往会延续到他们离世之后。

尝试回忆你想从父母那里得到什么,你是否想得到他们的宽恕、认可和赞赏?让父母赏识真正的你现如今又意味着什么:你的缺点、你的特殊能力、你的梦想?

也许你永远都不会得到父母的赏识,所以你必须学会馈赠给自己"接受"这份礼物。你也能够把这份礼物送给孩子。当你把"接受"礼物馈赠给孩子,当真正看到、重视和赏识他们时,就是为孩子准备了能够保护他们一生的铠甲。

家长是一面镜子

你就是婴儿眼中的整个世界,所有舒适和安全感的来源,恐惧和疼痛的驱逐者。在每一个清醒的时刻,他都通过你的反馈了解自己。你就是这个新人用来看清自己的镜子。

从你的笑容中,婴儿能够感知到他很开心;从你的触摸中,婴儿能够感知到自己很安全。从你对他哭泣的反应中,婴儿能够感知到自己举足轻重,这些是他关于自我价值和构建自尊的第一课。

没人哄、没人抱、没人说话、没人轻摇和没人爱抚的孩子学到的是不同的课程，学到了他们痛苦的哭声并不能带来安慰，体会到无助，感受到自己微不足道，这是自尊不足的第一课。

随着年龄的增长，孩子们会有更多用来看清自己的其他镜子。老师、朋友和保姆都能起到这个作用，但是涉及善良、重要性和基本价值时，孩子还是会回到父母举起的镜子前照自己。

为孩子举起一面积极的镜子并不意味着你认可他们做的每一件事或是让他们持家。有一种方法有助于抚养出能够融入社会、通情达理、自信满满的孩子，它要求你审视孩子、自己和你们的交流方式。

审视你的孩子

真正看懂自己的孩子并非易事，你可能会被希望和恐惧模糊双眼。你的儿子可能会让你想起自己或你的伴侣或另一个孩子。你对女儿应该如何表现和希望她即将成为什么样的人形成了自己的看法。虽然看清自己孩子并非易事，但如果你做到了，就会收获一段更加融洽的亲子关系，多一些合理期许，少一些冲突，为孩子自尊的良好发展做出贡献。

了解孩子能够以下列四种方式构建自信。

第一，你能够识别他们的独特能力和天赋，从而强化和栽培它们，并帮助它们看到自己的独特之处。

第二，你能够从孩子的角度理解他们的行为，你不会将天生羞涩误读为没有礼貌，或是把对隐私的需求当作排斥。具体情况具体分析之后，即使负面行为也会更容易理解和预见。

第三，了解自己的孩子有助于你更加注重改变值得改变的行为，对他们有害的行为,将他们与世隔绝的行为或分裂家庭的行为。

第四,认为父母真正了解和理解自己的孩子敢于流露真实的自我。这种孩子不需要因为害怕遭拒而有所隐藏。如果你能够完完全全接受自己的孩子,无论好坏,孩子就能接受他自己。这是良好自尊的奠基石。

练习:谁是你的孩子

这项练习会帮助你审视自己的孩子,分析你所观察到的现象。

1. 用一周的时间,写一份对孩子的描述。假装你正写给一个从未见过他或她的人看(比如给一位老校友或远亲)。确保面面俱到:身体、社交、智力和情感。你的女儿在学校表现如何?她独处时喜欢做什么?哪些事情会让你的儿子感到愤怒、喜悦或犯愁?他最擅长什么?如何让自己的需求获得满足,对安全、关注、关爱的需求?孩子最难让你理解的是什么?孩子和你有哪些相似?有哪些不同?你的女儿在严管还是自由的情况下发挥更好?她是否更倾向于秩序而非混乱?她是否喜欢音乐、体育、画画、读书或数学?

尽量详细描述,在一周时间里,可以随时添加内容。你会发现自己从他出生后,从未如此认真地思考和审视过他。你也许会发现一些从未注意到的品质或改变之前的看法。长期以来,一位家长总把自己眼中的孩子归为"丢三落四、漫不经心"类型。当他12岁时,出门总忘记锁门,总是把午餐落在公车上、把外套落在操场或在学校交错作业。当她写描述信时,意识到儿子发生了重大变化。他操心家事、在学校拿高分、自己买车,很难再找到"丢三落四"的影子。

> 为了润色你的描述,可以向了解你孩子的人求证,老师、朋友或朋友的父亲。你也许会为孩子身上其他人发现的,你在家却从未察觉的特性感到惊讶(并且高兴)。他们也许会把你的女儿描述成一个真正的领导者或团队成员,他们也许会把她描述成一个乐于助人、情感细腻并且风趣幽默的人。把这个描述当成是一次挖掘她天资的寻宝行动,寻找潜力的种子。对她的缺点、恼人的习惯和矛盾原因也做出如实描述。
>
> 2. 现在浏览写出的描述,在孩子的正面和负面特质下划线。你会生成两份清单,第一份包含所有正面特质、天赋、能力、兴趣和你想着重培养的潜力。另一份清单包括负面特质、缺点、可能的问题和坏习惯。

简是一名 12 岁的体操运动员,很受朋友欢迎,下面是关于她的一部分特质。

正面特质	负面特质
风趣幽默	好动,坐不住
有创造力	容易灰心丧气
有主见	数学不好
有艺术才能:画画、黏土、着装、打扮	和妹妹打架
外向,交际能力强	粗心大意、丢三落四
身体协调能力强,擅长运动	容易受朋友影响
	原计划发生改变时,随机应变能力较差

审视正面特质

首先,浏览正面特质清单,找出你想立刻强化的两三个特质。确保这些特质是你已经在孩子身上明确看到的优点,或能力,或特殊才华,而不是你希望看到的。每次强化这种行为时(通过表扬、奖励或认可),都要提高孩子再次发出这种行为的可能性。强化真正的正面特质是构建自尊的重要策略。

你可以通过以下三件事强化正面特质。

1. 留意孩子在不同场合显示出能力（天赋、技能、兴趣等）的表现。你的孩子在学校如何展现这些能力？他如何在家展现它们？向他说明指出。你的孩子也许自己没能看到这些能力。"你真会解决问题。""你插的花就像是出自真正的艺术家之手，非常漂亮。""爬上树把风筝解下来需要高超的协调和平衡能力。"
2. 不放过表扬孩子的每一个机会。（不要忘记向别人夸赞她的能力。）赞扬的话语会在本章稍后加以讨论。炫耀孩子的作品、奖品故事或彩泥雕塑。讲述她如何解决问题，走出两难境地的故事，详细描述她有多么不厌其烦、足智多谋、坚定自若或别出心裁。让你的孩子成为故事中的主角和英雄。
3. 为孩子频繁展示自己的能力创造机会。他需要很多发展、证明、强化和依靠它的机会。每一项能力的发展都需要孩子诸多的练习，无论是游泳、读书或思考。

这三步会加强孩子的正面行为，让他学会珍视这些才能，并看到自己在这些方面出类拔萃、超群绝伦。即使你的孩子在其他方面表现欠佳，他也不会妄自菲薄，因为他有值得自豪的其他专长。

持续强化这些行为两周后，再次回顾清单，找出两到三个其他项目并加以强化，过不了多久，你就会习惯在孩子的日常生活中寻找亮点。因为你以正面方式看待自己的孩子，他也会很快用同样的方式看待自己。内化的家长声音（滋养或毁灭自尊的声音）会因为表扬和赏识而变温柔，那么你的孩子就能形成提高自尊的能力。

审视负面特质

孩子的每个行为都是对满足自己需求的尝试，无论能否成功，这一点都毋庸置疑。

一个人总是在兄弟姐妹之间挑起事端、以令人反感的方式炫耀自己、模仿婴儿说话或是表现倒退就说明他有需求！也许是更多关注，或更少压力，或更多挑战！目中无人的儿子也许希望你不要朝令夕改，或是想要更多的决定权。一个唠唠叨叨、牢骚满腹的女孩也许需要你一定时长的特殊关注，因此觉得你听到她的心声。在很多情况下，如果你能判断出孩子所表达的需求，就能够帮助他以更合理的方式满足需求。

尝试这个练习。针对负面清单中的每一项，问自己这三个问题：

1. 这个行为在表达什么需求？
2. 我是否能看到由该行为显示出的正面特质？
3. 我如何帮助孩子表达这一特质并且以更积极的方式满足她的需求？

一位家长描述自己的女儿为"固执任性、难以变通、盛气凌人"。首先，他寻找该行为背后的需求，看到女儿对所发生的一切有强烈的控制欲，于是撤销了"固执任性、难以变通"的负面标签，以一种积极的方式重新框定了她的行为。他看到一个很有主见、独立自主的孩子，凡事都能形成自己坚定的看法。思考之后，他决定采用三种策略帮助孩子表达独立想法并且满足她对掌控全局的需求。

1. 只要有可能，就给她一个选择。（"你想现在做家庭作业还是晚饭后？""你可以看一小时电视，自己决定看什么。"）
2. 强化她用以表达决心和独立的正面、恰当的方法。（"你真是不达目的不罢休——我喜欢。"）
3. 明白失望于她而言有多么难以接受。（"即使其他孩子比你个子高，坚持尝试也需要很大勇气，你没能进入那个队我感到很遗憾。"）

当然，不可能因为她坚持己见就能事事顺心，有时即使自己独立要强，也需要有人陪伴。当孩子们知道父母了解并且能够接受他们，认可他们的付出和艰辛，那么失望和挫败会变得更加容易接受。

杰米的父母观察到她很难静下心来做作业或练习钢琴，总是烦躁不安、在敲鼓点、和妹妹打闹，抑或找出百般借口起身四处转悠。

这表达出哪些需求呢？杰米的身体和神经系统释放出巨大能量，"只是一动不动地坐着"对她而言就是煎熬。一天的学校生活结束后，她需要通过跑跑跳跳释放能量。父母并没有把她的能量看作是一个问题，反而意识到，如果从积极渠道释放，可以变废为宝。如果放学后得到一个能够真正活动的机会，晚饭后也许可以踏踏实实写作业。杰米的父母决定引发一系列的改变确保她的需求得到满足，以积极方式使用自身能量。在父母的鼓动下，杰米参加了课后足球队，她活力充沛的运动风格受到赏识，从这项运动中取得的成功也极大提高了她的自尊和自信。在做家庭作业时，父母允许杰米休息几次，因为连续坐着超过半小时，她就会躁动不安。事实上，因为休息后能更好地集中精力，她的效率反而提高了。杰米放弃了钢琴课，去上打鼓课，周末还去学柔道。当她以一种积极方式释放能量时，她学到了纪律和克制。

应该忽视某些行为。再次回顾负面清单上的项目，判断它们是否只是品味、喜好或个人风格的问题？不要浪费时间或精力去改变这些态度，最好听之任之。再多的唠叨和提醒也不能把羞涩的孩子变得外向，或把笨拙的孩子变得优雅。忘记发型、服饰、音乐品位等，对这些事情喋喋不休只能是徒劳，反而还有可能破坏你与孩子之间的关系。一些你看不惯的行为也许和孩子的年龄或他周围的文化有关。18岁的男孩喜欢模仿血气方刚的超级英雄，12岁的女孩往往比较"花痴"。青少年通常会在追求独立的过程中越界。数落孩子的形象或他房间的装饰除了创造更多矛盾外，别无他用。为保护孩子设置底线，不必每件事都干涉，着眼大局，关注重要的方面。

特殊挑战——另类的孩子

你也许会觉得某个孩子更像是别人家的孩子。"他究竟从哪里来的？"你会问自己。全家人都是运动员，只有他是情感细腻的艺术家；全家人都是社交达人，只有他生性羞涩，或者全家人都是学者，只有他在学习方面不开窍。不仅要接受孩子不是什么样的人，还要接受他是什么样的人，这并非易事。如果你尝试把孩子"塞入模具"，他会情绪低落、心情沮丧，最终认为自己有问题。如果你认可和重视他的独特天赋，与全家人不同的孩子就会悦纳自己，提升自尊。

马丁是全明星家庭中唯一没有运动细胞的孩子。他的父亲是当地橄榄球队的英雄，也是校队教练。他的哥哥在学校田径队、棒球队和橄榄球队中都获得了优异成绩。他的妹妹参加了田径和游泳竞赛。尽管马丁没有运动细胞，但在机械方面却很有天赋，而且热爱音乐。当他还很小的时候，他总喜欢把东西拆开，再安装到一起，他总喜欢对某些东西的工作原理刨根问底。他10岁时，修好了一台破旧的唱片机，从旧货摊和废品店收集了很多歌剧唱片。他建立了自己的无线电站来收听音乐会，多年来自学了很多关于经典歌剧和经典音乐的知识。但父母从不知道他的这些成就，父亲对这个儿子很失望，他可以帮助孩子练习击球、训练举重，但因为马丁对这些都不感兴趣，父子之间没什么交流。尽管马丁在机械和音乐方面无师自通，却一直很自卑，认为自己是整个家庭中的败笔。尽管父母没有"打压他"，但也没有"抬举他"。过了很多年，他才找回自我，并且遇到与他志同道合的人，对他的天赋大加赞扬，给了他莫大的鼓舞。

如果你孩子的天赋偏离了家庭模式，可能很难得到你的认可。马丁的爸爸认为他"总是闷在自己房间，从不出门运动，在阳光下挥汗如雨"。当马丁问一些他答不出的问题（"广播为什么能发出声音"）时，他感到很尴尬，痛恨没机会在儿子面前显摆自己的体育知识。

练习

如果你的某个孩子与家庭模式格格不入，尝试这个练习。写一份与家庭模式更为接近的"理想孩子"的简短描述。这个孩子长什么样？他如何优秀？他的兴趣、个性特征、喜好和憎恶？列出理想孩子的特质，将它们与真实孩子的特质清单进行对比。在与理想孩子相似的特质旁写 A，不同的特质旁写 D。（注意"不同"并不意味着"不好"。即使与理想不同，某个特性也有可能是正面的。）

1. 仔细思考标出的项目，看看你是否能够把关注点从孩子不是什么样的人转移到孩子是什么样的人。如果你的儿子不喜欢你偏好的颜色，记录他喜欢什么。如果他不擅长你看重的技能，写出他擅长什么。如果你的女儿数学不好，找出她的强项。英语？辩论？径赛？音乐？
2. 孩子的特性从本质上来看，是否和你重视的东西具有共性？比如，马丁和他的爸爸分析能力都很强。马丁的爸爸擅长分析观察的学生表现，这也是他之所以成为一名好教练的原因。他能够通过观察一个孩子投掷棒球的动作，指出他在站姿、胳膊或关注点方面应做出哪些改变才能有所进步。马丁的分析能力通过其他方式得到展现。15 岁时，他已经能够修理几乎所有的机械装置，只需要听听引擎声，就能断定一辆车的问题所在。
3. 修改孩子的正面和负面清单，加入你的新发现。

当孩子们与家庭模式相去甚远时，从正面认可、加强和承认他们的不同之处尤为重要，不认可孩子的潜力会剥夺他提高自尊、有所成就的机会。

南希的父母从不赞成她滑冰。相反，他们认为这很幼稚，而且容易放纵自己，纯属浪费时间和金钱。南希在滑冰方面的出色表现为她赢得了奖学金，并开始参加当地的竞赛。她的父母从不出席运动会，憎恨这浪费了女儿的学习时间。还常常威胁她说如果影响到学习,就永远别想滑冰了。如果得到父母的支持和认可,她可能已经"是一名冠军争夺者"了,但却没能如愿,只能垂头丧气地退出,埋没了才华。

当你强化另类孩子的正面特质时,确保加入一些和家庭模式相悖的特质或天赋。告诉孩子他的不同有多么独特。"你心灵手巧,能修所有的东西,我却很笨。""你是全家人中真正有创造力的一个。没有你,我们可怎么办?"

你还可以强调他与全家人相同的地方,即使他表达该特质的方式不同,这会让他感到就算自己与家人不同,也不是局外人。"我们全家人都是艺术家,三个音乐家,一个舞蹈家。""我们都喜欢学习新事物,一些人善于从书本上学习,一些人从实践中学习。"

像你的孩子

你的孩子也许会让你想到自己,不是现在的你就是过去的你。如果孩子继承了你的负面特质,你可能会对此极其敏感。为人父母,你必须小心谨慎,切忌不要只关注由品位,或喜好,或孩子无法掌控的负面行为,这是一个极其容易落入的陷阱。

安小时候很胖,节食几年后,最终减肥成功,骄傲地穿上了七号衣服。当女儿希瑟8岁开始发胖时,安很难做到不在每顿饭时唠叨她的体重,提醒她少吃。安的确想方设法地把垃圾食品都从房间清理出去,在家只提供健康食品,但她发现希瑟独处时会肆无忌惮地大吃大喝,全然不怕长胖。

如果孩子继承了你的优良特质,当他们无法完成或不够努力或无法实现力所能及的事情时,你就会有过激的反应。强化与你相似的孩子的优良品质时,要考虑到他们和你有哪些不同,以及他们是如何以不同方式表现相似特质的。

比如,克拉拉和母亲一样聪颖、学习成绩优异,但她对科学而非历史更感兴趣,口头表达能力比写作能力强。这些不同应该得到关注和强化。所有的孩子都希望自己在父母眼中是独一无二的,并感到自己有权利按照自己的方式成长。

认真倾听

"我从不和妈妈讲任何事,"16岁的克拉拉如是说,"她无药可救了。我每次从学校回到家,她都在发信息或玩手机。她问我白天过得如何,但我知道她根本没在认真听。她说她能边听边发信息,但鬼才相信呢。有时我真想说我吃午饭时被绑架、被捅伤了,希望她的目光能够离开手机,抬头看我一眼。有时她会在我们正在'谈话'时起身,径直走进厨房准备晚餐。纯粹不把我放在眼里!"

克拉拉的母亲并非个案。很多爱孩子的家长也发现孩子说话时,他们常常心不在焉。下班回到家,有很多事情会分散你的注意力:其他孩子、家务事、电话和狗。你可能筋疲力尽,很难做好倾听者。

但是抽时间认真聆听,向孩子传达你的兴趣和关爱,对于提高他的自尊至关重要。当你放下手头的事情,认真聆听时,就是在向对方说:"你很重要。你说的话对我很重要。你对我很重要。"

如何聆听你的孩子

1. 确保你已做好聆听的准备。下班回家后,你也许需要半个小时缓口气,然后才能全神贯注聆听。你也许在担心刚刚锛的一颗牙齿,也许你被体育版面深深吸引,也许你正在回复几封工作邮件。你需要先处理好自己的需求,然后才能当好聆听者。

2. 给孩子全部关注。即使只有放学回家后的五分钟寒暄,然后他会跑出去玩,你都应该放下手机,关掉电脑,坐下来,认真听。

3. 将干扰最小化。如果电话铃响了,迅速接听,告诉对方晚点给他回过去。

对其他孩子们说："菲尔和我正在谈话，等一会儿我帮你找毛衣。"也许你的孩子想告诉你一些隐私，或尴尬的事，想要回避其他孩子。如果你无法消除干扰，告诉孩子你静不下心，并且安排晚些时候再谈话。"我担心明迪，她放学回家晚了一小时。现在我无法静心听你说话。吃完饭我们找个时间聊吧。"

4. 成为积极的聆听者。提出问题、问明情况、做出回应，还要与孩子进行目光交流。对孩子做出所有能表明你对他的故事很感兴趣的暗示。记住他的朋友和宠物的名字。询问前一天的疑虑有何新动向。他会觉得自己很重要，因为你在认真听，而且没有忘记他的所有烦心事。

5. 邀请孩子讲话。一些孩子可能在你一进门就扑面而来，喋喋不休地汇报所见所闻。但在孩子较多的家庭中，至少会有一个孩子争抢不到说话时间。即使这个孩子不要求你的关注，他也仍然需要关注。专门为他留出一段特殊的时间，通过提出一些开放性问题展开对话，然后跟随他的引导。这不应该是讨论他的低分或埋怨他的凌乱房间的时候。

重点听什么

1. 听出故事的关键所在。当孩子对你说话时，问自己："他认为这件事重要的原因是什么？他在尝试告诉我什么？"他是否正在告诉你他的计划？抑或他成功解决了问题？他是否正在告诉你他强大勇敢？抑或是他正在表达尴尬、愤怒或困惑？对故事的重心做出回应，不要被细节分心。

14岁的苏茜向妈妈讲述了自己在学校的一天。她欣喜若狂、滔滔不绝。"我第二节课迟到了，因为我把数学书落在了美术教室，所以老师对我说必须在午饭时间补考。那麻烦可大了，因为这就说明我没法去找欠我很多钱的金。当时我束手无策，既没钱吃午饭，也没时间午休。所以我决定回体育馆找昨天落在那儿的外套，然后看到一个男孩在篮球场练罚球。

我坐下来看了一会儿,他好像也喜欢有观众,所以我没离开。过了一会儿,我们开始说话,我告诉他我没能吃到午饭,又丢了外套有多惨。不管怎样,他有一瓶可乐,还与我分享。他真帅,我希望他能喜欢我。"

听这个故事时,苏茜的妈妈很有可能抓不住重点。她也许为苏茜的健忘感到无奈(忘记的数学书、丢掉的外套),也许会为她错过了测验而生气,也许会为她没吃午饭、借钱给金、挨饿、待在男生体育馆等感到恼火。但是苏茜的重点是她遇到了一个不错的男孩,抑制不住内心的喜悦,迫不及待地想要与母亲分享。

2. **不要把自己当救世主。**聆听孩子最大的挑战是做到不提建议、不支着或不解决问题。你应该知道正在向某人娓娓道来时,被对方用所谓的"策略"打断有多么烦人、多么讨厌。你感到被堵截,无法抒发情感或分享你问题的关键细节。还有,你自己想出解决方案的机会也被剥夺。但是当孩子一谈及问题,家长就过于迅速地提出办法,这再常见不过了。你想要"解决问题,改善现状",或你担心孩子还太小,或太幼稚,无法自己解决问题。但极有可能是你的孩子并不是想向你求助,只是想分享自己的经历。如果合适,给孩子充分发泄的时间,然后再帮助他探索一些解决措施。比起让你帮他解决,自己想出办法对自尊的提升有更多益处。除此以外,这个问题也许没有答案,或者等他消了气,不再那么沮丧时,答案可能会更加明朗。

3. **边听边对情绪做出反应。**当你听自己的女儿说话时,不仅要听内容,还要注意她传达的情绪,留意她的姿势和语气中有哪些暗示。她是否兴奋和开心?她的话语中是否流露出失落或灰心?她是端坐、踱步、蹦跳抑或是闷闷不乐地躺在在沙发上?不仅对所听到的内容,对观察到的情绪也要做出回应:"我能看出那个派对让你有多兴奋,坐都坐不住了。为什么你觉得它很特殊呢?"

对于一个幼童而言,帮助她找出描述情感的词汇很有必要。"你听上去好像很生气，因为没有轮到你。你感到生气和伤心吗？"

接受孩子的负面情绪

听到孩子表达你不希望他具有的感觉让你心烦意乱。儿子讨厌他的哥哥或继父，或他生你的气。女儿抗拒你认为她应该做的事，不把你的感受放在眼里。当他表达负面感觉时，你可能跃跃欲试想打断，但是给沸腾的情绪加上盖子并不能促使其蒸发。

孩子们常常会对自己强烈的情感产生恐惧，有时会因为愤怒或沮丧、嫉妒或恐慌而不知所措。如果他们的情绪被贴上"不好"的标签，或是不得不压制、拒绝或掩盖自己的感觉，结果可能是：（1）低落的自尊（"我产生这样的情绪是坏孩子"）；（2）虚假的行为（"为了让父母接受，我必须假装；如果他们知道我的真实感受，可能就不要我了"）；（3）杜绝所有感觉，无论负面还是正面。喜悦、兴奋、喜爱和好奇连同愤怒、嫉妒和恐惧一起，统统遭到打压。切记情感不可能因为需要而得以创造或是因为引起不便而被驱赶。如果家长能够接受孩子强烈的负面情绪，并且支持他以可接受的方式表达出来，那么最终就能排解这些负面感觉。他不需要愤愤不平、心怀不满或是陷入沉思。只有负面感觉获得宣泄的余地，正面感觉才能尽情释放。

以下 5 种家长的常见反应会让孩子否认他们的感觉。

1. 否认感觉的存在。"你的胳膊肘不疼，只肿起来一点点。"
2. 说出孩子应该具有的感觉。"你应该爱你的哥哥。"
3. 把孩子和其他人对比。"吉米在牙医那儿的表现可比你好多了，你怎么回事？"
4. 做出奚落或嘲讽的回应。"你不会因为完不成，再哭一次吧？真是长不大！"
5. 进行威胁和惩罚。"如果你每次出局都这样，今年就退出这个联盟吧。"

以下是一些你能够帮助孩子应对强烈负面感受的方法。

1. 鼓励孩子在安全、轻松的环境下表达他们的真实感受。提供私密的空间和时间，让孩子说出自己有多愤怒、伤心或挫败。如果儿子对你不满，尽量不要自我辩解或改变他的看法。你能够接受孩子的情感，不需要道歉或让步。"我听出来你对我都多么不满了，我知道你不喜欢听别人指挥。""我听出来你有多想去希拉家住一晚了，但你今晚没法去。"

2. 帮助孩子找到不同的发泄渠道。鼓励小孩大声吼叫、击打枕头，或是使劲跺脚来表达愤怒的情感。再大点的孩子常常需要反复讲一件事才能宣泄负面情绪。年龄稍大的孩子也许会通过画画或写信或在电话中向理解自己的朋友诉说来宣泄。体育运动和高强度的肢体运动能够为强烈的情绪提供新的发泄渠道。

3. 鼓励孩子运用想象去表达他们的情感。"你希望自己对那个恶棍说或做些什么？""你得长到多高才能比她跑得快或跳得高？""你想让她消失吗？隐形？"

4. 讲述你在相似困境中，产生相似感觉的故事。"我还记得当我在你这个年龄时，妹妹偷偷翻我的抽屉，借东西。我很气愤。"你的孩子会认为你和他产生同病相怜的感觉，并因为你的理解而获得安慰。（但是注意，当分享你的故事时，不要让自己成为谈话的焦点或让对方觉得你是在试图减轻他的痛苦。）

5. 在处理强烈情绪方面给孩子树立一个好榜样，分享一些你自己的应对策略。

6. 即使遇到失败或挫折，也帮助孩子悦纳自己。"你没有赢得那场比赛，但是你的蝶泳的确有了很大进步。一旦加速，就势不可挡。""即使你迷路了，感到害怕，也知道向售货员寻求帮助，很不错。你觉得呢？"

自尊的语言

作为家长，你帮助孩子树立良好自信的最有力武器就是语言。每天，你都会与孩子进行成百上千次的交流，成为他们看清自己的镜子。你的语言和语气就像是雕塑家雕刻软黏土时手中的工具，能够塑造孩子的自我价值感。为此，无论你的反馈是称赞还是更正，都应当把它嵌入能够提高自尊的语言当中。

能够提高自尊的语言包含以下三个方面。

1. 对行为的描述。自尊的语言是描述的语言，不加任何评判地描述行为。这样，就能在孩子的价值和行为之间划清界限，这个区分很重要。不能因为与别人分享自己的玩具，你的儿子就是好孩子。不能因为打哥哥，他就是个坏孩子。他好是因为他的存在，你爱他、关心他，他对你有特殊意义。有时他做好事（乐于助人，或主动分享，或表现不俗）。描述行为（你的所见、所闻、发生的事情）是对孩子如何表现以及他们的表现如何影响其他人的准确反馈。不给孩子贴上好或坏的标签，你就是在把对他们行为的赞扬与他们的基本价值区别对待。

2. 你对行为的反应。自尊的语言是分享自己感受的语言。你让对方知道自己赞成、满意和欣喜，或是反对、不满和愤怒。你说出自己想让对方做某些事的原因或你对某种情况的反应，当孩子知道他周围的人为何做出某种反应时，满足期望和避免冲突就变得更加容易。

3. 承认孩子的感受。自尊的语言是对孩子经历的证明。无论成功与否，女儿的努力得到赏识。你已经理解了她的困难和动机，她的迷惑或谨慎。即使你是在纠正她的行为，她也能感到你对她的了解和理解。

在接下来的部分中，反馈的这三个方面被用于赞扬和纠正孩子的具体过程中。

赞扬

你的认可能够塑造行为，取悦你是孩子学习的不竭动力，从学习语言到餐桌礼仪。当你表扬孩子时，他们获得的信息是自己表现不错，自己的行为得到接受和赏识。

但是使用自尊语言表扬孩子的好处不仅能够传达认可，还能给予陪伴他们一生的财富。你的孩子们学着认识到特殊性，认识到自己的哪些行为可以引以为豪。他们能够学会表扬自己，并且认可和珍视他们的努力和天赋。

来看看乔伊的例子。他洋洋得意地向爸爸展示了一幅在学校的画作，他的父亲极尽溢美之词。"好美的一幅画，我喜欢，你太棒了。"但乔伊却不知道他的父亲究竟喜欢哪一点。因此，乔伊后来想不起自己的作品有什么过人之处。如果使用自尊的语言，乔伊的父亲也许会说类似这样的话："这太棒了。我看到了鲜艳的花丛中有一栋房子和一个男孩（描述）。我喜欢你选择的颜色和翻飞盘旋的云层，我看到你仔细地在男孩裤子上（反应）画了口袋。你一定是花了很多心思（承认）。我们把它挂起来，给妈妈看。"

赞扬时说出具体感受。如果你说出自己的感受，他们就知道你看重什么，更加了解你的需求和心情，知道如何取悦你，或是当你在气头上时，如何不惹你。比如，你很高兴看到儿子早晨整理床铺，你喜欢整洁的房屋。你为打电话时女儿能够静静地做自己的事而感到欣慰，你不喜欢被打断。与孩子分享类似这样的反应会让孩子理解你，不会认为你独断专行，不再把你当作喜怒无常、忽冷忽热的人。

阿琳正在等14岁的孩子戴维放学回家。她需要他帮忙照看弟弟妹妹，因为自己约了牙医。戴维一进门，阿琳慌慌张张地说："谢天谢地你按时回家了，我还以为你会忘，我得赶紧走了。再见。"戴维能够看出母亲焦躁不安，但又无法理解。自己没有忘记母亲的嘱托，也按时回到家，那她为什么心烦意乱？如果阿琳记得使用自尊语言，可能会更多地说出自己的感受。"感谢你按时回来（描述）。我生怕你会忘记（反应）。我知道你可能更愿意放学后和朋友们玩（承认）。我今天尤其需要感谢你，因为我约了牙医，所以才这么紧张（反应）。"

这种表扬形式有助于戴维了解他的妈妈和自己。妈妈今早焦躁不安是因为约了牙医，他没有忘记按时回家并且牺牲了和朋友玩的时间得到了母亲的认可。他还能够由此看出自己是一个可靠的人，会在别人需要时挺身而出。

不要吝惜你的赞美之词，尽可能找机会真心表扬孩子，多多益善。表扬能够帮助孩子以最积极的方式看待自己，不仅仅看到自己的表现如何，还能看到你相信他们能够成为什么样的人，得到对最佳自我的确认。

过度赞扬会让孩子感到不适。你的女儿知道自己不是"班里最聪明的孩子，真正的天才。"本来她在今天的数学测验中可能会表现不错，但你的过度赞扬反而会让她承受每天都必须光芒四射的压力。一旦她最终在测试中得了 B 或 C，那是否意味着她"很笨，是个大傻瓜"？

一些家长反映说他们有意不表扬孩子的良好行为，因为一开始关注孩子的出色表现，他们就反其道而行之。这种现象就源于过度表扬给孩子造成的不堪忍受的压力。你的女儿更愿意做她自己，而不是世界上"最好的女孩儿"。

看看苏茜的例子。她的朋友莫莉来家里玩。一进屋，苏茜递给她一个洋娃娃。苏茜的妈妈顿时心花怒放。"你真大方！是我见过世界上最大方的女孩儿，简直就是一个天使。"这种形式的表扬让苏茜无所适从，因为她知道自己并不是世界上最慷慨大方的女孩儿。也许她只是表现得很大度，也许只是为了不让莫莉看到她更宝贵的玩具，或者只是为了讨好母亲，稍后给她买冰激凌。无论如何，当苏茜不愿分享时，是否就意味着她是世界上最自私的女孩儿？如果母亲用自尊语言赞扬苏茜，应该说出类似这样的话："真棒，我很高兴看到你让莫莉玩你的洋娃娃（描述、反应）。有时很难做到和别人分享特殊玩具（承认）。"这种表扬让苏茜对自己的分享行为感觉良好，然而不分享时，也不会质疑自己。

避免挖苦式赞扬。挖苦式的赞扬集表扬与挖苦为一身。它对孩子的出色行为提出赞扬，但同时又会提起之前的不良行为，因此不受欢迎。

挖苦式赞扬："你的发型比今早看起来好多了。"

真正赞扬："我喜欢你的发型。"

挖苦式赞扬："你可算是在最后一刻完成了，还算不错。"
真正表扬："你做得不错，而且速度还很快。"

挖苦式表扬："就是有点慢。"
真正表扬："很高兴看到你做完了。"

挖苦式赞扬："你做到了！太不可思议了！"
真正表扬："祝贺！我就知道你能行！真棒！"

纠正你的孩子

当你纠正孩子的问题行为时，谨慎使用语言尤为重要。听惯了恶言恶语的孩子往往也会出言不逊，包括对父母。纠正孩子时不说明缘由会让他们变得不够通情达理。付出努力后，没有得到认可的孩子讨厌被"误解"。没有明确听到家长对自己有何种期许的孩子对于自己的行为是否合理没有把握，甚至产生挫败感。当一个孩子的行为激起其他人的愤怒或厌恶时，很难树立自我价值感。

家长既是孩子的镜子，也是他们的老师。家长需要教会孩子控制冲动、承担责任、抵抗压力并且体恤他人，这个学习过程的效果取决于你在所有反馈中使用的自尊语言。如果你通过嫌弃或辱骂的方式纠正孩子，他不会听进你的话，也不会有任何改进的欲望。

尽管你的孩子也许"很听话"，但内心可能充满怨恨、挫败、抵制和愤怒。

纠正孩子行为时使用自尊语言会让孩子明白改正的意义，并且改变行为，同时不会觉得自己是个坏人。纠正孩子的语言和表扬孩子的语言极为相似，它包括四个步骤。

1. 描述行为（以不加任何判断的语言）。"这个房间还是不够整洁""今天早晨脏盘子依然堆在水槽里""成绩报告卡中显示你有九次英语课没上"。
2. 改正行为的理由。简洁明了，"我现在很累""你不按时回家，我就担心""她希望我们按时到"。
3. 承认孩子的感觉（或努力、困境、动机）。"我知道你有多生气""也许它似乎是你唯一的选择""也许他们给了你很大压力"。
4. 明确说出你的期许。"我需要你现在来帮我""下次从妹妹房间取东西时先征求意见""我希望你能按时回家"。

下面的例子对比了攻击型反馈方式与自尊语言，共列出五种典型的愤怒反应，每个反应之后都有改进语言的方式，帮助清晰表达自己的意愿也能体现对孩子的尊重，没有辱骂、愤怒和嫌弃。

攻击型交流：太乱了！简直就是猪窝（负面标签）！
自尊语言：我看到房间里到处都是衣服、书本和唱片（描述行为）。你把房间收拾整齐，就能腾出更多玩的地方（改变行为的原因）。你也许不知道从哪做起（承认感觉）。我希望在半个小时之内，看到衣服放进篮子里，书放在桌上，唱片收好（陈述期许）。

攻击型交流：别烦我了！你就不能自己玩一会儿吗（嫌弃）？
自尊语言：你一直跟在我屁股后面满房间地转悠（描述行为），我有一个很重要的电话要打（改变行为的原因）。我知道已经答应你今天一下班就陪你去买学校用品（承认感觉）。但我希望打电话的时候，你能自己静静玩耍，然后我们一起去买东西（陈述期许）。

攻击型交流：住手，小畜生（负面标签）！

自尊语言：你打了苏茜（描述行为），那样会伤害她（改变行为的原因）。我知道她拿走你的玩具时，你很生气（承认感觉）。但是打人在这里是不允许的（陈述期许）。

攻击型交流：你们就不能安静点吗？再这样下去我们会出车祸的（威胁）。

自尊语言：你们在车里跳来跳去、吵吵嚷嚷（描述行为），这会让我无法专心开车、带来危险（改变行为的原因）。我知道这么长时间坐着不动很难受（承认感觉）。我希望你们系好安全带、小声说话，坚持到停车吃午餐（陈述期许）。

攻击型交流：你永远都只顾自己（过度总结）。

自尊语言：你答应我今晚照看弟弟，但现在又想去康妮的派对（描述行为）。爸爸和我已经买了今晚的票，就指望你了（改变行为的原因）。我知道你去不了派对会很失望（承认感觉）。但我希望你能信守承诺，陪弟弟待在家（陈述期许）。

纠正行为时遵循这四个步骤，你会避免很多冲突和抵抗，同时为孩子做出清晰交流的示范。以后，当你的孩子长大了，他们内心的父母声音更多是表示支持。当你听到孩子对别人使用自尊语言时，就可以暗自庆幸他们已经学会了一项宝贵的人生技能。

当你纠正孩子时，一定要想方设法避免下列杀伤性极强的说话方式，它们会损毁自尊。

1. 过度总结。"你总是做错。""你从来都是这么鲁莽。""你只在乎你的朋友。"

过度总结有违事实，因为它们强调负面行为，忽略正面。最终，孩子会相信负面概括，对自己能把事情做对失去信心。

2. 不理不睬。如果你怒火中烧心烦意乱，那么很有必要延迟交流，确保让孩子知道你会在晚些时候和他谈这个问题。"我现在很生气。我需要一个人静一静。等我恢复平静以后再说。"因为孩子做错事拒绝和他说话或怒目圆瞪都会让他感到自己被遗弃，没法补偿或改正了。

3. 含糊或暴力的威胁。"看我回家怎么收拾你。""你再做一遍试试看。""如果再让我逮到你这样，就把你的脖子拧断。""我会狠狠揍你，屁股疼得一周都没法儿坐。"这种威胁会给孩子带来恐惧感。小孩子会信以为真，把这种暴力行为（扭断脖子、屁股疼得无法落座）想象得极其恐怖，认为自己肯定坏到极点，才会遭受如此残酷的惩罚。大一些的孩子知道你只是说说而已，所以把它当作耳旁风。无论哪种情形，孩子除了知道你勃然大怒、自己糟糕透顶外，一无所获。

改变你纠正孩子的方式也许很难着手。你可能会发现自己稍不留神就又落入贴标签、批判、威胁和唠叨的俗套。但是不要灰心，当你熟悉自尊语言后，会改善与孩子的关系，逐渐摆脱过去频发的冲突、僵局和抵抗。

以下三项练习会帮助你了解如何使用语言，并教你养成建立自尊的交流习惯。

练习

1. 无论你在哪里，只要听到有孩子和家长进行交流，就仔细聆听，操场上、超市或探亲访友时。不要只听内容，还要注意语气。你听到的是描述还是评判？大人是在确认孩子的感觉还是压抑孩子？大人是通情达理还是专横跋扈？你是否听到对期许的清晰描述？判断该交流可能增强还是削弱孩子的自尊。

记录三个你观察到的此类交流。然后在脑海中使用自尊语言改写该场景，遵循纠正孩子的四个步骤。（练习所有步骤，即使结果可能显得有点生硬。）

2. 以同样方式留意你与自己孩子的交流。当你成功使用了纠正的所有步骤后，留意孩子的反应。是否少了一些冲突、争执和抵抗。留意你承认他们的感觉后自身情绪的变化。你是否缓解了怒气？当你为自己的要求给出合理解释，是否觉得自己变得通情达理？当你清晰地陈述了自己的需求之后，是否获得更多的掌控感？

3. 留意哪些情形让你容易忘记使用自尊语言。也许是你勃然大怒或压力很大时，也许是频发争执激发你的旧有反应时。当你确实"爆发"之后，回想你们之间的交流，在脑海中按照之前学到的方法更改场景。你也许会发现当预计到你们会因为迟到、睡觉时间、家务、作业产生冲突时，事先做好准备有益无害。使用你学到的四个步骤演练交流方式。

管教

管教是所有纠正、塑造、完善心理机能和道德品性的说教或训练。作为家长，你就是孩子义不容辞的老师和培训师，教给孩子大多数让他们能够在这个世界安身立命的本领——控制冲动、社交技能和做出决定。与其关注你为他们制定的规则的多寡，不如关注它们的呈现和实施方式。如果规则公平公正、可以预见，即使孩子犯了错误，你也能把他们当作正常人来接受，那么他们就会有所收获，成长过程中拥有良好自尊。如果规则主观武断、朝令夕改或者你的孩子感到羞愧、受人指责、压制或羞辱，就会认为自己一无是处，对自己能够正确行事丧失信心。

认为孩子随心所欲、无拘无束地成长就能树立高度自尊的想法也是错误的。事实上，应该采取相反的做法。没有受过管教的孩子会自尊不足，往往依赖性强、收获较少，认为自己控制世界的能力较差。不经意间，他们会遭到老师的驳斥和同伴的冷眼，这会让他们变得比其他孩子更容易焦虑，因为他们从不清楚哪些该做哪些不该做，什么时候会遇到麻烦（因为即使是脾气最好的父母也会有忍耐的极限）。因为缺乏能够保护自己身体和情感的规则和限定，这些孩子常常感受不到爱。"如果我做什么都可以，说明他们不在乎我。"

管教不一定是对自尊的攻击，它是指从构建良好的亲子关系开始，创造安全、支持、有利于学习的家庭环境，让孩子知道你对他们的期许和犯错的后果，它们必须可以预见、合情合理而且公平公正。

反对惩罚

惩罚的定义是"强加的服从或秩序"并且暗含对一个人通过武力或胁迫实施外部控制。你是亲子关系当中大权在握的一方，更加强壮、更加聪明并且更有经验。你控制着资源：孩子住在你的房子里。因为孩子需要从你身上获取支持、认可、关爱和价值感，你有权力威胁和强迫他们遵守："马上去做，因为这是我说的""我会让你后悔的""你敢""你最好别这样"。

如果惩罚的原因是教孩子改变行为，那么惩罚根本无济于事。事实上，它只能分散孩子的注意力，妨碍他们为自己做过或没做过的事感到后悔，激发他们的反抗、负罪和报复心理。他们只会记住"我会报复""她会后悔的""下次我不会再告诉她了，她永远都不可能知道"。在受到惩罚的孩子眼中，父母有失公平。你是暴君，他是受害者，这会对他的自尊造成致命的重创，孩子因此而感到羞辱、自卑、无力和沮丧。他获取的信息是为了让你接受，他必须听你的，忘记自己的需求。"我的需求不重要，我也不重要。"

最后，动辄就惩罚孩子的家长会制造出剑拔弩张的家庭气氛。你从不会感到全家人齐心协力、相互帮助的和谐家庭氛围，负面感受会让你们之间的欢乐渐渐流失。惩罚会开启新一轮的不当行为、惩罚、愤怒、报复和不当行为的恶性循环，你和孩子无一能幸免。

在管教孩子时，可以用另一个方法替代惩罚，它比惩罚需要更多思考和计划，但你和全家人都会受益匪浅。它应该出现在任何不良行为发生之前，还不需要任何管教的时候。当你致力于创造和保持良好的亲子关系时，它就开始了，这种关系是你激励孩子改变行为的最有效工具。如果孩子想让你开心，如果他们想获得你的肯定，犯错的可能就很小。

但是，当你纠正、限制和管教他们时，又如何保持良好的关系呢？你可以借鉴处理与他人冲突时的沟通技巧。

- 不要将旧恨新仇叠加。
- 不要牺牲自己或为他人忍辱负重。
- 使用自尊语言清晰表达，不要指责或攻击。
- 不要读心——猜测对方的动机或需求。
- 一次处理一个问题，不要陈谷子烂芝麻的事都拿出来说。
- 承认对方的感受、问题和需求。

让做对事变得轻而易举

当你把表现好变得轻而易举，他们的自尊就会得到提升，学着用积极的目光看待自己，把自己看作是你的好帮手。而且因为能够取悦你获得成就感。以下是一些能够帮助孩子达到你期许的建议。

1. 确保你的期许符合孩子的年龄段。指望你3岁大的女儿不把饮品撒出来不太现实，她的协调能力还没达到那个程度。你也不应该让12岁的儿子整个周末都独自在家，他能够承担此种责任的期许并不合理。根据孩子的成熟程度产生合理的期许可以避免冲突和失望。

2. 未雨绸缪。当你知道孩子即将遭遇困境时，采取一些你能够帮助他们的应对措施。如果你在长途旅行时带上一些玩具和零食，每个人都会好过一些。孩子们疲劳或饥饿时，会变得更加烦躁和固执。如果你事先有所准备，预计到他们的需求，就会让他们更加顺应你的心意。

3. 阐明你的期许。如果你阐明"在姥姥家不许捣乱"的具体要求，女儿达到你的期许的可能性就更大。一定要讲明不要跳上家具、乱动小摆设，或者和弟弟打架。

4. 强调正面行为。不放过每一个表扬和强化"良好行为"和付出努力的机会。但纠正孩子时，指出缺点的同时也要提及优点。说出孩子需要改进哪些方面的同时，要承认他哪些事情做得很好。如果他认为自己已经有所进步，再接再厉做到更好就变得更加容易。"你关于我们出去旅游的小故事写得很好，就是字写得不太清楚。我希望你能工工整整再抄一遍，明天老师读到它时就会很开心了。"

5. 有可能的话，提供一些选择。提供选择能让孩子产生控制感，他们会因此减少抵抗情绪。"回家之前，我们还有足够的时间再去一个地方，你决定我们去哪儿。"

6. 提供奖励。晚睡一会儿或出去吃一道特殊甜品能够成为帮助孩子改掉恶习的额外激励措施。"如果你坚持按时起床一整周，周五放学我们就去吃圣代。""如果这个季度你一直能保持 B 的平均成绩,我就给你今年圣诞的滑雪旅行出一半钱。"孩子的奋斗目标应该是稍加努力就可以实现的。奖品不需要太昂贵,科学测验得高分后,一颗金星或一张贴纸都是不错的激励。

让孩子参与解决问题的过程

你家中经常出现的问题行为或冲突是什么?对于有些家庭来说,睡觉时间是一个问题,对于另一些家庭来说,早晨起床、穿衣、吃饭、出门让人头疼。有些家庭认为孩子完成作业是一大难事,另一些家庭会因为兄弟姐妹之间互相借东西后不还而犯愁。也许还有为用车或游戏手柄产生的冲突。

有时你只需问孩子他们是否对解决问题有任何建议,也许他们的创造性建议会让你大吃一惊。只是让孩子参与,就能改变他们对问题的看法,对解决问题产生兴趣。

另外一种让孩子参与到解决问题过程中的方法是召开家庭"头脑风暴"会议。会议的目标应该是找到一个每个人都能接受的方案,所以不应该只是召集大家听你发号施令。即使很小的孩子也能成功地参与这个过程,产生良好结果。

首先,提前通知每一位家庭成员你想要讨论的问题,然后确定一个每个人都能参加的时间。建议他们在开会之前认真考虑这个问题,让他们想想方案。开会时,让每个人充分表达自己的需求,包括你自己的。不要草率做决定。确保每个人都有发言机会,不加任何评论地写出所有建议,可以稍后再删去荒唐的建议。如果孩子们不知如何开始,可以先提出几个建议并记录。给孩子充足的时间参与,然后补充建议清单。接下来,帮助他们缩小范围,最后只剩下所有人都同意的建议。确保最终计划中包含所有要素,解决措施的内容、时间、地点、方式和人物,包括如果有人没有按计划行事,该怎么处理。散会之前,安排在特定时间内再开一次会（一周、一个月）来评价计划的实施情况并做出必要的改动。

朱莉娅曾经为两个儿子（一个8岁，一个11岁）每天早晨出门的事焦头烂额。光是让两个儿子起床就得半小时，然后他们为穿哪件衣服争论不休。他们对她装的午餐挑三拣四，还常常忘记带它们去学校。朱莉娅认为每一步都阻力重重，因此不停骂骂咧咧、威胁恐吓，最终大声吼叫。等到上车时，三个人都变得情绪暴躁，他们的家庭会议达成了下列协议。

1. 孩子们列出他们想要吃的午餐。
2. 孩子们前一天晚上就选好，挑出第二天要穿的衣服。
3. 孩子们前一天晚上装好书包，放在门口。
4. 朱莉娅会给他们每人买一个闹钟扩展坞。
5. 孩子们自己把闹钟调到7:00，叫他们起床。如果能在15分钟之内起床，朱莉娅就会给他们的午餐盒内加一份甜点。
6. 朱莉娅会装好午餐，放在他们门口的书包上。

这一方案解决了很多平时早晨经常遇到的问题。孩子们很喜欢自己的闹钟扩展坞，设置了最喜欢的音乐。中午的额外奖励成为他们起床的动力。朱莉娅再也不用婆婆妈妈提醒他们了。闹钟7:00准时叫醒他们，7:15到了会再次报时，如果他们想得到额外的午餐奖励，就必须起床。孩子们能够选择自己想吃的午餐和想穿的衣服，为越来越多的独立决定权感到高兴。朱莉娅把午餐和门口的书放一起，提醒孩子带上。

生活的事实——后果

让孩子知道生活的事实，每一个行为都会产生相应后果。如果你超速驾驶新跑车，就会得到罚单。如果你侮辱某人，他（她）可能就不想和你做朋友。如果你到车站晚了，就会赶不上车。

自然后果是不由任何权威人士强加的后果。有很多时候，让孩子行为的自然结果发生是学习的最佳方法。如果你的儿子现在不吃午饭，他晚些时候就只能饿肚子。如果你的女儿不学习，就不会通过考试。如果你最小的孩子不能保持C的平均成绩，教练就不会同意他入队。

通过任由自然后果发生，你可以让孩子懂得为自己的行为负责。你不是唠唠叨叨、实施惩罚、厉声斥责的恶人，你甚至可以表现出同情和支持。但是你的孩子会明白道理：她的某些特定行为会招致恶果。如果阻止后果产生，你就是在禁止孩子学习，清除一切诱发改变的因素。

有时，任由某些后果自然发生并不现实。你不能眼睁睁看着孩子去冒险，在马路上乱跑或玩火柴，然后见识自然后果，这个教训可能得用命来换！对于这些以及其他不适合利用自然后果的场合而言，你需要为不良行为创造后果。以下原则能够帮助你创造有效和公平的后果。

1. 后果应该合情合理。后果的严重性应与错误程度相匹配。如果你的孩子晚回家了半小时，一个合理的后果是他第二天必须早回家半小时。惩罚他一整周未免有点过火。

2. 后果与事件之间必须有相关性。如果你的孩子把自行车留在雨中，那么后果最好和自行车的使用挂钩，没收手机的使用效果就作用不大。如果戴夫洗碗时敷衍了事就应该重新洗。但他的妈妈却让他永远别再洗碗，让戴夫领悟到一件事做不好的后果就是永远没资格做这件事。那么他何必认真洗碗？如果妈妈让他再洗一遍，他洗碗的技术很快就能炉火纯青。

3. 后果应该在事件发生不久后就产生。你孩子丢掉外套的当晚就罚他不许看电视，不要等到一周以后，那时后果就显得太主观臆断，有失公允。

4. 后果的执行应该前后一致。这也许是最难的一条准则，但却最为重要。如果孩子知道你变化多端，就懒得改变行为。如果儿子在一家餐厅跑来跑去，说清楚再这样你就离开。然后必须离开！你可能只需要麻烦这么一次，就能改掉他的毛病。下定决心说到做到，即使你很累，即使祖父母来探望，即使你正在打电话。当你平静、不生气的时候，提前选择合理后果，更容易让你持之以恒。

5. 你和孩子都应该事先了解后果。孩子会因此为自己的行为负责，你也可以避免在紧张或愤怒的状态下创造合理后果的压力。八岁的莱恩打破了一块窗户，当他的妈妈确信无疑地听到打碎玻璃的声音后，顿时火冒三丈。如果她事先没有设定后果，在气头上的她可能会威胁他："把球拍永远没收！"但是莱恩事先就被告知如果他打破玻璃，就要用自己的零花钱买；如果不够，就必须周末做家务挣额外的零花钱。莱恩不用争论或解释，他的母亲也不用唠叨或威胁。

让你的孩子感受行为的后果能教会他们为自己做的事负责。承担责任能够加强自尊因为它能赋予他们一种控制感，不必受到攻击或斥责，不必产生负罪感，你们之间的关系也不会因此变紧张。即使犯错，你依然接受和爱护他们。

自主

南希正在讲述她和新生儿离开医院时的感受："我产生了强烈的责任感。婴儿看上去如此脆弱，面临如此多的危险。甚至是马路上汽车的声音都显得太大、太近。我们如何照顾他呢——保护他远离危险，维持生命。他完完全全地依赖我们。"

弗兰克谈到了女儿18岁第一次离家上大学："我看着她，看到一个年轻的女人开始自己的独立生活。当然,在过去的18年中,她享有爱她的父亲的保护和支持,但她现在需要懂得我无法再教她了。她必须学着与他人相处、自己安排时间、量入为出、照顾自己。我知道她有能力自力更生,但为了证明这一点,她需要独立去做。我还会再当几年她的保护网,但站在高空绳索上的只能是她自己。"

教会孩子独自翱翔的技能和知识是教育孩子最基本的任务,你希望他们能够照顾自己,信心满满地迎接挑战。你希望他们融入社会,但不丧失个性。你希望他们足够慷慨、信任对方。无论如何,从你第一次托起这个脆弱的生命,到目送他背着行囊消失远方的这几年里,在你的教育下,孩子的羽翼渐丰,自主意识对于良好的自尊至关重要。

如果你和蹒跚学步的孩子在一起,就能够看到他们内心追求独立的最原始形式。你会为看到他们学习和掌握技能的强烈意愿瞠目结舌,无论是身体还是智力方面。他们会爬、够、摸、尝周围所有的一切新事物,他们会拼命学说话,然后说出第一个会说的词("不"是最重要的)来影响他们的世界。

促进孩子独立是一个持续不断的过程,需要在探索机会和安全保护之间争取达到平衡。安全和成长之间的平衡并非一成不变。尽管频频波动,趋势也总是偏向独立自主。这就像是在海边观潮,你并不觉得每一波波浪会比上一个波浪离你更近,但一个小时之后,你会发现眼前的沙滩缩小了,海水更多了,该把毛巾垫向后撤,防止被打湿。在孩子成长的过程中,你通过提出更多挑战、允许他们做更多选择、期望更多责任,起到一面镜子的作用,让他们从中看到自己的正面形象,树立自尊。你信任他们,相信他们可以做到。你对他们追求独立自主愿望的认可让他们确信自己能够安全成长、自由翱翔。

增强信心

1. 传授独立的必要技能。从系鞋带和自己穿衣服到帮忙修车和做晚餐,孩子学的每一个能够帮助他们独立行事的技能都会让他们信心大增,认为自己很能干，可以傲立于世。

2. 记录他们的成长历史。和你用墙上的身高测量表测量孩子的身高一样，把她在其他方面的进步也记录下来。提醒她与去年（或上个月）相比，增强了多少能力、多少技能，是否变得更加通情达理、无所畏惧。这就是她学会认可和相信自己能力有所提高的方式。

3. 让孩子承担一些家庭责任。无论一个孩子多小，如果觉得自己能为家庭做出贡献，自尊都会受到极大提升。小孩子可以收拾桌子、捡玩具、拧开花园水龙头或把水放到外面给狗喝。大一点的孩子能够承担整个任务，从分析应该做什么到负责具体怎么做。当然，刚开始，你亲力亲为更省事（更快捷、更干净）。但这样，你的孩子永远也学不到重要技能。更重要的是，自己被人需要、自己的努力得到认可和赏识的机会被剥夺，这是增强自尊必不可少的经历。

增强成就感

当一个孩子尝试新事物，成功应对挑战时，他的自尊会得到增强。通过以下四个条件，你能够帮助孩子勇于尝试新事物。

1. 向孩子描述他即将看到的情形。如果一个小孩子能在第一次去看牙医之前知道牙医诊所是什么样，牙医会做什么，感觉如何，时间有多长，你会在哪里等，整个过程进展会更加顺利。你可以先在家演习，让孩子坐在高凳子上，假装拿一个一端贴有镜子的木棍。事先让孩子知道即将发生什么可以把原本恐怖或可怕的事情转换成大胆的冒险。

2. 让孩子从基础开始练起。10岁的伊桑想帮助爸爸油漆柜子，但没过几分钟，伊桑和刷子都像是在油漆里游过泳似的。他的爸爸气急败坏，冲着他发号施令。"不要把刷子伸得太深。要用罩单。看看你的鞋，别碰它。"受到伤害和挫败的伊桑去洗手间清洗，又把油漆蹭得到处都是，水槽、地垫和毛巾无一幸免。现在，他的父母都被惹怒了。一次勇敢的尝试就这样演变成一场灾难。如果他从基础开始，练习一些必要技能，比如只是用刷子的顶端蘸油漆、抹去多余部分、移动罩单然后慢慢刷，防止飞溅，成功帮到爸爸的可能性就更大。

3. 保持耐心。如果条件允许，给孩子充足时间不慌不忙地尝试新事物。在你的儿子与空手道班同学打成一片之前，可能需要时间熟悉新环境和人。他骑车上路前也许需要与新自行车磨合。在做好准备之前催促他行动会让他对新的挑战产生恐慌。

4. 不把失败当回事儿。其实，只要你的孩子敢于尝试，就意味着他已经成功了，成功地接受了挑战。如果一个孩子第一次尝试时，没有必须要做好的压力，那么他更有可能接受挑战或再次尝试，直到熟练掌握为止。如果你表扬孩子尝试的意愿，而不是第一次尝试的结果，他的自尊就能得到滋养。

促使孩子学业成功

孩子在学校学到的内容远远超过阅读和数学技能，或历史和科学知识。当孩子能够按时完成作业，既工整又整洁，就能学到一些很重要的生活技能。他们学着有条不紊、提前规划、坚持到底并且自我控制。不错的分数也会支持孩子的自尊。你的儿子能透过作业本上的星星和笑脸看到老师对他很满意、喜欢他，还有其他同学认为他学习好。

如果任由孩子在学校表现逊色，他的自尊每天都会遭受打击。分数低、老师不喜欢，甚至是被排挤都能成为他的沉痛负担。当孩子越来越落后时，自尊会随之跌入谷底。

当然，孩子在学校表现不好的原因有很多。你的儿子也许看不清或听不清老师，也许他有学习障碍（失语症、读写困难、多动症）。你的女儿厌倦学习，因为知道她不懂，没人会向她提问题，索性破罐子破摔，或者容易被周围的人分心。

无论是什么问题，你都需要在孩子上学期间尽早处理，在他认为自己一无是处、时时遭受老师冷眼、挫败积极性之前。

首先与孩子交流。让儿子告诉你他的问题以及他认为应该做些什么来解决。然后找老师交流，在问题失控前从老师那里了解问题的任何蛛丝马迹，同时让老师知道你是一个负责任的家长，你的孩子也在努力。把家长会当作交流信息的渠道。老师需要知道家里是否发生了一些影响孩子的情况：家庭新成员的诞生，刚搬家，某个祖父母或宠物去世，家庭遗传病或是婚姻问题。你需要知道孩子应该做什么，以及他们完成得如何。

认真聆听老师对于问题的看法。她的了解是否合理？你的儿子是不是躁动不安或容易分心？他是否没能完成作业？他是否忘带课本？他是否速度太慢或者一到考试就不会做题？看看他的测验、美术作品、书桌和笔记。询问他和朋友的关系以及在课堂上的参与度。尽量了解你的孩子在学校的经历。不要置之不理，除非你清楚地了解了问题，并且制定出大家都接受的解决问题的计划。完成这一步后还要继续跟进，过几个星期后检查是否有所改善。

马可是一个聪明伶俐但容易缺乏耐心的四年级学生。当他的数学成绩从以往的 A 滑到 C，他的父亲就问他原因。马可说他会做数学题，但那些题很愚蠢、很无聊。于是他的父亲找老师交谈。一看到儿子的考试题和作业本，他马上看出了问题所在。马可的字迹难以辨认，7 看起来像 9，5 看上去像 8。有一些错误很明显是把数字誊写错误。老师指出在做应用题时，马可似乎明白如何解题，但却跳过了某些步骤。他们一致认为马可的父亲应该每天晚上检查他的作业，看是否准确和整齐，同时检查马可做应用题时有无省略步骤。老师认同马可厌烦数学的关键，于是开始在他完成常规作业后布置一些数学趣味题。这一简单的干预措施把马可拉回了正轨，提高了数学成绩。更重要的是，提高了他的自尊。他因为写字更加认真得到老师表扬，还得到了额外的关注和数学趣味题。

你和老师应该联手帮助孩子表现好、悦纳自己、在学业上取得成功。如果你认为老师已经给孩子贴上了标签（比如"反应慢""无可救药""捣蛋鬼""闹事者"等），并且不愿意积极与你配合，尝试把孩子转到其他班。

促进社交技能

社交技能只能通过练习获取，所以必须让孩子与其他孩子交往、相处。孩子需要学会分享、轮流、合作和谈判，学会与他人的相处之道，并且预测其他人会做出何种反应。他们需要在与其他孩子交往的过程中练习如何处理自己的愤怒，如何妥协，如何坚持己见。与同龄人相处和与成人相处的技能截然不同，童年时期积累的社交经验对于孩子在青少年期以及成年后与他人成功交往至关重要。

对于非常小的孩子来说，和其他孩子玩或去早教班的经历都是弥足珍贵的，即使一周只去几个早晨。鼓励孩子放学后一起活动，在活动中他们会深刻理解团队精神和友谊。鼓励孩子们的朋友放学后来你家，也可以让孩子去朋友家。郊游时可以带上一个孩子的朋友。在旅途中排除外界干扰的一对一接触能够增进友谊，能让他们在学校时也同样维持深厚友谊，这种机会对于羞怯的孩子而言，尤其弥足珍贵。

留意你的孩子想和其他孩子步调一致时承受的巨大压力。从在马路上骑自行车到约会到宵禁限制，孩子总是想做"其他人都在做的事"。其他人都在做的事会随生活环境的不同而发生变化，而且几乎可以断定，肯定和你的期许格格不入。发型、服饰、音乐都是青春期躲不掉的家庭纷争战场。但是当孩子苦苦思索自己是谁，想要什么的时候，成为具有鲜明特色和理念的群体的一部分能够给孩子一个现成的身份，和归属某个群体的安全感。作为家长，你所面临难题是在接受他们建立独立身份的需求和为了他们身心健康严格设限之间把握微妙的平衡。如果你的孩子经验充足，与人交往时很有主见，当其他人的行为可能带来危险时，就更有可能抵制"随大流"的压力。

示范自尊

孩子通过你做出的榜样来看待自己。当你有足够的自尊原谅自己时，他们会学着原谅自己。当你用接受的口吻谈论自己的外表和行为时，他们也会照做。当你有足够的自尊设定底线、保护自己时，孩子会向你学习，学着设定底线、保护自己。

示范自尊意味着你要足够重视自己，尽量满足自己的基本需求。当你最后才考虑自己，长期为孩子做出牺牲时，就是在教他们一个人只有服务他人时，才有自我价值。你在教他们利用你，种下他们日后被别人利用的祸根。设定一成不变、支持性的底线并且保护自己远离过分要求是在告诉孩子，你们很重要，都有合理需求。你要向孩子展示处于某种关系中的每一个人都有自我价值，为了满足每个人的重要需求，必须达到平衡。

长期以来，人们都在追捧自我牺牲的家长形象。好父亲会不惜一切代价，为孩子倾己所有。好母亲会连轴转，除了家庭，放弃朋友或活动。好家长的需求是可以忽略、延缓、遗忘的。这难道应该是理想标准？

事实上，恰恰相反。压力过大、牺牲过大的父母常常暴躁易怒、牢骚满腹并且情绪低落。就像你不踩油门加油，就无法让车保持前行一样。如果你在情感方面得不到养料，就无法持续为孩子付出。和朋友出去吃顿午餐、放松一个下午，和配偶出去吃顿晚餐、每周上一次健身课，哪怕是在泡澡时读一个钟头美文，都能让你更加活力充沛地继续为人父母，更加全情投入、更加不厌其烦。

参 考 文 献

Barksdale, L. S. *Building Self-Esteem*. Idyllwild, CA: The Barksdale Foundation, 1972.

Berne, P. H., and L. M. Savary. *Building Self-Esteem in Children*. New York: Continuum Publishing, 1985.

Brandon, N. *The Psychology of Self-Esteem*. New York: Nash, 1969.

Briggs, D. C. *Celebrate Yourself*. Garden City: Doubleday, 1977.

Briggs, D. C. *Your Child's Self-Esteem*. New York: Doubleday, 1970.

Browne, H. *How I Found Freedom in an Unfree World*. New York: Macmillan Publishing, 1973.

Burns, D. D. *Feeling Good*. New York: Signet, 1981.

Coopersmith, S. *The Antecedents of Self-Esteem*. San Francisco: W. H. Freeman, 1967.

Durrell, D. *The Critical Years*. Oakland, CA: New Harbinger Publications, 1984.

Eifert, G. H., and J. P. Forsyth. *Acceptance and Commitment Therapy for Anxiety Disorders: A Practitioner's Treatment Guide to Using Mindfulness, Acceptance and Values-Based Behavior Change Strategies*. Oakland, CA: New Harbinger Publications, 2005.

Eifert, G. H., M. McKay, and J. P. Forsyth. *ACT on Life not on Anger: The New Acceptance and Commitment Therapy Guide to Problem Anger*. Oakland, CA: New Harbinger Publications, 2006.

Faber, A., and E. Mazlish. *How to Talk So Kids Will Listen and Listen So Kids Will Talk*. New York: Avon, 1982.

Faber, A., and E. Mazlish. *Liberated Parents/Liberated Children*. New York: Avon, 1975.

Hayes, S. C, and S. Smith. *Get Out of Your Mind and Into Your Life: The New Acceptance & Commitment Therapy.* Oakland, CA: New Harbinger Publications, 2007.

Hayes, S. C., K. D. Strosahl, and K. G. Wilson. *Acceptance and Commitment Therapy: An Experiential Approach to Behavioral Change.* New York: Guilford Press, 1999.

Hayes, S. C., K. D. Strosahl, and K. B. Wilson. *Acceptance and Commitment Therapy: An experiential approach to behavior change.* 2nd Ed. New York: Guilford Press, 2013.

Isaacs, Susan. *Who's in Control?* New York: Putnam, 1986.

McKay M., and P. Fanning, *Prisoners of Belief.* Oakland, CA: New Harbinger Publications, 1991.

McKay, M., P. Fanning, and P. Zurita Ona, *Mind and Emotions: A Universal Treatment for Emotional Disorders.* Oakland, CA: New Harbinger Publications, 2011.

McKay, M., M. Davis, and P. Fanning. *Messages: The Communication Skills Book.* Oakland, CA: New Harbinger Publications, 1983.

McKay, M., M. Davis, and P. Fanning. *Thoughts and Feelings: The Art of Cognitive Stress Intervention.* Oakland, CA: New Harbinger Publications, 1981.

Rubin, T. I. *Compassion and Self-Hate.* New York: Ballantine, 1975.

Wassmer, A. C. *Making Contact.* New York: Dial Press, 1978.

Zilbergeld, B. *The Shrinking of America.* Boston: Little Brown, 1983.

Zimbardo, P. G. *Shyness.* Reading, MA: Addison-Wesley, 1977.

正念 · 积极 · 幸福

抑郁 & 焦虑

《拥抱你的抑郁情绪：自我疗愈的九大正念技巧（原书第2版）》

作者：[美] 柯克·D.斯特罗萨尔 帕特里夏·J.罗宾逊 译者：徐守森 宗焱 祝卓宏 等

美国行为和认知疗法协会推荐图书

两位作者均为拥有近30年抑郁康复工作经验的国际知名专家

《走出抑郁症：一个抑郁症患者的成功自救》

作者：王宇

本书从曾经的患者及现在的心理咨询师两个身份与角度撰写，希望能够给绝望中的你一点希望，给无助的你一点力量，能做到这一点是我最大的欣慰。

《抑郁症（原书第2版）》

作者：[美] 阿伦·贝克 布拉德A.奥尔福德 译者：杨芳 等

40多年前，阿伦·贝克这本开创性的《抑郁症》第一版问世，首次从临床、心理学、理论和实证研究、治疗等各个角度，全面而深刻地总结了抑郁症。时隔40多年后本书首度更新再版，除了保留第一版中仍然适用的各种理论，更增强了关于认知障碍和认知治疗的内容。

《重塑大脑回路：如何借助神经科学走出抑郁症》

作者：[美] 亚历克斯·科布 译者：周涛

神经科学家亚历克斯·科布在本书中通俗易懂地讲解了大脑如何导致抑郁症，并提供了大量简单有效的生活实用方法，帮助受到抑郁困扰的读者改善情绪，重新找回生活的美好和活力。本书基于新近的神经科学研究，提供了许多简单的技巧，你可以每天"重新连接"自己的大脑，创建一种更快乐、更健康的良性循环。

《重新认识焦虑：从新情绪科学到焦虑治疗新方法》

作者：[美] 约瑟夫·勒杜 译者：张晶 刘睿哲

焦虑到底从何而来？是否有更好的心理疗法来缓解焦虑？世界知名脑科学家约瑟夫·勒杜带我们重新认识焦虑情绪。诺贝尔奖得主坎德尔推荐，荣获美国心理学会威廉·詹姆斯图书奖。

更多>>>

《焦虑的智慧：担忧和侵入式思维如何帮助我们疗愈》 作者：[美] 谢丽尔·保罗
《丘吉尔的黑狗：抑郁症以及人类深层心理现象的分析》 作者：[英] 安东尼·斯托尔
《抑郁是因为我想太多吗：元认知疗法自助手册》 作者：[丹] 皮亚·卡列森

埃利斯 · 理性情绪

《我的情绪为何总被他人左右》

作者：[美] 阿尔伯特·埃利斯 阿瑟·兰格 译者：张蕾芳

心理学大师埃利斯百年诞辰纪念版，超越弗洛伊德的著名心理学家，理性情绪行为疗法之父，认知行为疗法的鼻祖埃利斯经典作品。

本书提供了一套非常具体的技巧，教你在他人或某件事操纵你的情绪时，如何避免情绪爆发，成为自己情绪的主人，成功赢得生活的主导权。

《控制焦虑》

作者：[美] 阿尔伯特·埃利斯 译者：李卫娟

如果你承认，并非事情本身使你感到焦虑，而是你对事情的想法导致了焦虑，那么你就可以阻止焦虑感的发展，因为控制自己不切实际的想法，远比控制其他任何事情要简单得多。

如果你想与焦虑和平共处，把焦虑控制在健康而有益的水平，而非让焦虑控制自己，阻碍通往幸福之路，请翻开这本书吧。

《控制愤怒》

作者：[美] 阿尔伯特·埃利斯 雷蒙德·奇普·塔夫瑞特 译者：林旭文

本书从案例入手（平均一节有两个案例），让我们重新认识愤怒对我们的人生造成的伤害，消除这种不必要的负面情绪所带来的伤害，并且手把手教读者通过改变信念，改造我们的情绪。

《理性情绪》

作者：[美] 阿尔伯特·埃利斯 译者：李巍 张丽

传统的认知疗法强调三种哲学，那就是：感觉更好，变得更好，保持得更好。但是埃利斯强调自己的哲学基础是：无条件接受自己，无条件接受他人，无条件接受生活。他认为改变如果不建立在哲学的基础上，而仅仅是效果上，则无法撼动人痛苦的根本。而承认人的局限，并接受这些局限，伤害就不存在了。

《拆除你的情绪地雷》

作者：[美] 阿尔伯特·埃利斯 译者：赵菁

这本操作性极强的手册为你提供了简单、直接的方法和实用的智慧，让你的生活更快乐，负面情绪更少。

在这本著作中，埃利斯博士分享了大量真实案例，详细介绍了如何进行心理自助治疗。本书睿智、明快的写作风格让你的阅读既充满乐趣，也不乏启迪。

打开这本书，让负面情绪一扫而光！

更多>>> 《无条件接纳自己》 作者：[美] 阿尔伯特·埃利斯
《理性生活指南（原书第3版）》 作者：[美] 阿尔伯特·埃利斯 罗伯特·A.哈珀